JN088072

BI使いになる! Excel脳からの脱却

Microsoft Power BI 入門

清水優吾
2ndFACTORY Co., Ltd.
Microsoft MVP for Data Platform

■本書内容に関するお問い合わせについて
このたびは翔泳社の書籍をお買い上げいただき、誠にありがとうございます。弊社では、読者の皆様からのお問い合わせに適切に対応させていただくため、以下のガイドラインへのご協力をお願い致しております。下記項目をお読みいただき、手順に従ってお問い合わせください。

●ご質問される前に
弊社Webサイトの「正誤表」をご参照ください。これまでに判明した正誤や追加情報を掲載しています。
正誤表　https://www.shoeisha.co.jp/book/errata/

●ご質問方法
弊社Webサイトの「書籍に関するお問い合わせ」をご利用ください。
書籍に関するお問い合わせ　https://www.shoeisha.co.jp/book/qa/
インターネットをご利用でない場合は、FAXまたは郵便にて、下記"翔泳社 愛読者サービスセンター"までお問い合わせください。
電話でのご質問は、お受けしておりません。

●回答について
回答は、ご質問いただいた手段によってご返事申し上げます。ご質問の内容によっては、回答に数日ないしはそれ以上の期間を要する場合があります。

●ご質問に際してのご注意
本書の対象を越えるもの、記述個所を特定されないもの、また読者固有の環境に起因するご質問等にはお答えできませんので、予めご了承ください。

●郵便物送付先およびFAX番号
送付先住所　〒160-0006　東京都新宿区舟町5
FAX番号　03-5362-3818
宛先　（株）翔泳社 愛読者サービスセンター

はじめに

Power BIは、Microsoftが提供するBIのクラウドサービスです。BIに留まらず、総合的なデータプラットフォームとして利用することができます。

今、あなたは書店にいますか？　それともECサイトの試し読みでしょうか？本書を手に取っていただいたということは、少なからずPower BIまたはBIに興味があるということだと思います。もしかしたら、「Power BIって難しいんだよな」と思われているかもしれません。その感覚は正しいです。Power BIが難しいというよりは、BI自体が難しいと言えるかもしれません。

Power BIは、Microsoft Power Platformに属するサービスです。Power Platformには、Power BIの他にPower Apps、Power Automate、Power Virtual Agentsがあります。BI、アプリ、自動化、チャットボットとそれぞれ担当するものが異なりますが、Power BIが担当するBIが最も概念的かもしれません。BIは、Power BIよりも先に存在する概念です。既存の概念をMicrosoftが製品化しているのがPower BIです。したがって、「BIとは？」という問いに対する自身の解を持っていないと、使い方を間違ってしまうことがあります。

BIの目的はデータを可視化することではありません。可視化は手段であり、その目的はユーザーに意思決定可能なネクストアクションの機会を提供することです。経営手法の仕組みづくりと言っていいでしょう。

データは、準備された状態である必要があります。Data preparation（データ準備）と呼ばれますが、BIに最適なデータを事前に準備するところからBIはスタートします。Power BIはデータ準備の機能も備えています。ETLといえば、ご存知の方もいらっしゃるかもしれません。そして、ネクストアクションを示唆する最も効果的なビジュアル（表やグラフ、配色）を検討する必要があります。

そう、BIは幅が広いのです。もしかしたら、ひとつのアプリケーションを開発するのと同じかそれ以上かもしれません。データ層、ビジネスロジック層、UI層。アプリケーションを開発するのに基本となる3層構造はBIにも適用できます。アプリケーション開発では、アプリケーションが適切に動作するためにデータを作りますが、BIは既に存在するデータを利用します。故に、BIに最適な形に準備をする必要があるのです。

本書では、これらBIの要素を、昨今の背景から始まり、導入時に検討するべきこと、実際にPower BIを使う実例という風に、順番に皆さんと一緒に見ていこうと思います。

本書の目的は、皆さんをPower BIで自走可能なスタートラインに連れていくことです。位置づけとしては、Power BIを使いたいと思われた方が読む本、すなわち入門編です。既にバリバリに使用されている方には、ご自身の理解と照らし合わせて読み進めて頂ければ、幸いです。

読み物の部分と手を動かして効果を得られる部分の両方で構成されています。ひと目でわからない内容もあるかもしれません。読んで手を動かしていただくことで、そのスタートラインにお連れすることができます。手を動かしていただく際に、ご自身で考えることも忘れないでください。

手順の合間に、私の考えをなるべく平易な言葉で記させていただきました。理解の一助にしていただき、その上でご自身の解を構築していただければ、とても効果的なものとなるでしょう。

ここまで読んでいただいて、もし少しでもご興味を持たれたのなら、本書はあなたのご要望に応えられるかもしれません。

それでは、BIの世界に飛び込んでみましょう！

2021年8月 清水 優吾 @ 五輪自宅観戦中

読者特典のダウンロード

本書の読者特典として、以下のサイトから本書が提供するサンプルファイルおよびリンク集のPDFファイルをダウンロードできます。

https://www.shoeisha.co.jp/book/present/9784798170534/

※会員特典データのダウンロードには、SHOEISHA iD（翔泳社が運営する無料の会員制度）への会員登録が必要です。詳しくは、Webサイトをご覧ください。
※ファイルをダウンロードするには、本書に掲載されているアクセスキーが必要になります。該当するアクセスキーが掲載されているページ番号はWebサイトに表示されますので、そちらを参照してください。
※会員特典データに関する権利は著者および株式会社翔泳社が所有しています。許可なく配布したり、Webサイトに転載することはできません。
※会員特典データの提供は予告なく終了することがあります。あらかじめご了承ください。

第1章

BIのススメ

BIは勉強しないと使えません。勉強しなければならない範囲はとても広いです。データやモデリングはもちろん、ツールやサービスの機能、そしてそのデータを使うビジネスを知っていなければなりません。BIという言葉が技術用語に閉じていないことも、その理由の1つでしょう。

この章では、まず私自身がBIを使い始めた理由とIT業界のトレンドを少しだけ紹介することから始めてみたいと思います。

アクセスキー 0 (数字のゼロ)

1 今こそBIを

BIは新しい用語ではありません。2000年代前半に日本に入ってきて、2005年のIT業界では既に広く知られていました。当時は「経営ダッシュボード」といった経営層が見るものとして捉えられてしまったため、残念ながら一般化しませんでした。

2021年現在において、ようやく一般化し始めたといえます。これは、Power BIが登場するまではBIツール自体が高価だったことも一因だと思います。他にもストレージが今よりも高価だった、メモリやCPUが今のスマホよりも低いスペックだったこともあり、大規模なデータを扱うには必然的にコストがかかってしまっていたわけです。故に一般化しなかったのでしょう。

そんなBIですが、今こそ勉強するのにふさわしいタイミングです。ハードウェアは十分に大容量データを扱えるものが一般化しました。クラウドサービスも充実しています。2018年から叫ばれるようになったDXも実現されると、その後には必ずBIが必要になります。技術者はもちろん、業務担当者の方こそ、BIを理解し使いこなす必要があります。

2 BIが何の略かは知っていても、日本語訳は知らない

本書を手に取っていただいたということは、BIという言葉に興味があるということだと思います。BIは"Business Intelligence"の略ですが、皆さんはこれを日本語に訳せますか？

BIが何の略かは知っていても、日本語に訳してくださいといわれると、とても難しいですよね。では、日本語で説明してくださいといわれたらどうでしょうか？　これもまた、とても難しいと感じるかもしれません。ご安心ください。この質問をされて、いきなり説明できる人はそんなにいません。

本書を読み終わったとき、BIとは何ですか？　という質問に対するあな

たの解が構築されていることでしょう。これが、この本の大きな目的の1つです。この章でお伝えしておきたいことは、**BIは単なる可視化ではない**ということです。その目的と今あらためて注目されている背景と理由を一緒に追ってみたいという方は、最後までお付き合いいただけると幸いです。

それでは、本題に入っていきましょう。

3 私がBIを始めた理由

まずはちょっとだけ自己紹介です。私は、現在米国マイクロソフト社からMicrosoft MVP AwardをPower BIで受賞しています。受賞カテゴリーを正確に示すとMicrosoft MVP for Data Platformとなります。

2005年にソフトハウスに入社し仕事を始めました。プログラマーからキャリアをスタートし、最初はテスターでした。そこからコーディング、設計、要件定義と、下流工程から上流工程を順に経験し、SEになりました。それ以降は、開発者として数回の転職を経て、現在はPower BIを中心としたMicrosoft Power PlatformとMicrosoft Azureを使ったアーキテクトやコンサルタントとして活動しております。

私がBIを始めた理由は大きく分けて2つあります。

1. データの重要性に気付いた
2. 60歳以降もできることを考えた

データの重要性に気付いた

これまでの経験の中でとても重要だったなと思うのは、「開発者としてデータを意識することができた」ということです。ご存知の通り、アプリケーションやシステムにデータは付き物です。業務システムであろうと、ゲームであろうと、データがなければアプリケーションは動作しません。データを作成するのもアプリケーションです。私がデータに注目し、BIを始めたのはこれに気付いたからです。

60歳以降もできることを考えた

もう1つは、開発者をやめようと思った理由でもあります。「プログラマー35歳定年説」という考え方が囁かれていた頃（今でもあるかもしれません）、30歳手前だった私は、考えました。「俺は40歳のとき、プログラミングをしているのだろうか？」と。自分で出した答えは「否」でした。自分より優れたプログラマーはたくさんいますし、2010年頃、UXという考え方に触れ、UIがより大事になっていくなと感じたときに、HTMLやCSSを勉強する気がなかった自分はプログラマーとしては無理だなと思ったのです。では何で生きていくのか？　50歳、60歳になっても通用するものは何か？　と考えました。

決してなくならないエンジニアの職種を思い浮かべたとき、インフラエンジニアが最初に出てきました。いくらクラウドに移行しても、ネットワーク、ストレージ、OS、仮想化など、インフラストラクチャーと呼ばれるモノは決してなくなりません。ですが、インフラエンジニアへのコンバートは難しいと感じ、すぐに諦めました。次にデータベースエンジニアを考えました。データは好きでしたが、データベースを生業とする気があるか？　と自問したときに、何かしっくりきませんでした。私にとって、データとは使うものであって、自ら使いたいという想いが強かったのではないかと思います。

そういったわけで、データはこれから先もなくなる可能性が低く、アプリケーションに付き物であって、業務に必要なカタチを表現するBIはちょうどよかったのです。これが、私がBIをやり始めた理由です。その数年後、機械学習やAI、IoTが台頭してきたこともチャンスだと思いました。第2章で詳しくお話ししますが、機械学習やAI、IoTもデータが重要であって、BIと切っても切り離せないからです。

ここで皆さんにお伝えしておきたいことは、自身の興味とよく向き合って、60歳になってもできると思うものをできるだけ早く決めた方がよい、ということです。私は、60歳定年は既にないものだと思っていますし、年金もないものとして考えています（ついでにいうと「プログラマー35歳定年説」も肯定しているわけではありません。それこそ「人によるよね？」と思っています)。年金についてはもらえたらラッキーだと思っているくらいです。つまり60歳以降も収入が必要なわけです。60歳になっても仕事で声をかけていただけるように今から準備をしていて、それが私にとってはデータでありBIだったというわけです。

仮に60〜65歳で定年があったとしても、死ぬまで働き続けたいと思っています。この理由はとてもシンプルです。ボケたくないからです。仕事をしているうちは気付きませんが、ある日を境に仕事をしなくていいとなると、まずアタマの回転が落ちます。考えなくていいわけですから。そして、身体を動かす機会も減ります。アタマと身体を動かさないとどうなるのか。どんどんとトータルで衰えていくわけです。医学的専門知識を持ち合わせているわけではありませんが、周囲を見ていて経験的にそう感じています。健康寿命を少しでも延ばすには、働き続けるのが最も簡単です。少なくとも私の場合はそうだと思っています。

これがネガティブな理由で、もうひとつポジティブな理由があります。それは死ぬまで楽しみたいということです。仕事をしていれば、様々な経験をしますし、たくさんの人に出会います。それらは新たな刺激になります。刺激は脳にとっては栄養です。

というわけで、私の場合は、少しでも長く健康に生きるためにBIを選んだということです。これとて、他に何かを見つけたら、あっさりと乗り換えるかもしれませんが、それはまた別のお話です。

4 IT業界のトレンド

私は、今こそBIが必要なタイミングだと考えています。BIツールが使えることよりも先に、基本的な考え方を押さえる必要があります。技術者はもちろん、業務担当者の方にこそ必要です。なぜそう言い切れるか。その部分を説明していきます。

DXに必要なこと

2018年9月7日、経済産業省から「DXレポート ～ITシステム『2025年の崖』克服とDXの本格的な展開～」(脚注※1) が公開されました。2020年、新型コロナウイルスの発生に伴い、リモートワークがにわかに脚光を浴びましたが、同時にDXという言葉の普及にも拍車がかかりました。ここでお話ししたいのは、そういったトレンドにおいて、やはりBIは大事だということです。

新型コロナウイルスの発生がなくても、政府は数年前からリモートワークを推進していました。ですが、いまひとつその進捗は芳しくなかったことは周知の事実です。究極的には、すべてのオフィスワークをリモートワークで済ませることができるのが理想です。

DXとはDigital Transformationの略で、その第一歩はアナログデータをデジタルデータに変換することです。DXレポートではこれを「デジタイゼーション」(脚注※2) と呼んでいます。アナログデータのままでは、スタートラインに立てないわけです。その上で、AIや機械学習などの最新技術を使って、刻一刻と変化するビジネスにユーザー企業自身が対応できる「内製化」が理想とされています。2020年9月24日、河野太郎行政改革・規制改革担当大臣が各省庁におけるハンコを禁止する旨の指示を出したことは記憶に新しいと思います。アナログデータをデジタルデータに変えるとは、まさにこのことで、それはこれまで当たり前だと思っていた文化を変えていくことを意味します。

単純にアナログデータをデジタルデータにすることをデジタイゼーションといいますが、そこからビジネスモデルを構築して、収益化やサービス化をすることを「デジタライゼーション」(脚注※2) と呼びます。これらはガートナーの定義ですが、両方ともDXレポートに登場する言葉です。「ラ」があるかどうかだけの違いですが、それが意味するものはとても大きな差があります。

さて、現在日本国内のユーザー企業において、自社のDX実現に取り組み

※1 https://www.meti.go.jp/shingikai/mono_info_service/digital_transformation/20180907_report.html

※2 DXレポート2(https://www.meti.go.jp/press/2020/12/20201228004/20201228004.html)に登場する言葉

始めた話が聞こえてきています。私がDXに必要だと思うのは、以下の3点です。

1. アナログデータをデジタルデータにする
2. 自社事業のために最新技術を積極的に活用する
3. 外注ではなく内製化で自走できる体制を整える

このうち3.の内製化について、2020年8月31日に発刊された「IT人材白書2020」(脚注※3)によると、IPA(情報処理推進機構)が実施したアンケートでは、日本のユーザー企業(N=772)のうち、434社(約56%)が何らかの内製化を進めているということです。約24%の企業は「プログラミング工程を含めた全体工程の内製化を進めている」と回答しています。この結果は驚くべきもので、かつ喜ばしいことです。

DXとBI

DXが徐々に実現されていくのも、時間の問題でしょう。そして、DXが進むとBIが必須になります。理由はとてもシンプルです。すべてがデジタルデータになるわけですから、溜まったデータを活用したいというのは誰でも思うことです。昔のように大掛かりなシステムではなく、担当者が手に入れることができる自社のデータを、必要だと思ったときに分析したいと思うのは、とても自然なことでしょう。そして分析した結果を再び業務と事業にフィードバックして、試す —— このフィードバックループを回すことこそが、BIそのものです(BIとは何か? については第3章で詳しくお伝えします)。

※3 https://www.ipa.go.jp/jinzai/jigyou/about.html

5 IoT、機械学習、AIとBIの関係

DXレポートでは、AIや機械学習といった言葉は出てきますが、BIは出てきません。これはとても残念なことです。IoTはモノにセンサーを付けて、そこで起きていること（事実）をデータ化し、大量のデータを保存します。機械学習は大量のデータに様々なアルゴリズムを試し、統計学的傾向を探し、一定の結果が得られたらそれをモデルとして保存します。そのモデルに新たなデータを渡すと、予測やクラスター分析、傾向などを判断してくれるというものですが、やはりデータを渡して、データが返ってくるわけです。一定の信頼性が得られたそのモデルをAIとして再利用します。AIによって予測されたデータはBIによって可視化したくなるものです。

そう、いずれもデータが必須なわけです。分類するなら、

- IoTは、データを発生させ、大量のデータを保存する仕組みを考えること
- 機械学習は、大量のデータから統計学を使用して、その傾向を探し、結果をモデルとして構築すること
- AIは、機械学習の結果構築されたモデルを人工知能として利用すること、またはそのモデルを構築すること

となります。いわずもがなですが、すべて何らかのデータを得ることが目的になっていますので、BIは必須になります。IoT、機械学習、AIがSaaSとして提供されているサービスであれば、多くの場合、ダッシュボードが用意されており、簡易的に結果を確認できるものが多いです。あるいはAPIが用意されており、APIを利用してデータを得ることになります。得たデータについては、やはりBIで可視化し、分析することが必要となってきます。

また、すべてに共通しているのは、データが別の価値を生み出すことです。別の価値とは、ビジネス的な情報、意思決定の支援、ネクストアクションのきっかけ等です。

第2章

データとは何か？

日々ExcelやPowerPointでデータを扱うことが当たり前になっていると思います。プライベートでも、ニュース報道を見れば、グラフや表といった形でデータを目にしない日はありません。ところで皆さんに質問です。「データとは何ですか？」と聞かれたら、即座に説明できる方はどのくらいいらっしゃるでしょうか？

ご安心ください。この質問に即座に回答できる人はほとんどいません。なぜなら多くの方がこの質問を考えたことがないからです。それが普通だと思います。この章では、データとは何か？　について一緒に考えていきましょう。

アクセスキー　N（大文字のエヌ）

1 データの種類

世の中には様々なデータが存在しています。Excelで扱う表形式もデータですし、保存した後のxlsxファイルそのものもデータです。また、皆さんのスマホで昨日撮った写真もデータですし、今日この後見ようと思っているYouTube動画もデータですね。お買い物に行く前に書いた買い物リストもデータですし、寝る前に聞こうと思っているお気に入りの音楽もデータです。

そう、スマホやPCで扱うものはすべてデータなのです。現代ではデータがなければ、日常生活が成り立ちません。では、まずはそれらを分類してみましょう。

データの分類にはいろいろな方法があります。ここではまず、「構造化」に注目してデータを3種類に分けたいと思います。急に難しい言葉が出てきますが、順を追って説明するのでゆっくり見ていきましょう。

1. 構造化データ
2. 非構造化データ
3. 半構造化データ

3つの言い方を見ると、どうやら「構造化」されているか否かというのがキーになっているようですね。

構造化データ

では、構造化とは何なのか？　とても簡単に表現すると、構造化の要件は以下のようになります。

① 行と列を持つテーブル形式（表形式）で保存されたデータ
② 1つの列には同じ種類のデータが入る
③ データが増えると行が増える

④　テーブル間にリレーションが定義できる

まず、①～③を図に表すと、図2.1のようなイメージになります。

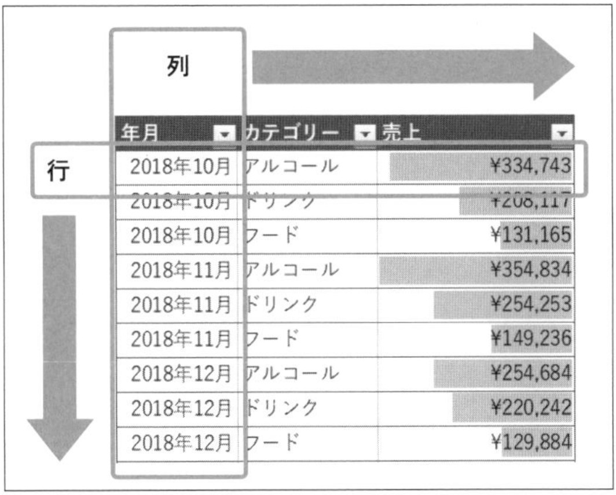

列

行

年月	カテゴリー	売上
2018年10月	アルコール	¥334,743
2018年10月	ドリンク	¥208,117
2018年10月	フード	¥131,165
2018年11月	アルコール	¥354,834
2018年11月	ドリンク	¥254,253
2018年11月	フード	¥149,236
2018年12月	アルコール	¥254,684
2018年12月	ドリンク	¥220,242
2018年12月	フード	¥129,884

図2.1　構造化データの要件

順に見ていきましょう。

▶行と列を持つテーブル形式

①の「行と列を持つテーブル形式」は、いわゆるExcelの表を思い浮かべるとよいでしょう。図2.1のようなものをテーブル（表）といいます。テーブルは行と列を持っていて、列は図の中では［年月］、［カテゴリー］、［売上］と縦に定義されています。縦に定義されているので、横に並ぶわけですね。行は実際のデータが入っていて、1行は横方向に存在しています。

▶1つの列には同じ種類のデータが入る

②の「1つの列には同じ種類のデータが入る」とは、例えば［年月］列。値としては、2018年10月、2018年11月、2018年12月と3種類があり、すべて年月を表しています。［カテゴリー］列は、アルコール、ドリンク、フードという3種類の文字列、［売上］列には金額が入っています。図にはないですが、例えばこの下に2019年1月のアルコールのデータが入ってきて、売上が

「-」となっていたら、どうでしょう。人間が見たら、「あぁ、この月はアルコールを販売しなかったのか？」と想像できますが、データとしては理解できません。まして、コンピュータやプログラムにとってはエラーの発生源になります。「同じ種類のデータが入る」とは、日付なら日付、文字列なら文字列、数値なら数値と、1列で見たときにデータ型を揃えることを意味します。そして、データ型に反しないようにデータがないことをどのように表すのかを決めておく必要があります。

▶データが増えると行が増える

③の「データが増えると行が増える」というのは、行は横方向に定義されているわけですから、図2.1でいうと1行増えると下に行が追加されるわけです。データが増えたら、列を増やすケースがたまに見られますが、これはこの条件に合致しません。列を増やすというのは、テーブル定義を変更することを意味するからです。データが増えるたびにテーブル定義を変更されると、それは構造化されたデータとはいえない、ということになります。

▶テーブル間にリレーションが定義できる

そして④の「テーブル間にリレーションが定義できる」です。ExcelでよくやるのがVLOOKUPによる他のテーブルの列の参照です。最近は、XLOOKUP関数が使われるようになっているかもしれません。これはリレーションの考え方にとても近いもので、指定された値を特定の範囲から検索し、該当する値がある行の別の列を返すものです。つまり指定された値がAテーブルのa列で、検索対象がBテーブルのb列である場合、［Aテーブル.a列］と［Bテーブル.b列］には論理的にリレーションがあるということになります。この関係性を事前に定義したものがリレーションです。マスターテーブルとトランザクションテーブルの間には通常リレーションが存在します。

データベースに詳しい方には説明不要だと思いますが、一般的なRDB（Relational Database）は構造化データの形でデータを保存します。先に挙げた4つが必須要件だとすると、Excelに表を作成した場合、④のリレーションの定義が邪魔をして、構造化データではないのではないか？　と思われる方もいると思いますので、④の要件はオプション的に捉えておけばよいでしょう。つまり物理的にではなく、論理的にテーブル間にリレーション（関連）があるかどうかということです。実際には業務データにおいて、リレーションがないデータというのはありえません。

構造化データとは上記の要件を満たしているものを指します。いわゆるデータベースで管理されているデータは、すべて構造化データだと思っておいて、まず間違いではありません。行と列があるというのはそんなに難しくないと思います。繰り返しになりますが、一番のポイントはデータが増えたときの挙動です。「**データが増えると行が増える**」ということがとても大事です。日常で管理しているExcelファイルで、データが増えたら列が増えるような運用を見たことがありませんか？　構造化データの観点から見ると、**列が増えるということはテーブル定義の変更**を意味します。データが増えたらテーブル定義が変わるというのは、おそらく設計が間違っていると思われます。

非構造化データ

次に非構造化データです。文字通り、構造化されていないデータを指します。これは、例を挙げた方がイメージしやすいでしょう。例えば、**音声、画像、映像などのアナログデータをデジタルデータに変換したもの**が非構造化データです。実際にはそれぞれ決まったフォーマット（mp3やpng、mp4など）によって、データが定義されているのですが、先に挙げた構造化という定義に当てはまらないので、非構造化データということになります。**非構造化データはBIのデータソースには使用できません**ので、特に覚えておく必要はありません。そういうものがあるんだと知っておくことくらいで十分です。

半構造化データ

3つ目が半構造化データです。言葉で説明すると、ある程度構造化されているデータということになります。例を挙げると、JSONやXMLといった形式が該当します。ルールはあるのですが、**行と列で管理されている訳ではないので、テーブルよりも自由な記述が可能**です。1つのJSONや1つのXMLで親子関係にあるデータを表現することも可能ですので、リレーションを表現することもできます。JSONは、keyとvalueをコロンでつなぎ、項目名と値を表現します。また、カンマで区切ることでkeyとvalueの組み合わせを複数記述でき、複数の種類の括弧で括ることで、データの単位を表します。XMLはタグと呼ばれる<>と文字列の組み合わせでデータを表します。HTMLと同様、マークアップ言語の一種です。

JSONやXMLはテーブルに変換することも可能です。テーブルに変換すると、複数のテーブルになることがあります。その際、必ずリレーションが必要になります。

JSONの例

```
{
  "data": {
    "user": [
      {
        "ID": "1001",
        "FamilyName": "佐藤",
        "FirstName": "正和",
        "Birthday": "1980/01/01",
        "Sex": "男性",
        "Phone": {
          "home": "03-XXXX-XXXX",
          "mobile": "090-XXXX-XXXX"
        }
      },
      {
        "ID": "1002",
        "FamilyName": "田中",
        "FirstName": "太郎",
        "Birthday": "1983/03/27",
        "Sex": "男性",
        "Phone": {
          "mobile": "090-XXXX-XXXX"
        }
      }
    ]
  }
}
```

XMLの例

```
<?xml version="1.0" encoding="utf-8"?>
<data>
    <user>
        <ID>1001</ID>
        <FamilyName>佐藤</FamilyName>
        <FirstName>正和</FirstName>
        <Birthday>1980/01/01</Birthday>
        <Sex>男性</Sex>
        <Phone>
            <home>03-XXXX-XXXX</home>
            <mobile>090-XXXX-XXXX</mobile>
        </Phone>
    </user>
    <user>
        <ID>1002</ID>
        <FamilyName>田中</FamilyName>
        <FirstName>太郎</FirstName>
        <Birthday>1983/03/27</Birthday>
        <Sex>男性</Sex>
        <Phone>
            <mobile>090-XXXX-XXXX</mobile>
        </Phone>
    </user>
</data>
```

図2.2　JSONとXMLによる記述の例

データの種類分け

では少し練習をしてみましょう。練習といっても手を動かすのではなく、ちょっと考えていただきたいのです。

以下のデータがあるとします。

- ドキュメント（WordやExcelなど）
- （データベースに保存された）個人情報（氏名、年齢、生年月日、住所など）
- カスタマーサポートの音声データ
- （データベースに保存された）Webページへのアクセスログ
- 温度（JSON）
- 画像
- 音楽
- メール
- 動画
- 音声
- 場所（XML）

これらを構造化データ、非構造化データ、半構造化データに分けてみてください。

図2.3　データの種類

回答例は、以下のようになります。

1. 構造化データ：個人情報（氏名、年齢、生年月日、住所など）、Webページへのアクセスログ
2. 非構造化データ：ドキュメント（WordやExcelなど）、カスタマーサポートの音声データ、画像、音楽、メール、動画、音声
3. 半構造化データ：温度（JSON）、場所（XML）

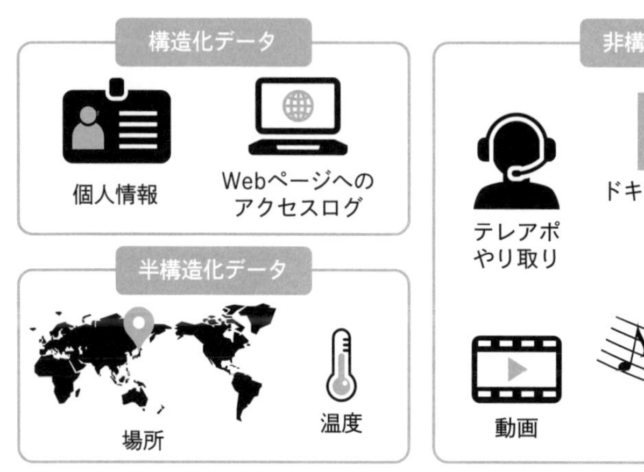

図2.4　データの種類

もちろんこの回答例は、一例です。

- 「ウチでは、カスタマーサポートの音声データはAIを使って、文字起こしをしていて、それがデータベースに保存されている！」
- 「ウチなんて、さらにAIを使って、そのテキストからキーワードを検出してるぜ！」

という場合は、構造化データになっているかもしれません。大事なのは、上記のように考えることができるのであればOKということです。そして、それをBIで使えるデータにしているか？　ということです。

ちなみに1つ余談ですが、2020年12月18日に総務省から「統計表における機械判読可能なデータの表記方法の統一ルールの策定」（脚注※3）という発表

※3　https://www.soumu.go.jp/menu_news/s-news/01toukatsu01_02000186.html

がありました。ルール自体はPDFファイルにまとまっています。これは、Excelでデータを扱う際にとても参考になります。このルールの目的は、機械判読可能なデータにすることです。つまり、プログラムでアクセスした際に、データとして扱えるということです。Excelは誰もが使えるツールですが、**それが故にワープロの代わりに使っている人もいます**。本来はデータを扱うための**表計算ソフト**ですから、**体裁を整えるためにセルを使われると**、プログラムからは判読ができないことになります。そしてこれを理解すると、この後で説明するBIで扱うデータとはどうあるべきか？　がとても理解しやすくなるでしょう。

2 BIのデータとは？

結論からお伝えします。Power BIに限らず、**BIツールで読み込むデータは構造化データを原則としています**。つまり、行と列が存在し、データが増えたら行が増えるテーブル形式でなければなりません。BIツールによっては、1つのレポートを作成するには、1つのテーブルしか読み込めないものもあります。本書が説明に使用するPower BIは、1つのテーブルどころか、複数のテーブルをデータソースにできますし、DBと手元のExcelファイルといった**複数の異なるデータソースを1つのデータモデルに読み込むことができる「マルチデータソース」**に対応しています。マルチデータソースに対応しているからこそ、構造化データと半構造化データを同時に読み込むことも可能ということです。

データの変換

データベースなどの構造化データは、読み込んだ時点で行と列のテーブル形式になっていますから、BIツールでそのまま使用できます。ですが、JSONやXMLデータはテーブル形式になっていないため、そのままではBIツールで使用できません。したがって、**JSONやXMLからテーブル形式へ変**

換しなければなりません。これは、**ETL（Extract：抽出、Transform：変形・変換、Load：読み込み）** と呼ばれる処理のTransformに当たります。BIツールによっては、ETLの機能を持っていないものもありますし、持っていてもデータの読み込みのみと、機能が限定されているものもあります。

Power BIは、Power Query（M言語）という関数型言語でETL機能が実装されており、これが実に柔軟で、必要十分な機能を備えています。

▶ Extract：抽出

Extract：データ抽出に使用する標準コネクタは130以上用意されています。データベースについては、Microsoft SQL Server、Oracle、IBM DB2、Informix、Netezza、MySQL、PostgreSQL、Amazon Redshift、Google BigQueryなど主要なRDBはほぼすべてカバーしていますし、汎用的に使えるODBCやOLE DBにも対応しています。Excel、CSVはもちろんのこと、クラウドはMicrosoft Azureだけでなく、Amazon Web Services（AWS）、Google Cloud Platform（GCP）にも対応した専用コネクタがあります。HTMLやPDFさえもデータソースとして使用できます。Microsoft 365やDynamics 365といったMicrosoftのSaaSはもちろん、Google Analytics、Adobe Analytics、Marketo、TwilioといったサードパーティのSaaSの専用コネクタも用意されています。任意のWeb APIも呼び出すことが可能です。私が知る限り、こんなにも多くのコネクタを用意しているBIツールは他にありません。

▶ Transform：変形・変換

またTransform：変形・変換もとても充実しています。Excelでよく見られますが、一見テーブルに見えて実はクロス集計になっている表を渡されて、データソースとして使用するのに困った経験がある方もいるでしょう。Power Queryを使用すると、列を行に変換するUnpivot（ピボット解除）が可能です。もちろん行を列に変換するPivot（ピボット）もできます。カンマやスペースといった区切り文字を指定して1列を複数列に分割する機能もありますし、行にも分割することが可能です。こういったものは機能の一部ですが、驚くべきは単純な処理ならマウス操作のみで可能なのです。これがローコード（low code）といわれる所以です。複雑なことをしない限り、Power Queryを自分で書く必要はありません。先ほどのJSONやXMLといった半構造化データでも、このPower Queryによって、マウス操作のみでテーブルに変換してくれます。ちなみにPower Queryは、Microsoft 365のサブスクリプションを持っている人がインストールできるExcelであれば、Power BIと完全に同じではないですが、ほぼ同等の機能が使用できます。

▶ Load：読み込み

そうして変換した後、ボタン1つでその定義に従ってデータのLoad：読み込みをします。マルチデータソースに対応していないBIの場合は、単表形式（1つのテーブル）として読み込まれますが、マルチデータソースに対応しているPower BIでは、読み込むと複数のテーブルが出来上がり、そこからデータモデリングが可能です。第6章で詳しく触れますが、データモデリングとはテーブル間のリレーション（関係性）を定義し、読み込んだデータをディメンション（軸）とファクト（事実としての記録）に分けます。BIの理想はスタースキーマと呼ばれる形にモデリングを行うことです。また、行単位でデータを計算する計算列を自由に定義することもできます。そして、集計値を計算するメジャーを定義することが可能です。計算列やメジャーは、他のBIツールではデータソース側で用意をするか、ETLの処理にそれらを用意する処理を組み込む必要があります。これは優劣というよりは、BIツールの立ち位置の違いです。Power BIのように**セマンティックデータモデルの構築（業務的に意味のあるデータモデルを構築すること）**が可能なツールは**モデルベース型（model-based tool）**と呼ばれますが、1つまたは複数のデータソースを読み込んで最終的に1つのテーブルに集約するようなその他のBIツールはレポートベース（report-based tool）と呼ばれます。モデルベース型はデータモデリングが必要なので、グラフや表を作り始めるまでは準備がより多く必要となりますが、その分柔軟な対応が可能となっています。

第3章

BIとは何か？

BIとは“Business Intelligence”の略です。これを日本語に訳すのはとても難しいですが、日本語で説明することは可能です。皆さんなら、どのように説明しますか？　この章では私の説明をご紹介しますが、皆さんにはご自身ならどうやって説明するかを考えながら、読んでいただきたいと思います。

アクセスキー　a（小文字のエー）

1 日常にあるBI

BIは「ビジネス」が頭に付くので、仕事で使うものという認識が強いようです。ビジネスを日本語にしてくださいというと、「仕事」「職業」「事業」「業務」などが回答として返ってきます。ですが、実は私達の日常にBIはたくさんあります。

天気予報

例えば、毎朝見る天気予報。これは立派なBIです。これまでの膨大な観測データをスーパーコンピュータによって解析し、その結果から予測されたものが天気予報です。晴れ、曇り、雨だけでなく、今では時間単位の気温と風、数キロ四方の天気が予測可能です。そうしたとても高度な科学技術による予測結果だと意識することなく、私達一般人がひと目でわかるように簡略化され、伝えてくれるものが天気予報なのです。毎朝これを見ることで、その日の天気にあった服を選ぶことができ、健康維持をしています。予定の調整もしていますし、ときには生命を守る行動にもつながります。

交通機関の電光掲示板

天気予報に比べるとよりリアルタイム性が強いものです。電車に乗るためにホームに行くと、電光掲示板に何番線から何時何分にどこ行きの電車が来るというのがひと目でわかります。最近ではその列車が現在2つ前の駅にいるということがわかるものもあります。遅れている場合は、その理由もわかります。空港でも同様ですね。当日のフライトの情報がすべてそこに記載されています。空港に到着すると、乗客は自分の搭乗予定のフライト情報を探し、定刻通りなのか、搭乗口はどこか、特別なお知らせはないか、などを確認します。今では自分のスマートフォンでも確認することが可能です。これもまた、日常におけるBIの好例です。

2 BIとしての共通事項

さて、日常のBIの例として、2つを紹介しました。これらの例から改めて「BIとは何か？」を考えてみたいと思います。共通項を探しましょう。

興味・関心

天気予報や交通機関の運行情報などは、そのときの自分にとって「知りたいこと」、つまり「興味・関心」です。必要なことと言い換えてもよいでしょう。今日飛行機に乗る予定がない人にとっては、今日のフライト情報は特に興味があることではありません。しかし、2時間後の飛行機に乗る人にとってはとても大事な情報になります。このように、状況によって興味・関心が変わるのが人間です。そして興味・関心のあることを人は知りたいと思うのです。

ひと目でわかるということ

次に、専門家でなくともひと目でわかるように表現されていることが挙げられます。天気予報士でないとわからない情報を伝えられても、私達は困ってしまいます。それが「今日の東京は晴れて、雨の心配はなく、気温は18℃と長袖シャツ一枚で過ごせる穏やかな陽気になるでしょう。湿度も30%と低く、洗濯物もカラっと乾きそうです。沿岸部では少し風が強いので、洗濯物が飛ばされないように注意してください。」といわれれば、誰でもわかります。言葉だけでも十分なのですが、ありがたいことにテレビやインターネットではこれらの情報を天気図が読めない人でもわかるように図示してくれるので、ひと目でわかるというわけです。交通機関の電光掲示板も同様ですね。鉄道であれば、ダイヤグラムと呼ばれる専門の時刻表でダイヤが組まれていて、それを見せられても鉄道のプロではない私達には何もわからないわけですが、駅のホームには電光掲示板で誰にでもわかるようにLEDで色分けされて表示されています。電光掲示板の読み方を駅員さんに質問した人はいないでしょう。やはり誰でもわかるようになっているわけです。

ネクストアクションがある

そして3つ目がとても大事です。それは、見た人にはその情報によって左右される次の行動（ネクストアクション）があるということです。その情報を見ないと決められないこともあります。ネクストアクションがあるというのは、判断をしなければならないことを意味します。天気予報の例では、その日体調を崩さないようにどんな服を着ればよいかを判断します。漁師さんの場合は、その日漁に出るかどうかを決めるかもしれません。航空会社は飛行機のルートを決めることでしょう。場合によっては、台風などで欠航を検討する必要があります。交通機関の電光掲示板も同様です。空港に着いて、ちょっと時間があることがわかったら、食事ができるかもしれませんし、急いで保安検査場を抜けないとフライトに遅れるかもしれません。実はこうした判断を、小さなものから大きなものまで私達は無意識に行っているのです。それらはすべてBIだということができます。

3 Businessとは何か？

3つの共通項を見てきましたが、これらはBIの必須要件でもあります。それではいよいよ「BIとは何か？」について、考えていきたいと思います。冒頭で、Business Intelligenceを日本語に訳すのは難しいと書きました。ここで、むりやり訳してみましょう。まずわかりやすいのは「Intelligence」です。辞書を引くと、知能、知性、知恵などが出てくるでしょう。賢そうなイメージがありますよね。BIのIntelligenceは知恵という感じでよいと思います。Businessをやってきた経験から得られる知恵です。

では、Businessを日本語にしましょう。実はこちらの方が難しいのです。過去にセミナーや勉強会でオーディエンスの方に質問させていただいたことがあります。「Businessを日本語にしてください」と。必ず出てくるのが「仕事」です。ただちょっとニュアンスが違いますよね。家族に朝、「じゃ仕事に行ってくるね」というのを「じゃ、ビジネスに行ってくるね」といったら、ちょっと嫌みな言い方に聞こえます。そう、BIのBusinessは仕事ではないのです。どうやって考えればよいか？　英語にある1つのイディオムが教えてくれます。それは大学受験にはよく出てくる表現で「It's none of your business.」という表現です。日本語では「あなたには関係がない」という意味になり、ビックリマークを伴うくらいかなり強い表現です。英語のネイティブスピーカーにこれをいわれたら、とても怒らせてしまっていると思って間違いないです。ではなぜそんな意味になるのか？「It's none of your business.」の"your business"は「あなたの関心事」ととらえることができます。そう、Businessには「興味・関心」という意味があるのです。

BIのBusinessはこれと同じ使い方だと考えることができます。つまり、**BIとは「あなたが興味・関心のあることをやり、その経験から知恵を得ること」または「その経験から得た知恵」**と考えると理解できます。

BIというとデータを可視化するのが当たり前ですが、例えば、2020年の日本国内におけるマイクの売上ランキングを見せられても、マイクに興味がない人にはまったく意味のないものでしょう。またそれを丁寧に説明されても、興味がないのでとても眠くなります。眠れない夜に聞きたいものです。実はこれ、仕事でも同じことで、上司にあるデータを可視化するように命じられても、作業者がそのデータ自体に興味がない場合、残念ながら、その上司が知りたいものが出来上がらない可能性があります。つまり、作成者が目的をわかっていないからです。読者の皆さんには、レポートを作る際、自身が興味を持っているデータで行うことを強くオススメします。

4 経営手法としてのBI

よく勘違いされることですが、BIという言葉はIT用語ではありません。経営手法の1つです。したがって、データを元にグラフや表を作る可視化（ビジュアライズ）をするだけではBIとは呼べません。それらを見て、自身のビジネスの現状を知り、目標を達成するネクストアクションを見出すことこそがBIです。

BIのループ

IT用語ではないといいましたが、もちろん現在ではITを使用していないビジネスはないので、積極的にITを活用するべきです。既に日常業務で意識をしないで使用しているITのシステムでは、自然とデータが溜まっています。このデータを利用して、以下のようなループを実現することこそ、BIなのです。

1. 日常業務で自動的にデータが溜まる
2. 溜まったデータを可視化する
3. 業務を知っている人がそれを見て現状を把握する
4. 目標に向かって何が不足しているかを考える
5. 改善案ができたら、試してみる
6. 日常業務に改善案を適用して、溜まったデータがどう変化したかを検証する

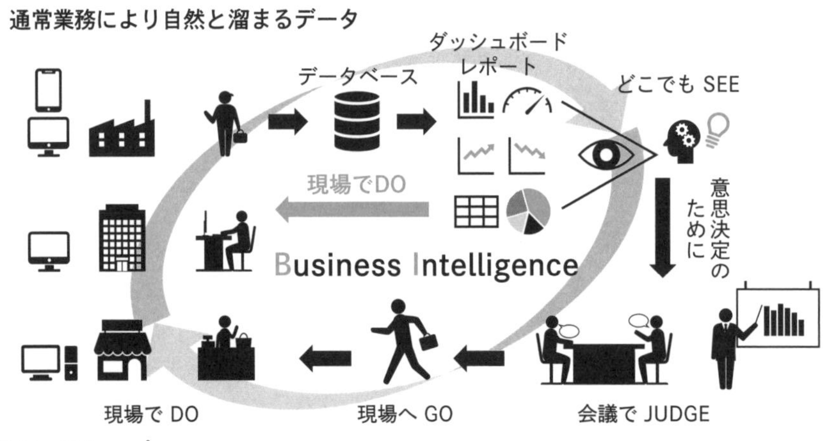

図3.1　BIのループ

以上のループを何度も何度も試します。このループそのものがBIという経営手法です。したがって、**BI導入のプロジェクトやBIシステムの構築プロジェクトは、単にBIツールを導入することを目的にしてはいけません。このループを仕組みとして作り上げることを目的にするべきです**。

現場担当によるネクストアクションが必要

このループの構築は、ITの専門家だけでは実現は不可能です。導入したいという組織の文化醸成がとても大事だからです。経験上、IT企業に外注するだけでは、上手く行きません。IT企業に協力を仰ぐこと自体は問題ではありませんが、あくまでも発注側のユーザー企業がイニシアチブを取るべきです。なぜなら、先述した通り、Businessは「興味・関心」だからです。極論すると、受注したIT企業は、ユーザー企業のデータに興味がありません。出来上がったBIシステムを毎日使用して、目標に向かって業務を進めるのは、ユーザー企業なのです。間違っても、「このデータからわかることを何か上手いこと可視化して欲しい」などと、IT企業にオーダーしないことです。繰り返しますが、IT企業は、あなたの会社の日々の業務に興味はありませんし、毎日そのデータを使ってネクストアクションを取るのは、あなたの会社の現場担当者です。

「何を知ることができたら、現在の業務がより効率化されるのか？」「これまで勘と経験で導き出した仮説は何がわかれば実証されるのか？」これらを現場の方に聴くことがとても大事になってきます。一部の経営層がサマリーを見るためのものは、既に過去のBIとなりつつあります。現場でこそ活用するべきものです。

とはいっても、現場の方にいきなり「どんなグラフが欲しい？」と聞いても、おそらく有効な案は出てこないでしょう。理由はそういったものをこれまで見たことがないからです。皆さんもご自身のお仕事で「どんなグラフが欲しい？」と聞かれても、なかなか思い付かないのではないでしょうか？

ダッシュボード

その理由の1つには、BIで実現されるグラフがどんなものか、イメージがないからかもしれません。日々の業務では、先ほどの天気予報や交通機関の電光掲示板よりももっとリアルタイムなグラフが必要な可能性があります。例えば、クルマのダッシュボードがそれに当たります。次のシチュエーションを想像してください。

今、あなたは車を運転しています。制限速度50km/hの国道を走っています。道は比較的空いていて、天気もよく、快適なドライブです。ふと、ルームミラーを見ると、パトカーがいます。

この場合、ほぼすべてのドライバーは同じ行動を取ります。ダッシュボードに目を向けて、スピードメーターを確認するのです。理由は簡単。制限速度を超えていないか確認するためです。少しでも制限速度を超えていることを確認したら、アクセルを緩めます。たとえ制限速度を超えていなくても、右足を意識して、速度が上がらないように気を付けます。速度違反で捕まりたくないからです。結果として、速度は落ちて、スピードメーターの針は下がっていきます。

リアルタイム性

この「アクセルを緩める⇒スピードメーターの針が下がる」というのは、行動の結果が即座にビジュアルに反映される好例です。実はBIにとってはこれがとても大事です。「ネクストアクションがある」というのがBIの必須要件だと既に述べましたが、場合によって、アクションの結果がすぐに反映されることが必要な場合があります。その場合、「リアルタイム性がより高い」ということができます。データの種類によって、結果が翌日わかれば十分な場合と即座に反映されないと業務が継続できない場合があります。前者は「分析目的のBI」、後者は「リアルタイムダッシュボード」といえます。

仕事以外でイメージしやすいリアルタイムダッシュボードはテレビゲームやスマホゲームの中に当たり前に出てきます。シューティングやアクション、パズルゲームなど得点を競うゲームでも、大魔王と戦うロールプレイングゲームでも、必ずリアルタイムで現在の値が表示されています。プレイヤーはコントローラーを操り、現在の値を確認しながら、ゲームを進めるのです。もし、現在の値が表示されていなかったら、ゲームを楽しむことはできないでしょう。スピード感が求められるゲームなら、その瞬間に何をすればよいかわからなくなるかもしれません。仕事でも同様というわけです。日々の仕事で、ゲームと同様にリアルタイムで結果が表示されるものになれば、間違いなくハマることでしょう。現実はそこまで単純ではないですが、これはBIを構築する際に考えるべき、とても重要な要素だといえます。

余談ですが、将来会議で何かを決定した瞬間に、今期の売上が予測されるようなAIが開発されたら、その値はぜひともBIで可視化するべきです。

5 BIのパターン

前項でリアルタイムという言葉を出しましたが、BIのパターンを考えるとき、これがとても大事な要素です。BIでは常にタイムラインを意識します。データを可視化することから始まるわけですが、ここではそのデータがどんな単位時間で更新されるのかについて考えます。

決まったタイミングで見るデータ —— 分析目的のレポート

昨日までのデータ、今週のデータ、今月のデータなど、一定期間のデータを決まったタイミングで見るデータのことです。売上に代表される経営状況を把握する場合などが当たります。いわゆる**「締め」処理の対象となるデータ**といい換えることができます。そして、**分析目的のデータ**でもあります。一定期間のデータを可視化して、過去の同等の期間と比較して、増減を確認し、その原因を探ります。業務で必要とされるレポートの9割がこのタイプです。

ビッグデータの要件である3V（Volume：量、Variety：種類、Velocity：速度）でいうと、Volumeが多く、Varietyも多い可能性があります（一般的にビッグデータは3Vのうち、1つでも当てはまればビッグデータと呼ばれます)。実現するためのアーキテクチャとしては、膨大なデータをいかに保存しておくかを考える必要があります。また過去何年分のデータが必要なのかというデータのライフサイクルマネジメントが求められます。

リアルタイムで見るデータ ― リアルタイムダッシュボード

直近1時間、今日、この瞬間など比較的短い期間の現在の値を表示するのがこのタイプです。**リアルタイムストリーミングデータ**と呼ばれることがあります。メーカーの工場で採用されているFA（ファクトリーオートメーション）のデータ、IoTのデータなど、各種センサーからのデータ可視化に用いられることが多いです。**グラフや表を表示しているだけでどんどん変化していく**ものです。

ニュースで見る株価などが好例です。3Vでいうと、Velocityが圧倒的に速く、結果としてVolumeが膨大になります。ただし、表示に使うのは、短い期間のデータですから、表示に必要なデータ量はそこまで多くない傾向があります。実現するためのアーキテクチャとしては、次々と発生するデータをどれだけ短い時間で処理し表示するかという、リアルタイム性が求められます。同時にデータを溜めておくことも求められる場合がありますが、溜めたデータはリアルタイムの表示には使用せず、分析目的で使用します。

6 違う切り口のパターン

これら2つのパターンを適切に見極める必要があります。今必要なBIはこれらのどちらなのか？　両方だという答えが返ってきた場合は、思考停止に陥っている可能性がありますので、一度立ち止まって、きちんと精査する必要があります。ユーザーシナリオからレポートの種類を分けて定義することがとても有効です。10個のレポートのうち、3つは現場で担当者が見るリアルタイムダッシュボード、残りの7つはマネジメント層が見る分析目的のレポート、といった具合です。

違った視点でパターンを紹介しましょう。エンタープライズBIとセルフサービスBIです。

エンタープライズBI

企業内で経営層から現場スタッフまで、同じデータを見る際に必要なものです。企業内で統一され一元管理されたデータを用意し、情報システム部門が**全社統一のレポートを作成し、全員が同じグラフを見る**。**数字に対する企業文化を醸成するのに必要なもの**ともいえます。

「KPIに対する現時点の進捗状況はどうなのか？」「コロナ禍で経営状況がよくないと聞くけど、いったいどのくらいよくないのか？」「このまま行くと、今期は目標を達成できるのか？」こういった疑問に答えるレポートになります。これらは全社で統一されているべきで、部門ごとや担当者で数字が変わってはいけないものです。また、全社的なデータに関して、ある人は見られるけれど、別の人は見られないといった権限によるアクセス可否も、可能な限りない方が健全な経営方法だといえるでしょう。本来、**同じ組織の人間なのに見せてはいけない全社データといったものがある方が不自然で透明性に欠ける**といえます。

セルフサービスBI

全社で統一されたデータとは別に、部署ごとに見たいデータは存在します。部署ごとに見たい軸が異なる場合もありますし、特定の部署しか持っていないデータというのもあります。それが個人情報にかかわる場合は、全社共有することはできません。部署内であっても、チームや役職によって厳重に管理するべきデータというのもあるでしょう。特定用途で必要となるレポートはセルフサービスBIの範疇です。一番わかりやすいのは、「私はこういう風に見たい」という個人的な要望です。セルフサービスBIは、その名の通り、**欲しい人が自分で作るBI**です。共有範囲はレポート作成者が選ぶことができます。共有した結果、評判がよければ、ボトムアップで共有範囲を広げることもできます。

二者択一ではなくハイブリッド

昨今のトレンドではどちらか1つではなく、両方を組み合わせることが多くなってきています。全社として統一されたデータをエンタープライズBIで提供しておき、各部署において、必要なものをセルフサービスBIで用意する。エンタープライズBIは「統一されたデータ」が肝になるので、レポートとして提供されていなくても、全社でデータセットという形で提供しておくのはとても有効です。**統一されたデータを用意する目的は、全員が同じデータで話をすること**です。AさんとBさんで会議をしていて、互いに異なるデータで話をすると、会話が成り立ちません。同じデータで話し始めるということがとても大切です。

プロのデータアナリストでも、レポートを作成するためにData Preparation（データ準備）に全工数の80%～90%を使用しているという指標があります。セルフサービスBIを可能にする場合、このデータ準備の工数をいかに下げるかを意識する必要があります。故に「**統一されたデータ**」は「**既に準備されたデータ**」で、**すぐに使えることが求められます**。データはあるけれど、加工が必要だとなると、セルフサービスBIは実現しません。データ準備（加工）のスキルがある人だけがセルフサービスBIができる状態にしてしまうと、レポートを作成できる人にタスクが集中してしまいます。チームの全員がデータアナリストとしてのスキルを持っていればOKですが、そんなことはなかなかないと思いますので、すぐに使える形でデータを提供することが重要です。

すぐに使える形というのはどういう状態か？　以下に準備されていない例を挙げます。

- データの型（文字列、日付、日時、数値など）が指定されておらず、すべて文字列型になっている
- ファクトとディメンションに分かれていない
- ファクトテーブルにコード値はあるが、それに対応するマスターがどこにあるかわからない
- すべてのデータがフラットファイル（CSVやExcel）で1つのテーブ

ルに格納されていて、列数が膨大
- 列名がすべてDBのままで業務的な名称になっていない
- テーブル間のリレーションが設定されていない

上記は一例ですが、とてもよくある例です。要はETLでデータ準備として行うべき処理がされていない状態でデータを共有してしまうと、加工が必要になるわけです。データモデリングが終わっていないデータといういい方もできます。**セマンティックデータモデル**といういい方がありますが、**業務的に意味をなしたデータモデル**のことで、自社の業務をデータモデルで表現することです。最初にデータモデリングをするときは、とても時間がかかります。先述した通り、専門家でもその工数の80%～90%を必要とするのです。ですが、これが終わっているデータを公開できれば、とてつもないショートカットになることは、想像に難くないでしょう。

7 よくある失敗例

BIにかかわる仕事をしていると、多くの失敗例に出会います。自身が実施した結果の失敗もありますし、途中から参画した際に既に失敗しているとわかるものもあります。ある程度やっていると、引き合いをいただいた時点で、上手く行くか判断できるようになります。そのポイントはどこにあるのでしょうか？

BIは文化

組織内でBIという経営手法が使える文化の醸成が必須です。BIツールを導入するだけでは決して成功しません。この時点で「BI導入プロジェクト」という名称のプロジェクトが非常に危険なことがわかるかと思います。自組織内の文化醸成が必要なわけですから、トップがまずはこれを理解する必要があります。自社にBI文化を作りたいということで外注するのであれば、お願いするべきはIT企業ではなく、コンサルティングファームだと思います。

▶ 我が事にできるか

そして、その部分を外注しても、成功のカギは自分達がイニシアチブを握るということです。我が事になっていなければ、とても成功しません。ちょうど昨今のDXと同様の考え方です。つまり**内製化が根本に必要**だということです。自社の経営手法のツールを外部に丸投げするというのは決してオススメできません。なぜなら、その結果レポートが出来上がっても、内製化は達成されないからです。外部にお願いするのであれば、ツールの使い方のレクチャーやコンサルティングということになります。

レポートを作ってもらおうというのは絶対にやめるべきです。経営に関する数字は、世の中が変化すると見方が変わります。例えば、新型コロナウイルスが広がる前と広がった後で、同じ見方をしていたら、早晩その企業は潰れてしまうでしょう。これほどドラスティックに変わることは稀だと思いますか？　では、2000年以降で日本が経済的に影響を受けた災害や事件は何回ありましたか？　米国同時多発テロ、リーマンショック、東日本大震災、新型コロナウイルス …… 台風や水害を挙げれば、もっと多くあります。これだけ世の中が早く変化する時代ですので、内製化できていないことがそれだけで大きなハンディです。

BIを成功させる要素

私がBI成功の要素と考えているのは以下です。

- 「自分達が作るんだ」という内製する覚悟
- 経営層だけでなく、現場の人まで今何が必要か話せる
- 失敗は成功の基だとわかっている（失敗を許容する土壌）
- 情報システム部門が元気

繰り返しになりますが、**内製する覚悟を経営方針として掲げている組織はとても強い**です。そしてそれが現場まで浸透していると、話が早いです。最

初から成功することはほとんどないので、小さく作り始めて、継続的なフィードバックを受けて、どんどんブラッシュアップする。それらを積極的にバックアップする情報システム部門が求められます。米国の巨人達を見ると、ユーザー企業（事業会社）がIT企業に変貌している例は枚挙にいとまがないことです。Amazon、Tesla、Uber、Netflix、Facebook、Twitter、Google …… 共通しているのは、**確固たる事業を持っていながら、ITをフル活用してサービスを手がけている**ということです。中には自社で開発したIT資産をも、サービス化して、収益を上げている企業もあります。そして組織内に世界トップレベルのエンジニアを抱えているということです。こういった企業は自社内でデータをとても上手く活用しており、BIを普通に実現しています。自社サービスによって溜まったデータをさらなる収益につなげている。まさにデジタルフィードバックを実現しているわけです。この考え方そのものがBIです。

8 現場の方へ —— ボトムアップで文化を浸透させる方法

BIの目的をレポートの作成やツールの導入に置くことが、失敗だということがおわかりいただけたかと思います。

「それはわかるけど、そんなこといわれても、いちメンバーである自分にはどうしようもない…」そういう方もいらっしゃるでしょう。大丈夫です。まずは**自身がBIツールを使いこなせるようになりましょう**。そして、チームの人にレポートを作って見せてあげてください。会議で自分の発表をするときに、自然と使用するのもとても効果的です。

「なにそれ？」と聞かれたら、第1段階クリアです。そこから、ツールの使い方を教えてあげてください。1人でできることは、限られています。周囲の人に広めることです。やがてそれがチームで当たり前になるところまで行きます。見る人が見たら、絶対気になるはずです。「なにそれ？」を上司や役員にいわせたら、第2段階クリアです。並行して進めるべきは、情報システム部門の人と仲良くなっておくことです。人事部門、総務部門とも仲良くなっておくととても効果的です。組織の大事なデータを扱っている部門の人とお願いができる関係を作っておくのです。さらに経営企画部や新規事業開発部など、先進的なことを担当する人とつながっておくと、リーチです。そういった部署は経営層と非常に近いところで仕事をしているからです。

この広め方は、経営層の方にもオススメです。トップダウンで文化を作るのはとても難しいからです。トップダウンとボトムアップの両方が必要です。意図を持って文化を広めたり、醸成したりしたことがある人はとても少ないと思います。泥臭く聞こえるかもしれませんが、地道に焦らず、確実に広めるしか方法はありません。一気通貫で広めるには、新型コロナウイルスによってリモートワークが当たり前になったような、他に選択肢がない場合でかつ生命にかかわる状況が必要です。実はリモートワークとBIはとても相性がいいのです。自宅にいながら、毎日の業務に必要な数字が見られるからです。窮地に陥っても、その状況を利用して、スタンダードを作り上げる。まさに新たな文化醸成です。

第4章

Power BIとは何か？

ここまで、広く概要的なお話をしてきました。概要にこれだけ多く紙面を割いた理由は、第3章までの内容がBIの基本だと思っているからです。この第4章からは、実際にMicrosoft Power BIを基にBIの実践的な話に入っていきたいと思います。

アクセスキー R （大文字のアール）

1 Power BIの歴史

Power BIは比較的新しい製品と捉えられていますが、コアとなっている技術の歴史は、実は長いです。Power BIの祖先はSQL Serverです。SQL Server Reporting Servicesのチームによって考案されました。SQL Server Analysis Servicesのエンジンを利用し、Project Crescentというコードネームでプロジェクトはスタートしました。Project Crescentは、2011年7月11日にSQL ServerのコードネームDenaliにバンドルされてダウンロード可能となります。その後、2013年にPower BI for Office 365として発表されました。当時は、Microsoft Excelのアドインとして提供されており、ExcelにPower Query、Power Pivot、Power Viewをインストールして、ビジュアルを作成し、Office 365のSharePointに対して発行するものでした。その後、サービスのアップデートを繰り返し、独立したサービスとして、2015年6月24日に一般公開され、現在の形になっています。

Power BIは、SQL ServerのAnalysis Servicesを利用して現在も開発されているので、利用しているとAnalysis Servicesと同じところが見られます。例えば、Power BIで集計値を計算する際、DAXという言語でメジャーを作成しますが、DAXはもともとAnalysis Servicesで使用されていた言語です。おそらくSQL Server Analysis Servicesに慣れている方は、Power BIは抵抗感なく、使用を開始できるはずです。

個人的に素晴らしいなと思うのは、本来有償の製品であるAnalysis Servicesの資産を利用して、新たなサービスを構築し、レポートのオーサリングツール（レポートを作成するためのアプリケーション）であるPower BI Desktopは無償で使用可能としていることです。Power BI Desktopには専用のAnalysis Servicesのマッシュアップエンジンが搭載されています。本来プロのエンジニアが使用するための製品を、今では非技術者でも使える形で提供しているのは、とてもMicrosoftらしいなと思います。

もちろん、Power BIを使用するに当たっては、これらの歴史を知らなくても使えます。しかし知っていれば、Power BIを学んでいてわからないことが出てきた際に「そうか、もともとプロが使うものだったのだから、わからなくて当然。よし、わかるまで触ってみよう」と前向きになれるかもしれません。

2 スイートサービスの内容

Power BIはスイートサービス（Suite Service）です。Suiteとは、甘い（Sweet）ではなく、「一連、一続き、全部入り」という意味です。ホテルのスイートルームを表すときに使用される言葉も同じくSuiteです。ITのサービスでもよく使われますが、オールインワンプロダクトを表します。

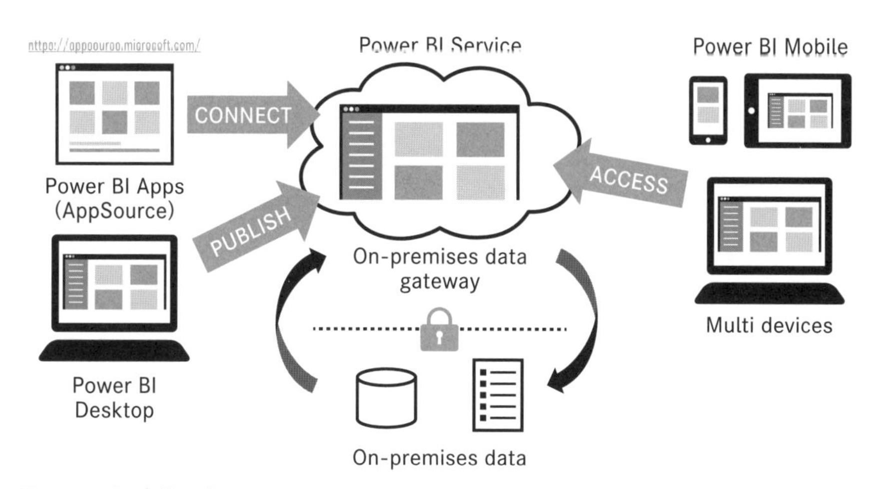

図4.1　スイートサービス

Power BIは、現在では「an interactive reporting platform」と表現され、BIを実現するサービスに留まらず、データプラットフォームとして、Azureのリソースを利用した大容量データの保存やAIといった機能も内包しています。ここでは、Power BIに含まれるものを順に紹介していきます。

Power BI Desktop

Power BIの**レポートオーサリングツール（レポート作成ツール）**です。Windows PCにインストールして使用するアプリケーションです。残念ながら、Mac版はありません。Macをお使いの方は、ParallelsやTurbo.netを使用してください。

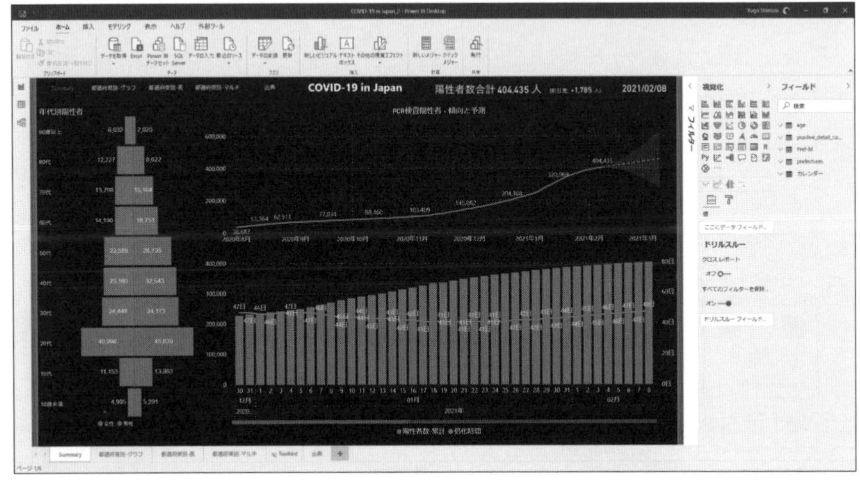

図4.2　Power BI Desktop

Power BIを始められる方が最初に触るのがPower BI Desktopでしょう。無償でダウンロード可能で、自身のPC上でのみ使用するのであればサインインも不要です。故によくPower BI = Power BI Desktopと**勘違い**されます。これは、「Power BIはスイートサービスであり、プラットフォームなので、Desktopのみを指す言葉ではない」という意味です。Desktopのみだと、**Power BIのフル機能を使用することはできません**。Power BIはエンタープライズBIも対象にしているので、Power BI Desktopで作成したレポートをPower BI Serviceに発行して初めて使用できる機能もあります。

▶ Power BI Desktopのインストール

インストール方法は2つあります。

1. Microsoft Storeからインストールする
2. Webサイトからインストーラをダウンロードしてインストールする

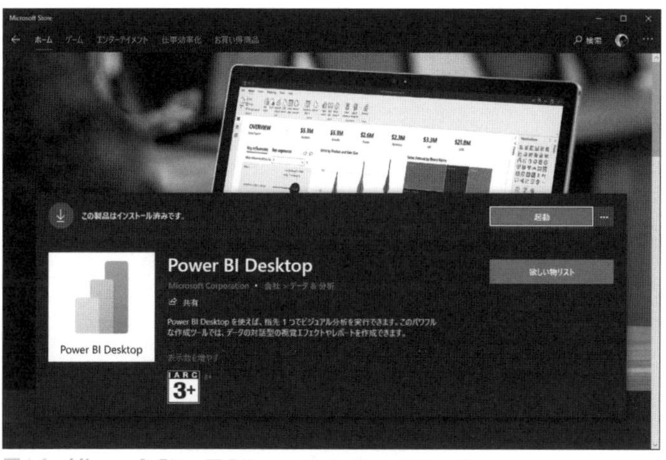

図4.3　Microsoft Store内のPower BI Desktopのページ

Download Microsoft Power BI D
https://www.microsoft.com/ja-JP/download/details.aspx?id=58494

Microsoft Power BI Desktop

重要! ここで言語を選択すると、そのページのすべてのコンテンツが選択した言語に変更されます。
言語を選択: 日本語
ダウンロード

Microsoft Power BI Desktop は、アナリスト向けに構築されました。最新の対話型のビジュアル化を、業界をリードする組み込みのデータ クエリとモデリングと組み合わせて使用できます。レポートを作成して Power BI にパブリッシュします。Power BI Desktop は、他の人が最新の重要な洞察にいつでも、どこでもアクセスできるようにサポートします。

詳細
システム要件
インストール方法

図4.4　インストーラのダウンロードページ

Power BI Desktopは毎月更新されます。1.のMicrosoft Storeからインストールすると、自動的に更新してくれるのでとても便利でおすすめです。一方、2.のインストーラでインストールした場合は、アプリを起動し更新があれば通知してくれますが、自動更新はしてくれません。自身で再度Webサイトに行って、インストーラをダウンロードし、インストールする必要があります。所属組織によっては、Microsoft Storeが使えないように設定されていることもあると思いますので、自身に合った適切な方法を選択してください。なお、1つのPCに両方の方法でインストールした場合、それぞれ別のアプリケーションとして動作します。片方を英語表記、片方を日本語表記で使用するなど、独立した環境で動作させることが可能です。

▶レポートオーサリングツール

Power BI Desktopはレポートオーサリングツールだといいましたが、実際には**データ準備、データモデリング、レポート作成**、そして**Serviceへの発行**までを担当している**とても高機能なもの**です。個人的にはこれが無償で提供されているというのは信じられないレベルです。レポートを作成し保存すると.pbixという拡張子でファイルができます。Power BI Serviceへ発行すると、ファイル名でデータセットとレポートが作られます。レポートを作成する際に指定したデータソースへの接続設定も保持していますが、実際には接続文字列のみで、認証情報は引き継がれません。発行後は、**Power BI Service上で認証情報を再度入力する必要があります**。

また、Power BI Desktopでは、PC向けの画面を作成するのがデフォルトですが、スマホアプリ用の画面も作成することが可能です。

Power BI Service

SaaSとしてのPower BIの機能にアクセスするためのクラウドサービス（**https://app.powerbi.com/**）です。URLでアクセスするWebのサービス（Webアプリケーション）なので、ブラウザさえあれば、使うことができます。Power BI DesktopはWindows PCのみで使えますが、Power BI Serviceはブラウザでアクセスできるので、Windows PCはもちろん、Mac、タブレット、スマートフォンなどマルチデバイスのアクセスを可能としています。

位置づけとしては、Power BI Desktopで作成したレポートを発行する場所です。発行されたレポートは、組織内のメンバーに共有することが可能です。共有時のアクセス許可や機能の許可など、SaaSとしてのPower BIの各種設定もここで行います。レポートが発行されると、データセットとレポートが作成されます。Power BI Serviceでは、その他にダッシュボードを作成できます。

▶ビジュアル

レポートに含まれる表やグラフをビジュアルと呼びますが、このビジュアル単位でダッシュボードにピン留めすることが可能です。ピン留めされたものをタイルと呼びます。ダッシュボードへのピン留めは複数のレポートからビジュアル単位で可能ですので、異なるレポートから頻繁に確認したいビジュアルをダッシュボードに集約することで、レポートとは違った利便性を得ることが可能です。

タイルをクリックすると、元のレポートを開くことが可能ですので、ダッシュボードをパッと見て、いつもと違う状況を確認したら、元のレポートを開いて、対象データをドリルダウンして調べることが可能ということです。

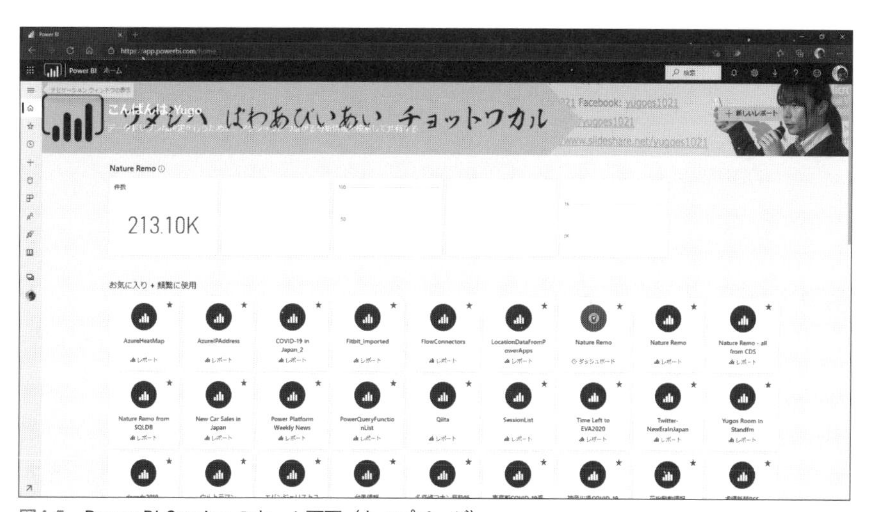

図4.5 Power BI Service のホーム画面（トップページ）

▶ワークスペース

Power BI Serviceでは**ワークスペース**という単位で**データセット**や**レポート**、**ダッシュボード**などの**リソースを管理**します。Power BIアカウントをアクティベートすると、**必ずマイワークスペースができます**。これは個人に紐付いた専用の作業用ワークスペースです。Windowsでいうところのマイドキュメントに考え方が近いです。マイワークスペースにあるリソースも組織内の他のメンバーに共有することは可能ですが、他のメンバーに共有する目的でレポートを作成する場合は、別途専用のワークスペースを作成して、そこで共有した方がよいでしょう。マイワークスペースは個人に紐付いているので、退職など何らかの理由でそのユーザーアカウントが削除された場合、その人のマイワークスペースにはアクセスできなくなる場合がありますので注意しましょう。

Power BI mobile

Power BI mobileといわれているのは、発行されたレポートやダッシュボードを見るためのツール群のことです。Windows PC用アプリとスマートフォン用アプリがあります。発行されたPower BIレポートはブラウザで見ることができると前項でお伝えしましたが、ここで紹介するのは、いわゆるビューアーとしてのアプリになります。

- Windows PC用アプリ（Microsoft Storeアプリ）
- スマートフォン用アプリ（iOS, Android）

▶ストアアプリだけの機能

Windows PCの場合は、Microsoft Storeからインストールすることが可能です。Power BIと検索すると、Power BI Desktopも出てきますが、Power BIという名称のアプリになっています。Windows PCの場合は、ブラウザとアプリのうち、お好きな方でご覧ください。機能差として、1つだけストアアプリでないとできないことがあります。それは複数ページがあるレポートでページを自動再生させることです。例えば3ページのレポートがあるとしたら、1→2→3と表示し、また1ページ目に戻って、1→2→3と繰り返すことが可能です。このような表示はブラウザではできず、アプリのみの機能になります。

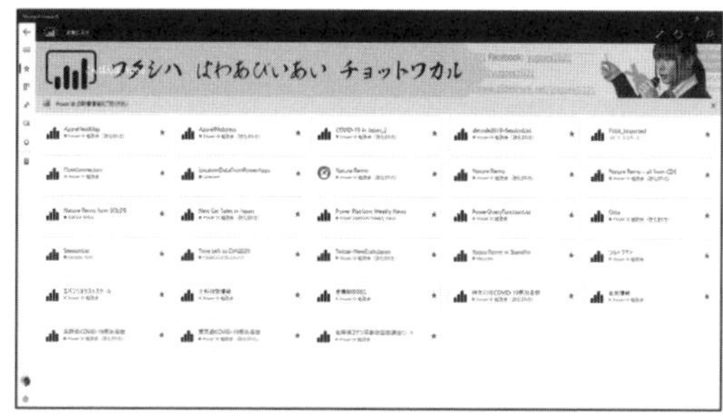

WindowsのPower BIアプリ

iPadのPower BIアプリ

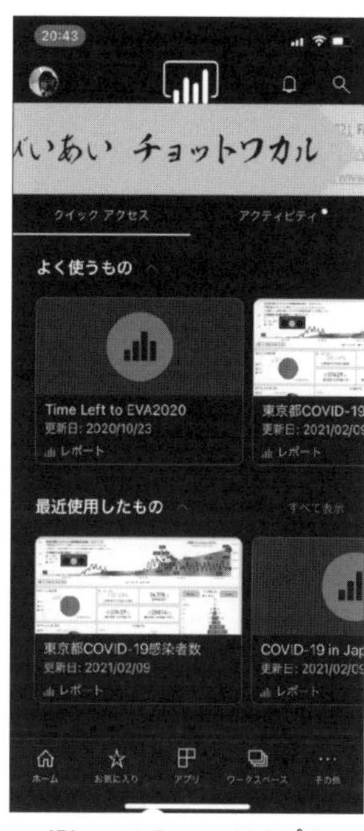

iPhoneのPower BIアプリ

図4.6　Power BI mobile

▶ マルチデバイス

iOSとAndroid用アプリも提供されています。Power BIと検索すると出てきます。Power BI Serviceに発行されたレポートやダッシュボードを見ることが可能です。スマートフォン用といいましたが、タブレットにも対応しています。オススメはiPadです。iPadでレポートを見ると、とても簡単に綺麗に見ることができます。移動中や外出が多いマネジメント層の方に特にオススメです。

まとめると、ブラウザでPower BI Service（https://app.powerbi.com）にアクセスすれば、どんなデバイスでもレポートやダッシュボードを見ることが可能です。また、それだけに留まらず、それぞれのデバイス向けに専用のアプリが提供されています。これが、Power BI mobileが実現するマルチデバイスです。

Power BI dataflows

Power BI Proのライセンスがあれば、Power BI Serviceの中のdataflowsを使うことができます。これは中級者向けになります。Power BI Desktopでレポートを作成する際、Power Query エディターと呼ばれる画面でETL（データ準備）を作成しますが、dataflowsはこの部分をオンライン（Power BI Service）上でできるようにしたものです。そのため、**Power Query Online**と呼ばれることもあります。ETL部分を切り出して、Power BI dataflowsで行うことで、組織の中で車輪の再発明をしなくて済みます。

▶ データを一元化

例えば、売上は組織内において、とてもポピュラーなデータです。セルフサービスBIだからといって、個々人が毎回Power BI Desktopでデータソースから取得することをしていると、毎回データの整形が必要となり、その組織のデータセットには同じ売上というデータがいくつも出来上がることになります。とても効率的とはいえません。そこで、dataflowsを使用することで、売上というデータをPower BI Service上で一元管理をすることができます。

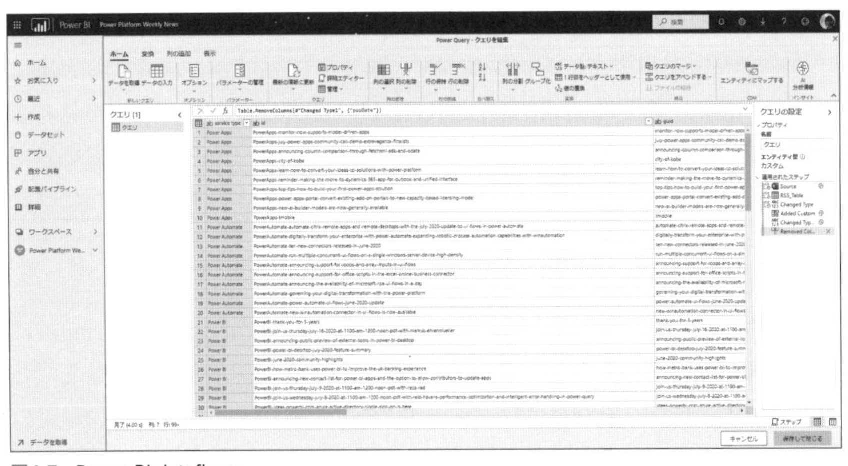

図4.7　Power BI dataflows

▶ ADLS Gen2

dataflowsで取得したデータはPower BI dataflowsに内包されるAzure Data Lake Storage Gen2（ADLS Gen2）に保存されます。Power BI DesktopでADLS Gen2にアクセスすることが可能なので、そこに溜められたデータを再利用することが可能です。もしご自身でAzureのサブスクリプションを持っていれば、自身のリソースのADLS Gen2に保存先を変えることも可能です。そうすることで、他のAzureのリソースでデータを再利用することが可能です。

3 ライセンス／費用

Power BIはクラウドサービスのSaaSが本体となるスイートサービスでプラットフォームですというのは、既に記載した通りです。故に**フル機能を使用するには有償ライセンスが必要**となります。間違っても「無償ならどこまでできるのか…？」などと考えないでください。なぜならその質問の裏にあるのは「有償ならやらない」ということです。お金がかかるならやらないというのであれば、おそらくその組織にBIは不要ということになるので、他のことにお金を使いましょう。

さて、Power BIのライセンスについてご紹介しますが、最新の情報は必ずMicrosoftの公式ページ（https://powerbi.microsoft.com/ja-jp/pricing/）をご覧ください。Power BIには大きく分けて4つのライセンスがあります。

表4.1　Power BIのライセンス

種類	月額	対象単位	備考
Power BI Free	0円	ユーザー	
Power BI Pro	1,090円	ユーザー	
Power BI Premium	543,030円～	テナント	
Power BI Premium Per User	2,170円	ユーザー	2021年4月現在一般提供開始

ユーザーライセンス

Power BI FreeとPower BI Proはユーザーライセンスです。つまり、ユーザーに対して付与するライセンスです。その差は、自身が作成したレポートやデータセット、ダッシュボードを共有できるかどうかです。Power BI Freeでは共有はできません。組織内において、他のユーザーに共有する必要がある場合は、共有するユーザーと共有されるユーザーの双方にPower BI Proが必要となります。またPower BI Freeはワークスペースを新たに作成することができませんので、マイワークスペースのみ保持することになります。Power BI Proユーザーはワークスペースを新たに作成することが可能です。前述したPower BI dataflowsはマイワークスペースでは使えず、新たに作成したワークスペースでのみ使えるので、dataflowsを使うにはPower BI Proライセンスが必要ということになります。

ワークスペースキャパシティ

一方、Power BI Premiumはテナントのワークスペースに割り当てるキャパシティ（容量）です。ワークスペースに対して、キャパシティを割り当てて、そのキャパシティに含まれている容量まで使用できるというものです。エンタープライズBI、ビッグデータ分析、クラウドおよびオンプレミスのレポートに適しており、高度な管理とデプロイ制御、内包されたAIなどが提供されます。

コンテンツの作成はProユーザーのみ

そして、Power BI Proまではサーバーのリソースは共有なのですが、Power BI Premiumを適用すると、割り当てたワークスペースは専用の環境（コンピューティングリソースとストレージリソース）で動作します。したがって、リソースの管理を自分達で行うことが可能です。Premiumを契約していても、Power BI Proライセンスが最低1人は必要です。Premiumが割り当てられている場合、Power BI Freeライセンスが割り当てられているユーザーは共有されたコンテンツを見ることが可能ですが、コンテンツを作成することができるのはPower BI Proユーザーのみです。

Per Userライセンス

また、2020年9月にPower BI Premium Per Userライセンスが発表され、2021年4月には一般提供が開始されました。これはPremiumの機能をユーザー単位に割り当てることを可能としたライセンスです。価格は2,170円ですが、Power BI Proを持っているユーザーはその差額分のみで使うことができますので、結果として2,170円を超えることはありません。

4 想定ユーザー

公式ドキュメント（https://docs.microsoft.com/ja-jp/power-bi/）では、様々なユーザーが登場します。**意思決定者**、**コンシューマー**、**レポート作成者**、**データアナリスト**、**管理者**、**開発者**といった具合です。呼び方はともかく、大別すると以下3種類に分類できます。

表4.2　公式ドキュメントに登場するユーザーの分類

ユーザー	役割	備考
コンシューマー（ビジネスユーザー）	作成されたコンテンツを使う人	ユーザー
デザイナーおよび開発者	コンテンツを作成する人	ユーザー
管理者	Power BI Serviceにて各機能を管理する人	テナント

コンシューマー（ビジネスユーザー）

日本語に直訳すると消費者となりますが、いわゆるユーザーのことです。Power BI Serviceに作成されたコンテンツ（データセット、レポート、ダッシュボード、データフロー）を見て、ネクストアクションを考え、実行します。コンテンツを作ることはしません。コンテンツの共有を受けて、ビジネスに生かす人です。

デザイナーおよび開発者

Power BI Serviceにコンテンツ（データセット、レポート、ダッシュボード、データフロー）を作成する人です。最もイメージしやすいのがレポート作成者だと思います。特定のデータソースからデータを取得し、整形して、データモデリングをし、表やグラフといったビジュアルを作成します。出来上がったら、Power BI Serviceに発行します。ここまでが一般的なレポート作成者ですが、さらに幅を広げて考えると、データソースになり得るデータベースやAPI、ストレージなどに精通しているデータエンジニアや全体的なアーキテクチャを考えるアーキテクトも、文脈によってはここに含まれます。逆にいうと、そういった専門的かつ技術的な知識が必要とされることもあります。どんなデータソースからどんなレポートを作ろうとしているのかによります。また、違った視点で考えると、Power BIではカスタムコネクタやカスタムビジュアルを開発することもできるので、プログラミングに精通している開発者もここに含まれます。Power BIの部品をカスタム開発する人は、標準的なレポートの作成方法を知っておかなければなりません。

管理者

Power BI Service上で各種設定にアクセス権限を持つ管理者をPower BI管理者と呼びます。Power BI管理者は、管理ポータルでPower BIの各種機能の設定をすることができます。ただ、Power BIはMicrosoft 365やAzureと関連しているので、管理者には以下のような種類があります。

表4.3 管理者の種類

管理者の種類	スコープ	役割
グローバル管理者	Microsoft 365	組織のあらゆる管理機能に制限付きでアクセスできる。他のユーザーにロールを割り当てる
課金管理者	Microsoft 365	サブスクリプションの管理、ライセンスの購入
ライセンス管理者	Microsoft 365	ユーザーへのライセンス割り当て、または割り当て解除
ユーザー管理者	Microsoft 365	ユーザーとグループを作成、管理。ユーザーのパスワードリセット
Power BI管理者	Power BI Service	Power BIの管理。Power BIの機能の有効化/無効化。使用状況やパフォーマンスの確認。監査を確認して管理
Power BI Premium容量管理者	単一のPremium容量	ワークスペースに容量を割り当てる。容量に対するユーザーアクセス許可を管理。ワークロードを管理してメモリ使用量を構成する。容量を再起動する
Power BI Embedded容量管理者	単一のEmbedded容量	ワークスペースに容量を割り当てる。容量に対するユーザーアクセス許可を管理。ワークロードを管理してメモリ使用量を構成する。容量を再起動する

上記は公式ドキュメント（https://docs.microsoft.com/ja-jp/power-bi/admin/service-admin-administering-power-bi-in-your-organization）からの抜粋です。Power BIはその仕組み上、Microsoft 365を利用しており、かつユーザーに関してはAzure Active Directoryを利用しています。Microsoft 365のサブスクリプション契約がなくても、Power BI単体で使用することは可能ですが、Microsoft 365およびAzure Active Directoryの仕組みを利用しているため、一部の設定はMicrosoft 365やAzureのポータル画面で設定する必要があります。**組織でPower BIを使用する際は、その仕組みを理解している人を管理者にすることが推奨されます**。この部分だけで一冊の本が書けてしまうので、本書では説明はしません。

5 現実世界のユーザー像

ここまで3種類のユーザーをご紹介しましたが、あくまでも公式ドキュメントで定義されているユーザーの種類ということになります。現実世界では、皆さんそれぞれバックボーンが異なりますし、役割も様々だと思います。エンジニアとしてのバックボーンを持ちながら、業務担当者としてマーケティングのお仕事をされている人もいるでしょうし、会社役員としてお仕事をされている人もいるでしょう。逆にエンジニアの経験はないけど、VBAが得意でデータをガツガツと処理されている人もいるでしょう。デザイナーとしてのバックボーンを持ちながら、エンジニアリングを理解されている人もいるでしょう。インフラエンジニアだけど、データ解析をされている人もいるでしょう。

現代はそういったハイブリッドな役割が重宝される時代です。役割に留まらずに、できること／やりたいことにチャレンジする人が活躍できる時代ですので、皆さんの状況に合わせて、公式ドキュメントを読むことをオススメします。

大事なのは、**コンテンツを作る人がいたら、それを使う人がいて、そして環境を管理する人が必要**だということです。役割を兼務してももちろんOKなのです。

3つのどの役割であっても、グラフが読めるコンシューマーであれ！

1つだけ私が日々仕事でBIに触れていて、感じていることがあります。どんなバックボーンの人でも、**データを読むのに慣れている人はとても少ない**ということです。データを読むといいましたが、生のデータが読める必要はありません。グラフで結構なのですが、あるデータがグラフで示されたときに、そこから状況を読み取ることに慣れている人にはあまり出会いません。でも気にしないでください。慣れていないのであれば、慣れればいいのです。

例を挙げましょう。図4.8をご覧ください。この画像は2021年2月8日時点の日本における新型コロナウイルスの陽性者数をグラフにしたものです。右上の折れ線グラフでは累計の感染者数を示しています。2020年12月～2月は第3波といわれていましたが、その理由が読み取れますか？　考えてみてください。このグラフは陽性者数の累計しか表していません。なので、その他の要素は一切排除して考えることがポイントです。なお、実際のグラフはこちらのURL（https://bit.ly/COVID-19-JP-2）でご覧になれます。

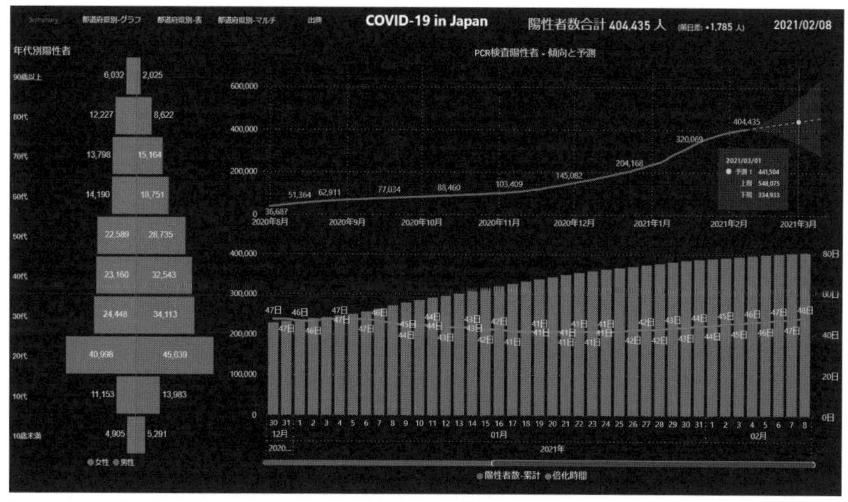

図4.8　2021年2月8日時点の日本における新型コロナウイルス陽性者数のグラフ

はい、私の回答です。第3波の対象期間は2020年12月末から2021年2月でした。大まかに読み取ると、2020年12月末に204,168という数字が表示されています。2020年12月末は累計の感染者数が20万人でした。それが約1カ月後には30万人を軽く超え、2月初旬には40万人に達しています。約40日間で20万人増えていることがわかります。新型コロナウイルスは一度感染すると1週間から10日程度の入院が必要です。そして1人の感染者には7～8人の医療スタッフが必要になるといわれています。それを考慮すると、病床が足りなくなるのはもちろんのこと、医療スタッフが不足するのは当然といえます。医師や看護師、救急スタッフも我々と同じく人間です。ロボットではないので、休息が必要です。このグラフからでも、毎日ニュースを見ていれば、それくらいのことは読み取れるのです。そして、黄色（破線）で表されている部分は、このままのペースで行ったときの予測値になります。この時点で2021年3月1日には44万人と予測されています。新規感染者が鈍化してきたといっても、3週間で4万人近くが新たに感染するということです。他の国に比べたらとても少ない数ですが、現場では医療スタッフの方が頑張っていることを忘れてはいけない。**ここまで読み取れて、初めてネクストアクションが決まる**ということです。

第5章

Power BIを使用する際の最初の一歩

さて、Power BIを使ってみたいんだ！　という皆様、お待たせしました。いよいよここからPower BIを本格的に触っていきます。この第5章ではレポート作成の流れをご紹介して、とにもかくにも最初のレポートを作ってみます。それでは行ってみましょう。

アクセスキー　u（小文字のユー）

1 レポート作成までの流れ

Power BIでレポートを作成するまでに必要な手順をご紹介します。図5.1をご覧ください。

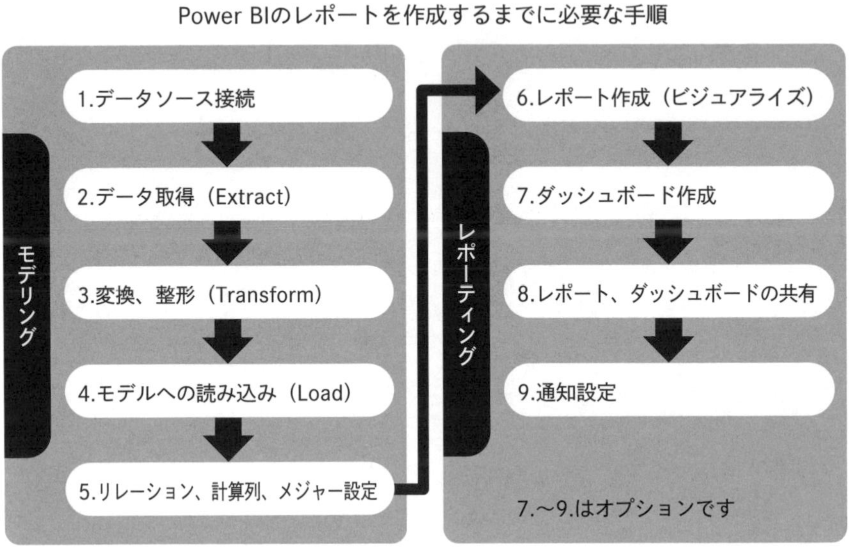

Power BIのレポートを作成するまでに必要な手順

モデリング
1.データソース接続
2.データ取得（Extract）
3.変換、整形（Transform）
4.モデルへの読み込み（Load）
5.リレーション、計算列、メジャー設定

レポーティング
6.レポート作成（ビジュアライズ）
7.ダッシュボード作成
8.レポート、ダッシュボードの共有
9.通知設定
7.～9.はオプションです

図5.1　Power BIのレポートを作成するまでに必要な手順

1.～6.までがレポート作成に当たります。6.まで終わったら、Power BI Serviceへ発行します。7.のダッシュボード作成は必要があれば行います。8.のレポート、ダッシュボードの共有も必要があれば、ということになりますが、組織内における共有は必須でしょう。9.の通知設定は2つの意味があり、データセットの更新が失敗したときにメールを飛ばしたり、ダッシュボードでタイルを作成した場合、閾値を設定してそれを超えたらメールを飛ばすといったPower BI Alertという通知を設定したりすることが可能です。

ということで、まずはとにかくサクッとレポートを作成してみましょう。

2 最初のレポートを作ってみよう

Power BI Desktopのインストールは済んでいますか？　もしまだであれば、インストールをしてください。

Power BI Desktopのインストール

第4章で説明した通り、Microsoft Storeからインストールする方法と、Webサイトからインストーラをダウンロードしてインストールする方法があります。わかりやすい方で大丈夫です。インストールされるアプリケーションに違いはありません。

Power BI Desktopを起動すると図5.2のような画面が表示されます。まずは気にせず、画面右上の［×］ボタンで閉じてしまいましょう。

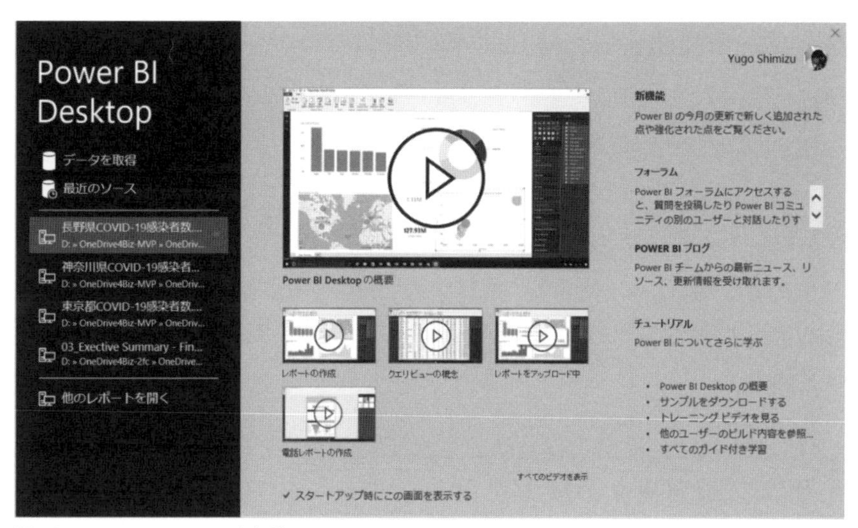

図5.2　Power BI Desktopを起動

そうすると、図5.3のような画面が表示されるはずです。

キャンバス

真ん中の白いエリアを「キャンバス」と呼びます。4つの四角が並んでいますね。

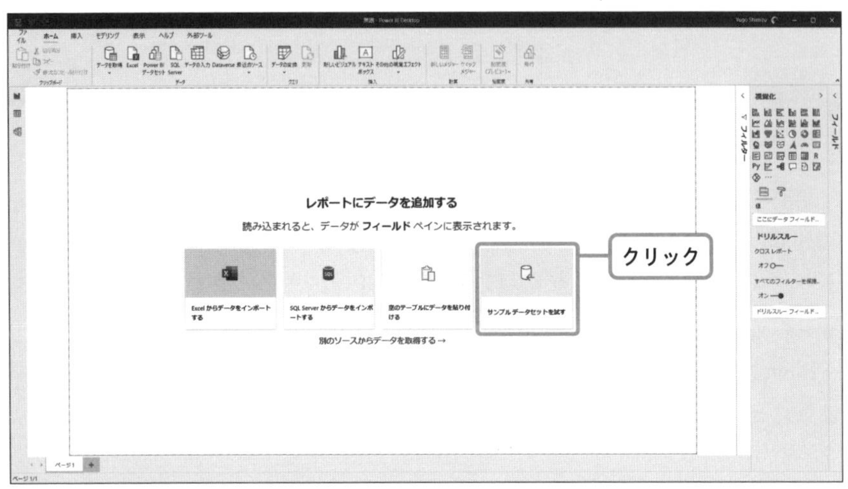

図5.3　初期画面

Power BI Desktopでは最初に行うのはデータの取得です。データを読み込まないとビジュアライズ（視覚化）できません。データを読み込んで、必要な形に変換することを「データ準備（Data prep）」と呼びます。これら4つの四角をクリックすることでデータ取得ができますし、4つの四角の下にある「別のソースからデータを取得する」というリンクで、他のデータソースを選択することができます。また、リボンにある「データを取得」からでも可能です。

サンプルデータの読み込み

図5.3の色線で囲んである「サンプルデータセットを試す」をクリックしてください。そうすると、また小さい画面が表示されます（図5.4）。

サンプル データを使用する 2 つの方法

チュートリアルをオンラインで実行する
信頼性の高いレポートを作成する方法について詳しく説明します。
チュートリアルを開始する
自分で試す
独自に視覚エフェクトの作成を開始するには、サンプル データを読み込みます。
サンプル データの読み込み
クリック

図5.4　サンプルデータを使用する2つの方法

ここは何も考えずに「サンプルデータの読み込み」をクリックします。「ナビゲーター」という画面が表示されます（図5.5）。

ナビゲーター

この画面は選択したデータソースで、テーブルの元になる選択肢がある場合に表示されます。今回は1つのみチェックしますが、ここで複数のテーブルを選択することも可能です。その場合、単一のデータソースから複数のテーブルを選択したことになります。とても便利な機能です。

図5.5　ナビゲーター

ここでは左側で［financials］にチェックをして、右下の［データの変換］をクリックしてください。

Power Queryエディター

選択したテーブルのデータが読み込まれ、「Power Queryエディター」が起動します。もしかしたら図5.6と読者の皆さんの画面の表示が異なっているかもしれません。

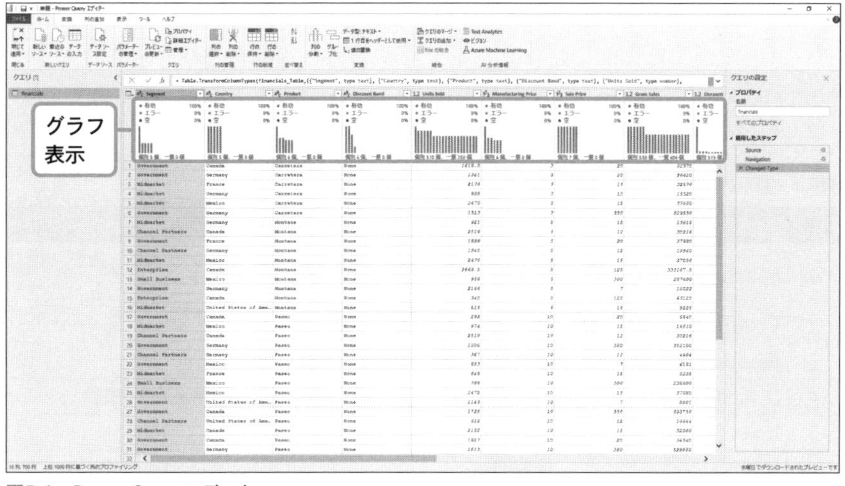

図5.6　Power Queryエディター

筆者の環境では、図57のように列名の下に簡単なグラフが表示されています。これらは列の値の分析結果を表示するものです。デフォルトでは表示しない設定になっています。

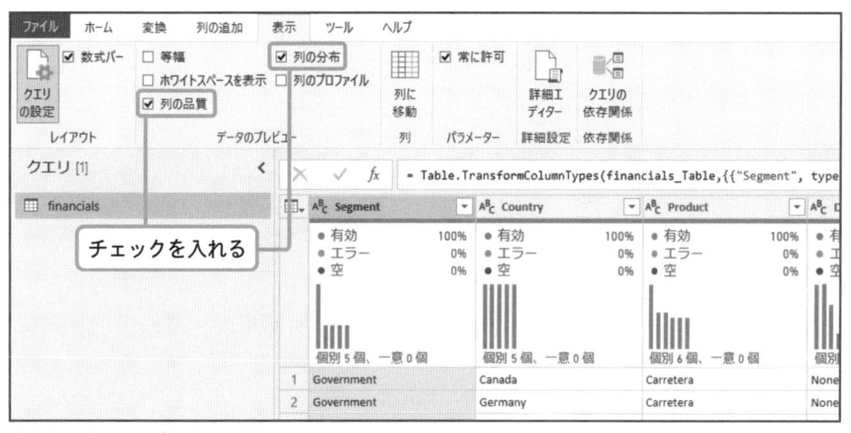

図5.7　データのプレビュー設定

リボンの［表示］-［データのプレビュー］にある［列の品質］と［列の分布］にチェックを入れることで表示できます。

前ページの画面では、ETLのE:データ抽出とT:データの変形を行います。データの変形を行う前に読み込んだデータの列と意味をご紹介しておきます(表5.1)。

表5.1　読み込んだデータの列と意味

No.	列名	意味	備考
1	Segment	客のセグメント	パートナー、エンタープライズ、政府、中規模、小規模
2	Country	販売国	客の属する国
3	Product	製品	6種類の製品がある
4	Discount Band	値下げ幅	High, Medium, Low, None の4種類
5	Units Sold	販売数量	
6	Manufacturing Price	製造価格	
7	Sale Price	売値（単価）	
8	Gross Sales	総売上	5.Units Sold × 7.Sale Price と同じ
9	Discounts	値引額	
10	Sales	実売上	8.Gross Sales - 9.Discounts と同じ
11	COGS	売上原価	Cost of goods sold のこと
12	Profit	利益	10.Sales - 11.COGS と同じ
13	Date	販売日	
14	Month Number	販売月	
15	Month Name	販売月の英語名称	
16	Year	販売年	

英語なので少々わかりづらいと思いますが、表5.1を参考にしてください。

不要な列を削除する

それではデータの変形を行いましょう。といっても、簡単なものだけです。基本は「不要なものは消す」です。列は削除することができるのですが、削除と聞くと、「グラフをまだ作ってないから、どの列が必要かわからなくて、消せない…」といわれる方が非常に多いです。ご安心を。そういう方のために、後で簡単に戻せる方法をお伝えしておきます。

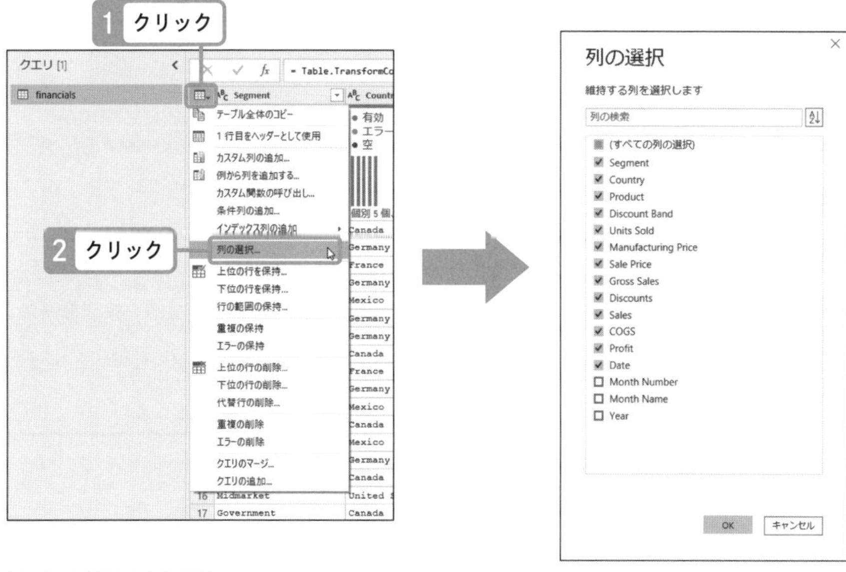

図5.8　不要なものは消す

［Segment］列の左側のボタンをクリックし、表示されたメニューで［列の選択］をクリックしてください。そして、［Month Number］、［Month Name］、［Year］のチェックを外し［OK］をクリックします。これら3つは、［Date］があるので不要です。

「列の選択」画面で［OK］をクリックすると、Power Queryエディターの一番右にある適用したステップに「削除された他の列」が追加されます。

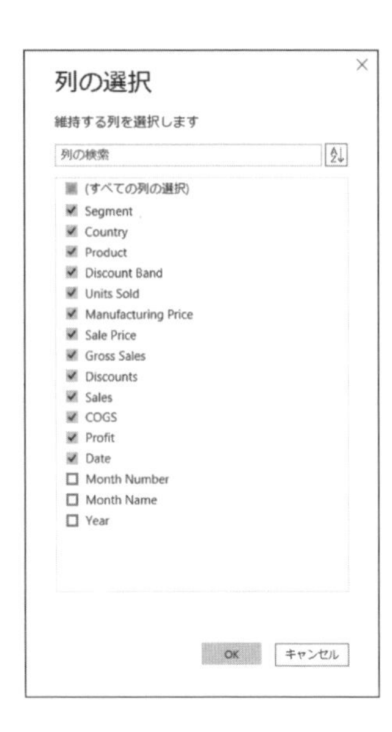

図5.9　削除された他の列

このステップ名の右側に歯車マークがあり、これをクリックすると再度「列の選択」画面が表示できます。ここで選び直すと、やり直しが可能というわけです。

列の型を変更

次に列の型を変更しましょう。Excelと同様、列ごとに型（Type）が設定できます。文字列、数値、日付、日時などです。これを適切に設定しておかないと、グラフを作成するときに困ります。後でやり直すことは可能ですが、とても面倒ですので、この段階でやっておきましょう。

ここでは、販売数量を表す［Units Sold］列の型を変更します。［Units Sold］列を見ると、1618.5と小数を保持しています。販売数量は整数であって欲しいので、型を整数型に変更するというわけです。

［Units Sold］を右クリック -［型の変更］-［整数］を選んでください。変更後は小数部が消えているのと、［Units Sold］という列名の左側の型を表すアイコンが変わっていることが確認できます。慣れてくるとアイコンだけで、型がわかるようになります。

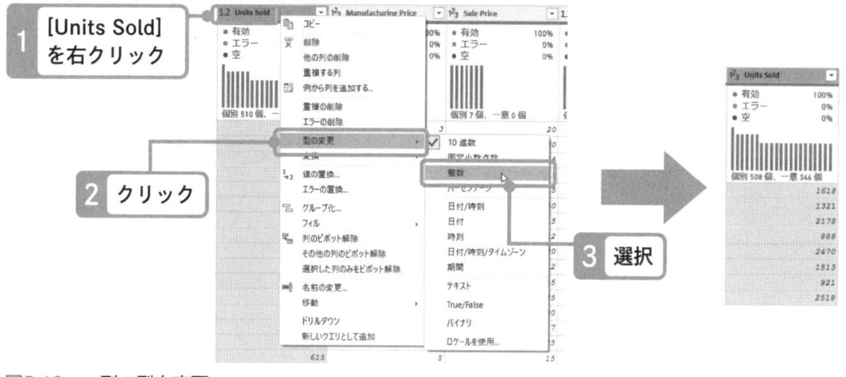

図5.10　列の型を変更

column

型の推測

Power Queryエディタ　はとても賢くて、データを読み込んだ際に、列の値を解析して、型を自動的に推測してくれます。また、データベースやExcelなど、データソース側で型を保持している場合は、それを引き継いでくれます。テキストやCSVだと型情報を保持していないので、設定されないことがあります。さらに、型の推測について知っておかなければいけないことがあります。それは、Power Queryエディターでは「クエリごとに上位1000行で判断をする」ということです。

これが何を意味するか？　例えば、1000行目まで数値が並んでいる列があったとしましょう。1001行目に「-」というハイフンがあったとします。この場合、どう判断されるか？　はい、想像の通りです。Power Queryエディターは1000行目までを相手にして列の型を推測するので、数値型として設定されます。ところが、Power Queryエディターのリボンにある[閉じて適用]をクリックした瞬間に、全行のデータの取得が始まります。そして、1001行目の型変換が実行された瞬間にエラーになります。数値型に変換できないからです。こういった場合は、エラーとなった原因を特定し、それに応じた変換処理を追加します。この例で言えば、ハイフンが悪いので、[値の変換]でハイフンを0に置き換えてしまうことでエラーを回避することができます。

他にもその行そのものがデータとして不要であれば、フィルターによって、ハイフン以外と指定することも可能です。

表記ゆれの変形

型の変更が終わったので、他の変形をやってみましょう。表記ゆれに対する変形です。文字列データで英単語の場合、大文字と小文字が混在していることがあります。同じ文字でも大文字と小文字は文字コードが異なるので値としては別モノとして扱われます。Aとaは人間が見れば、「エー」とわかりますが、コンピュータには別モノに見えているというわけです。データとして別モノとして扱いたいときはそのままでよいですが、同じデータとして扱いたい場合は、大文字か小文字で統一しておく必要があります。

これを試すために［Segment］列を使います。

図5.11　[Segment]列の値

［Segment］列の値を見ると、上位1000行で表記ゆれはなさそうですが、単語の最初の文字のみ大文字になっています。これをすべて大文字にしてみましょう。

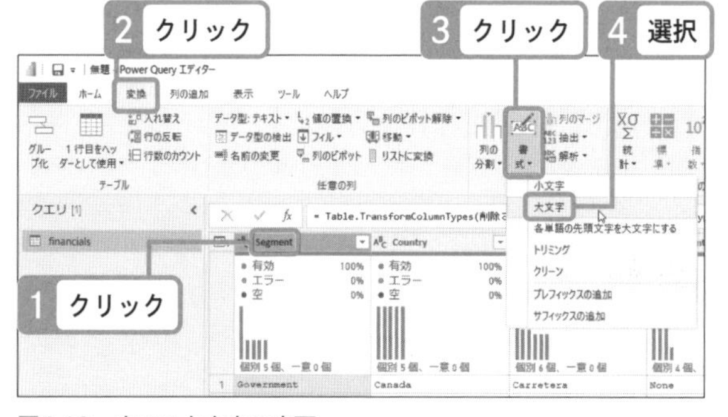

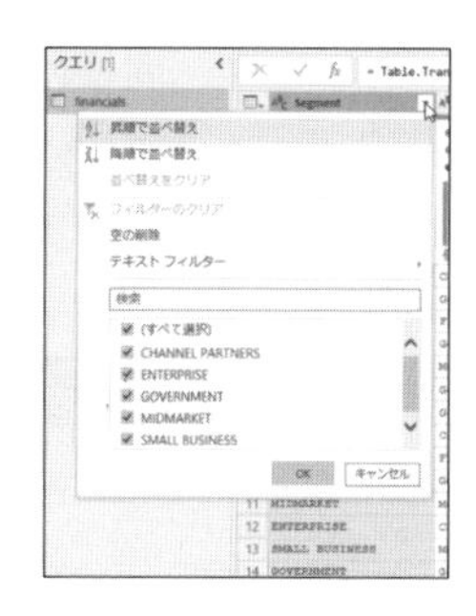

図5.12　すべて大文字に変更

［Segment］列をクリック - リボンの［変換］タブ -［書式］-［大文字］をクリックするだけです。どうですか？　簡単でしょ。

先ほどの型変換は右クリックから行いましたが、このように、コンテキストメニューと、リボンのどちらでもほぼ同様の機能を利用することが可能です。1つの機能へのアクセス方法が複数あるので、いろいろと触って試してみてください。

列名の変更

次も、これまたよくある列名の変更です。データを取得した直後は、データソース側の列名が採用されています。今回でいえば、すべて英語名になっているので、わかりやすく日本語に変更しましょう。

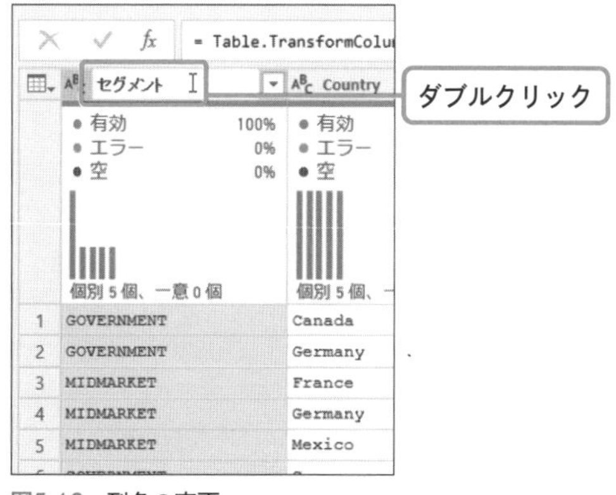

図5.13　列名の変更

図5.13のように［Segment］列をダブルクリックしてください。名称が変更できます。同様に他のすべての列をわかりやすい名称に変えてみてください。ここでは表5.2の名称にしています（図5.14）。

表5.2　列の名称

No.	列名	意味
1	Segment	セグメント
2	Country	販売国
3	Product	製品
4	Discount Band	値下げ幅
5	Units Sold	販売数量
6	Manufacturing Price	製造価格
7	Sale Price	売値(単価)
8	Gross Sales	総売上
9	Discounts	値引額
10	Sales	実売上
11	COGS	売上原価
12	Profit	利益
13	Date	販売日

…

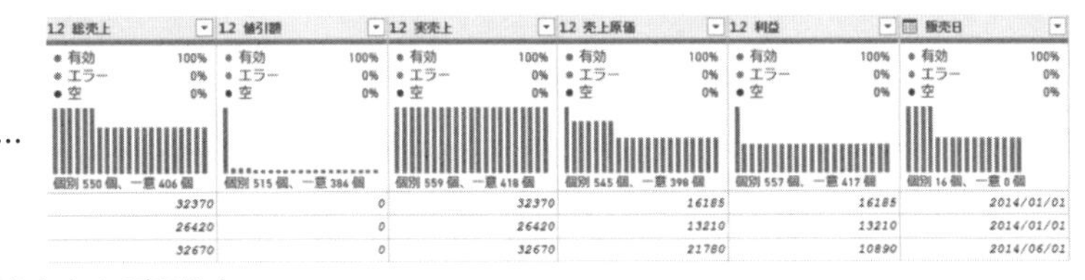

図5.14　列名をすべて変更した

特定の値を除外

次で変換の最後です。特定の値が不要だとわかっている場合に除外する処理、フィルター処理です。今回でいうと、「Montana」という製品は既に製造中止になっていることがわかっているので、除外しておきます。

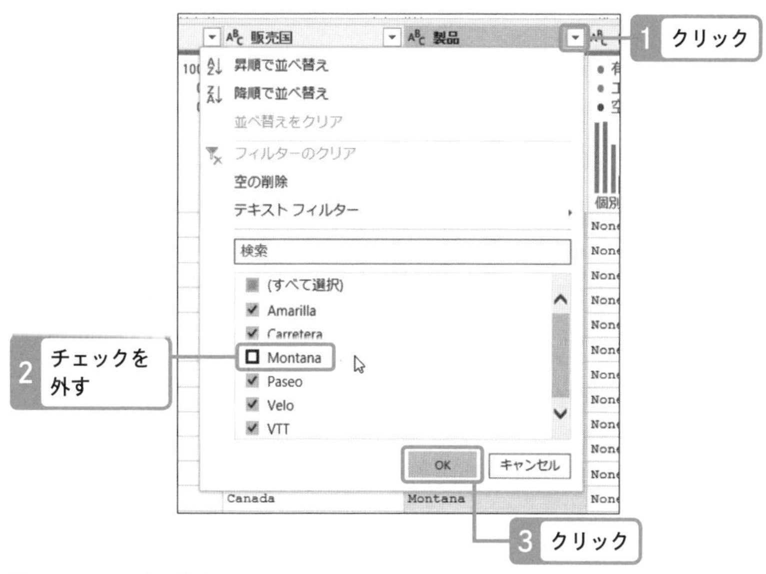

図5.15　フィルター処理

［製品］列の右側▽をクリックすると、上位1000行に含まれている値が表示されます。ここでチェックを外すと、フィルター処理により除外されます。ここでは「Montana」のチェックを外して、［OK］をクリックしてください。

これでデータの変形は終了です。Power Queryエディターを［閉じて適用］します。

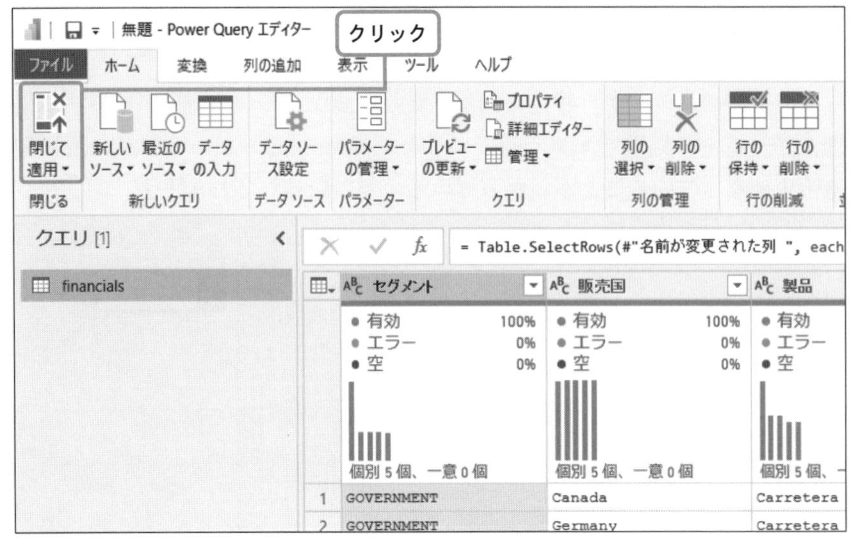

図5.16　閉じて適用

取得したデータの結果

［閉じて適用］をクリックすると、Power Queryエディターが閉じて、Power BI Desktopに戻ります。

真っ白なキャンバスが真ん中に表示されており、右側の［フィールド］には取得したデータの結果がテーブルと列で表示されています。

▶ レポートビュー

画面左側に縦に3つのアイコンが並んでいます。現在表示されているのは一番上のアイコンで「レポートビュー」と呼びます。文字通り、ここで表やグラフといったビジュアルを作っていきます。

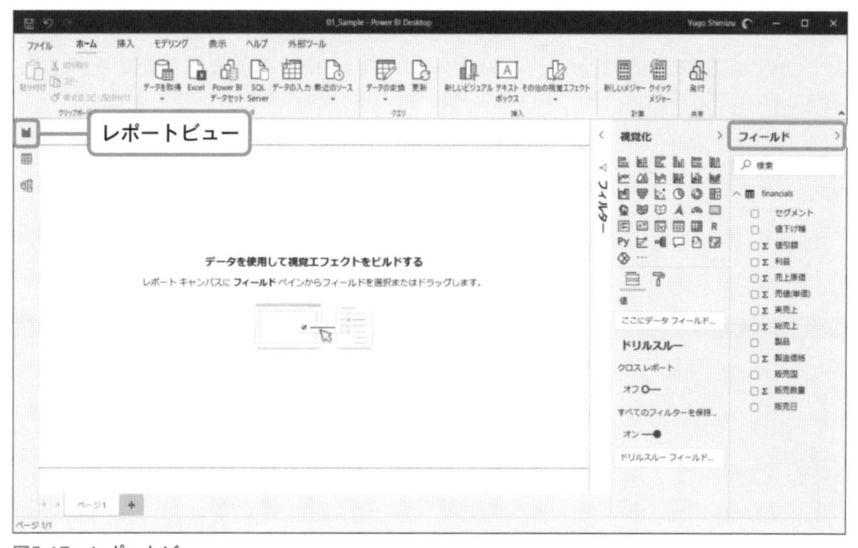

図5.17　レポートビュー

▶データビュー

縦に並んでいる真ん中のアイコンは「データビュー」です。

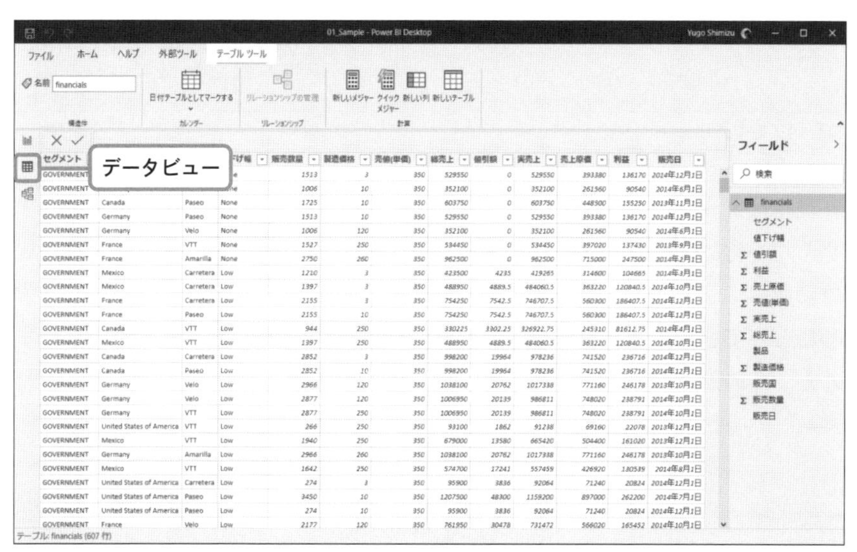

図5.18　データビュー

データビューは読み込んだデータをテーブルごとに確認できる画面です。ビジュアルを作成中に想定通りのデータになっているか確認したいときに使います。

▶ モデルビュー

最後のビューは「モデルビュー」です。

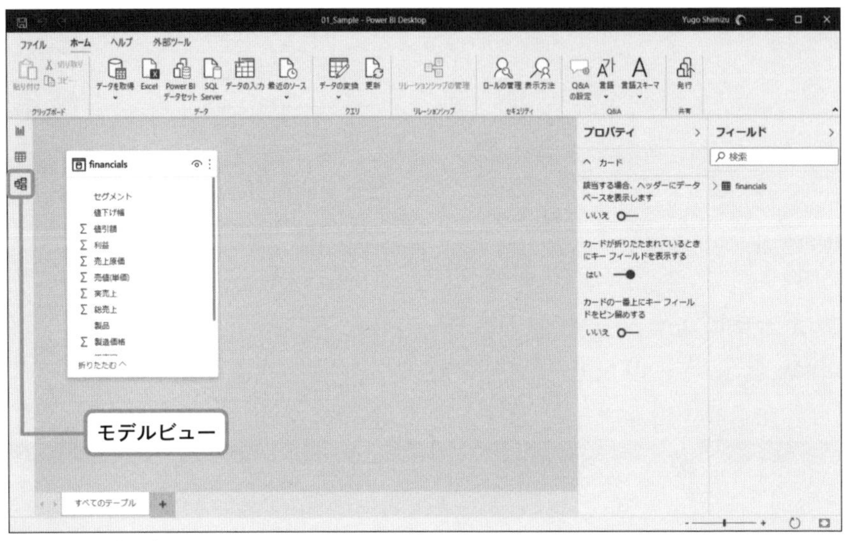

図5.19　モデルビュー

現在はテーブルが1つしかないので、モデルビューはあまり意味がありません。通常は、複数のテーブルを保持しているので、ここでテーブルを視覚的に並べて、リレーションを設定したり、列の表示／非表示を設定したりすることができます。DBに慣れている人はER図に似ていると思うかもしれません。その認識でOKです。

ビジュアルの作成

レポートビューに戻って、とりあえずビジュアルを作成してみましょう。表やグラフといったビジュアルを作成するには、2つの方法があります。

1. 「視覚化」からグラフを選択して、「フィールド」から列を指定する
2. 「フィールド」から列を指定して、「視覚化」でグラフを選択する

順番が異なるだけでやっていることは同じです。わかりやすいのは1.の方ですので、まずはグラフを選択しましょう。グラフは「視覚化」というエリアに並んでいます。

図5.20　折れ線グラフ

▶折れ線グラフの作成

最初は折れ線グラフをクリックしてください。キャンバスに四角が表示されましたね。四角にフォーカスが当たっている状態で

1. 販売日
2. 利益

の順にフィールドの列をクリックしてください。あるいは販売日を［軸］に、利益を［値］にドラッグアンドドロップしても同じ状態になります。

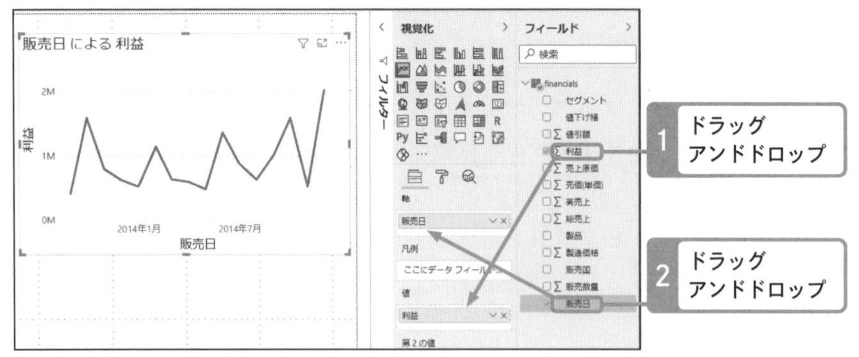

図5.21　軸と値を設定

販売日が折れ線グラフのX軸に、利益がY軸に設定されたらOKです。こんな感じでグラフを作成していきます。

▶ グラフの変更と移動

ちなみにグラフを選択した状態で、視覚化の他のグラフを選択すると、グラフの種類が変わります。仮に意図せずグラフの種類を変更してしまった場合は、慌てず元のグラフの種類に戻せば、元に戻ります。またCtrl+Zで元に戻すこともできますので、ご安心ください。グラフをドラッグアンドドロップすると、グラフの移動ができます。四方八方の境界線をドラッグアンドドロップするとサイズが変更できます。ここら辺の操作感はさすがマイクロソフト製品です。

▶ タイムインテリジェンス機能への対応

もし上記画像と異なり、X軸が年のみの表示になってしまった場合は、以下の操作をしてください。

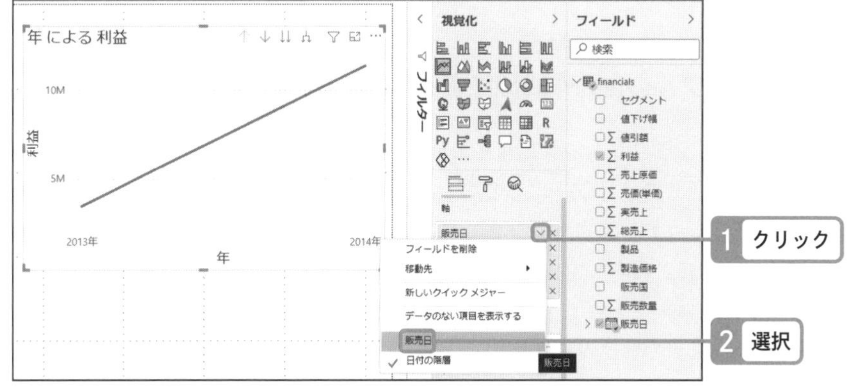

図5.22　X軸が年のみの表示になってしまった場合

［軸］にある販売日の右側をクリックして、［日付の階層］になっているのを［販売日］にしてください。そうすることで、先ほどのグラフのようになります。

Power BIには、日付（Date）型または日時（DateTime）型の列を見つけると、**自動的に内部で日付テーブルを作成する**タイムインテリジェンスという機能があります。自動で日付テーブルが作成されると、年／四半期／月／日という階層が作成されます。

デフォルトでは一番上の階層である年を表示することになっているため、年でまとめられて表示されてしまったというわけです。階層ではなく、元の日付ごとまたは日時ごとに表示したい場合は、上記で紹介した操作をすることで、元のデータの通りに表示してくれます。

column

日付テーブルの自動作成機能をOFFに

タイムインテリジェンスによる日付テーブルの自動作成はON/OFFが可能です。**私のオススメはOFFにしておくこと**です。日付テーブルを自動で作成してくれることは、とても便利なのですが、すべての日付型の列に対して日付テーブルが作成されます。Power BIでは1つのデータモデル(データセット)に1つの日付テーブルで十分です。複数の日付テーブルは実際の業務では不必要なテーブルです。その仕組みを理解していないと意図しない動作になってしまうことがあります。したがって、自動作成をOFFにしておいて、自身で作成した日付テーブルを**[日付テーブルとしてマークする]**ことを推奨します。テーブル名を右クリックすると、[日付テーブルとしてマークする]というメニューが出てくるのでそちらから設定が可能です。これについては、以下の公式ドキュメントを参照してください。

- Power BI Desktopで日付テーブルを設定し、使用する
  https://docs.microsoft.com/ja-jp/power-bi/transform-model/desktop-date-tables

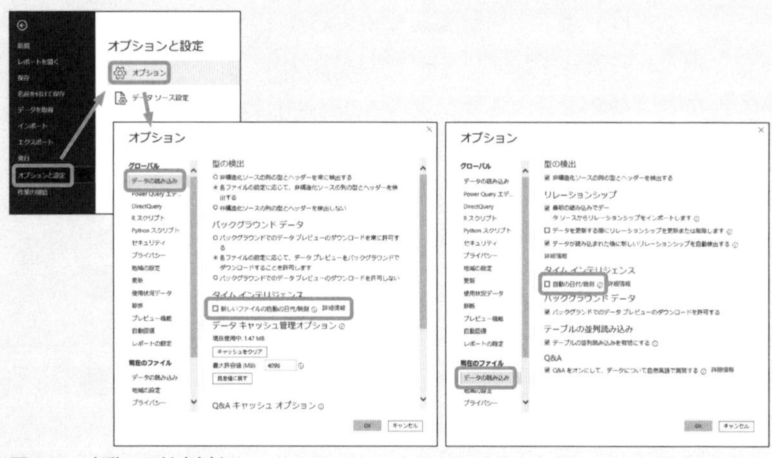

図5.23　自動の日付/時刻

[ファイル] - [オプションと設定] - [オプション]で開くオプション画面です。ここには「グローバル」と「現在のファイル」という2つの設定があります。グローバルの方は、このPCのPower BI Desktopで作成したファイルに適用される設定です。一方、現在のファイルという設定は文字通り、今開いているファイルに対する設定です。適宜使い分けることをオススメします。

▶棒グラフの作成

レポートの作成に戻ります。次のグラフを作成しましょう。キャンバスの何もないところを一度クリックして選択を解除し、次の順序で操作してください。

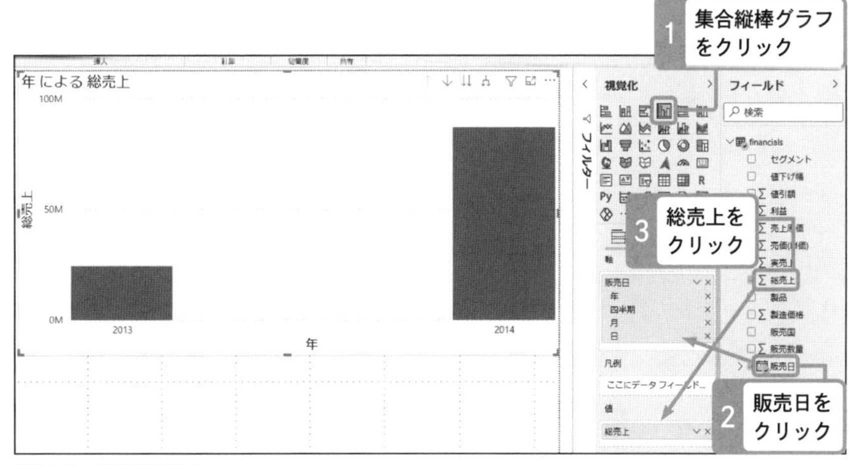

図5.24　集合縦棒グラフ

こちらも前出のように年でまとめられてしまった場合は、日付の階層ではなく、販売日を選択してあげてください。

グラフのサイズと位置を調整すると図5.25のようになります。

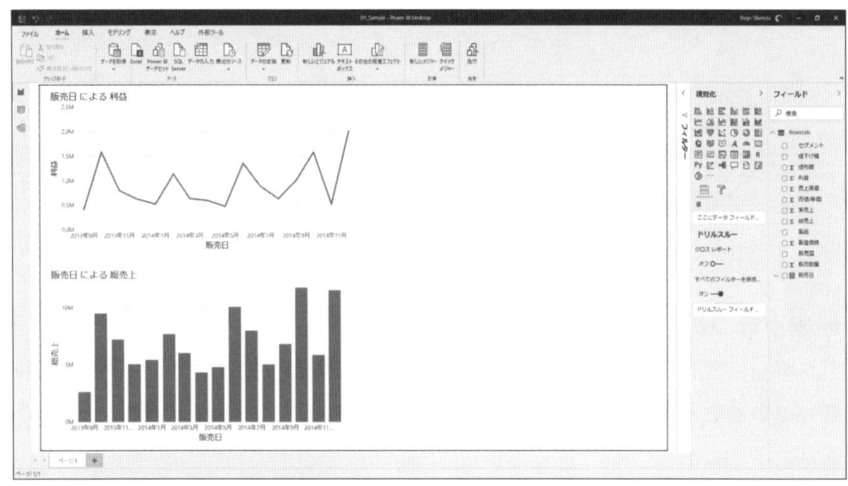

図5.25　グラフのサイズと位置を調整

▶ マップを配置

フィールドに販売国という列があるので、右側を空けて、ここにマップを配置しましょう。作り方はこれまでと同様です。

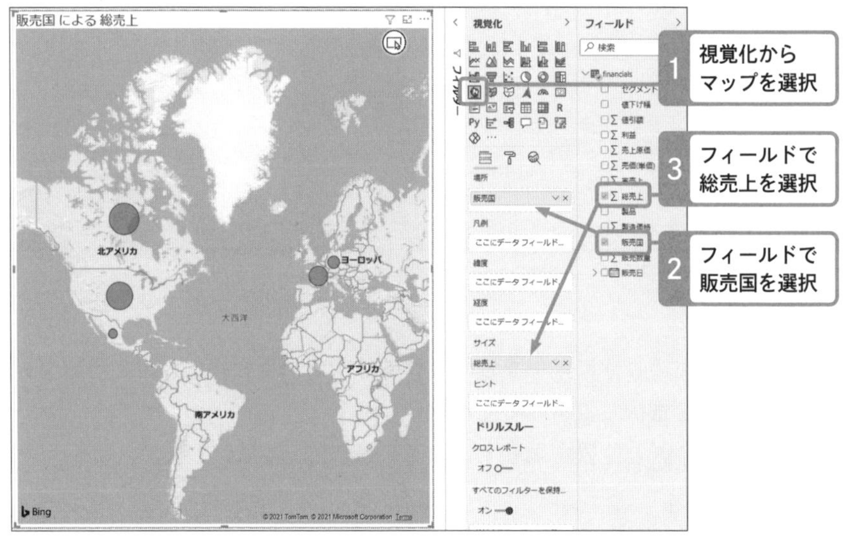

図5.26　マップを配置

こうすることで、国名を持っている販売国が場所に設定され、数値を持っている総売上がサイズに設定されます。結果、各国の売上がバルーンの大きさで表されることになります。

▶スライサーを設定

最後にマップの上端をつまんで少し下げて、スライサーを置き、販売日を設定しましょう。

図5.27　スライサー

スライサーは画面上で対象データを特定したり、フィルターしたりするためのビジュアルです。ここでは販売日を指定しました。日付を指定すると、デフォルトではFrom～Toの指定が可能になります。スライサーの上にマウスを乗せることで、右上に下三角が表示され、指定された列の型に応じて、様々な指定ができるようになっています。すべてを紹介することはしないので、ぜひ皆さんで試してみてください。

column

インタラクティブなビジュアル

スライサーを置いたことにより、任意の期間のデータが見られるようになりました。スライサーの下部にあるつまみをスライダーと呼びますが、スライダーを動かしてみてください。他のビジュアルが連動して動くことがわかると思います。このようにPower BIでは1つのビジュアルが他のビジュアルに相互に作用を与えます。スライサーはそのためのビジュアルですが、この相互作用はスライサーに限ったものではありません。試しに棒グラフの1つの棒をクリックしてください。

例えば、2014年6月1日のデータをクリックしたのであれば、他のビジュアルがその日付で絞り込まれます。またCtrlキーを押しながら、棒グラフのその他の棒をクリックすると複数選択も可能です。そしてやはりそれに連動して、他のビジュアルが変化するはずです。

Power BIに限らず、BIとはインタラクティブ(Interactive:相互に作用する)なものです。それはグラフどうしもそうですし、人とグラフもそうでなければなりません。インタラクティブには「対話式の」という意味もあります。ですので、眺めるだけでなく、ぜひ操作をしたくなるようなビジュアルを心掛けてください。

▶ 保存とファイル名

最後にここまで作ったら、保存を忘れないようにしましょう。Ctrl+Sキーで保存できますし、[ファイル] メニューからも保存できます。ファイル名に迷われる方は「Financials.pbix」と付けてください。

なお、ここまでやった内容はマイクロソフト公式ページにあるチュートリアルを元にしたものです。ぜひ参考にしてみてください。

- マイクロソフト公式チュートリアル
  https://docs.microsoft.com/ja-jp/power-bi/create-reports/desktop-excel-stunning-report

3 Power BI Desktopがデータを取得する仕組みを見てみよう

初めてレポートを作成された方は、「複雑だなぁ」とか「難しいなぁ」と思われたかもしれません。使っているうちに絶対に慣れますので、ご安心ください。慣れている人だと、前節「最初のレポートを作ってみよう」の内容は10分かからずにできてしまいます。

さて、せっかく初めてのレポートを作成したのですから、ちょっとだけその仕組みを理解しておきましょう。読者の方の中には不思議に思われている方もいらっしゃることでしょう。

「そもそもこのレポートのデータはどこから持ってきたのだろう？」

そう思われた方は、とてもよいです。筋がいいというやつです。Power BIに限りませんが、グラフや表を見たら、データソースを気にしてください。テレビでも何かのイベントでも誰かのセッション資料でもいいのですが、いわゆる出典がわからないデータは信用に値しません。書かれていない場合は、スピーカーが口頭で話していることもあります。マスコミや広告、政治の場でも見られますが、そういった場で目にするグラフには、見る人に誤解を与えかねない表現がされていることがよくあります。何かおかしいな？　と気になったとき、私は自分でデータソースを見るようにしています。データはウソをつかないのです。

話を戻します。前節では「サンプルデータセットを試す」というところから進みました。いったいどこからデータを取得しているのか？　確認してみましょう。

データソースを見る

前節で作成したpbixファイル「Financials.pbix」を開いてください。

リボンの［データの変換］をクリックします。

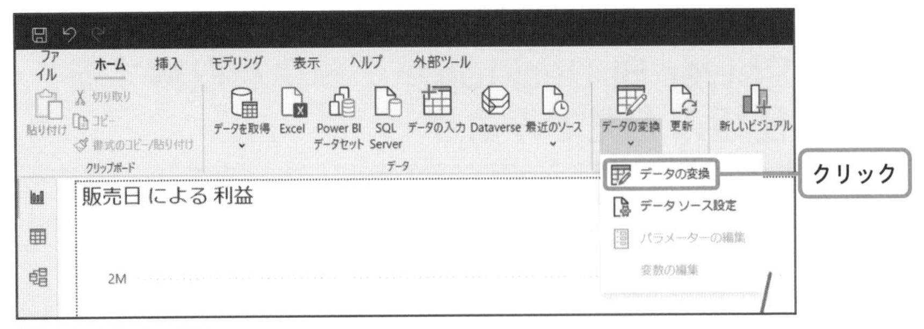

図5.28 データの変換

Power Queryエディターが別ウインドウで開きます。Power Queryエディターの開き方は覚えておいた方がよいです。初学者の方に「一度閉じてしまったPower Queryエディターをもう一度開きたいのですが…」とよく質問を受けるからです。

▶詳細エディター

Power Queryエディターを開いたら、リボンにある［詳細エディター］をクリックしてください。

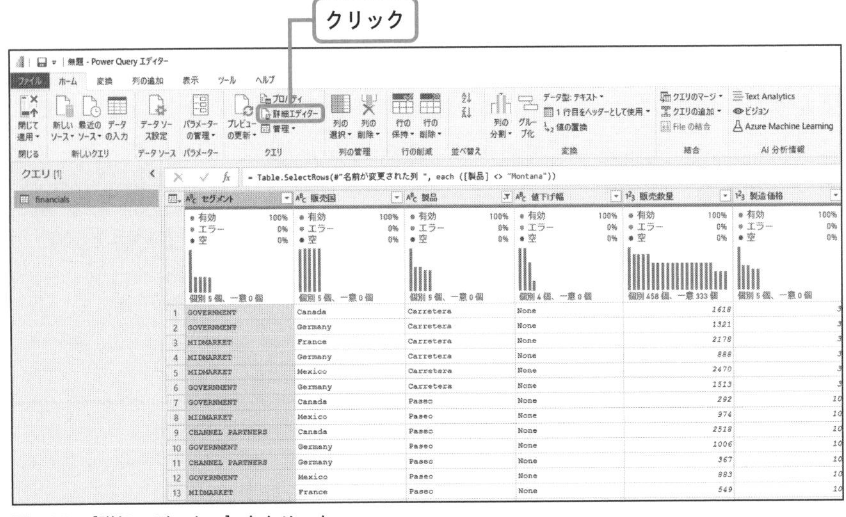

図5.29 ［詳細エディター］をクリック

新たに画面が開きましたね。詳細エディターには、何やらソースコードのようなものが書かれています。初めて見た方は、驚いて、そっ閉じ（＝そっと閉じること）してしまうのですが、今はそのまま開いておいてください。これが何なのか、説明していきます。これを理解すると、どこからデータを取得しているかがわかるようになっています。

図5.30　詳細エディター

▶ Power Query

表示された画面に書かれているのがPower Queryという言語で書かれているクエリです。このクエリは先ほど前節で皆さんが作成されたものです。え、書いた覚えがないって？　いやいや、立派に皆さんが作成されたものなのです。そう、これはマウス操作によって、自動生成されたものです。

そもそも今開いている画面はPower Queryエディターの詳細エディターですよね。Power Queryエディターというのは、Power Queryを編集するための画面です。目的がずばり画面名になっているというわけです。とてもわかりやすいですね。そして、その画面の詳細エディターを開くと、Power Queryそのものが確認できるし、直にクエリを書いていくこともできるのです。

Power Queryの言語仕様を解説することは本書の目的ではないので書き

ませんが、立派に1つのコンピュータ言語ですので、リファレンスが見たいという方はPower Query M 式言語（https://docs.microsoft.com/ja-jp/powerquery-m/）を参照してください。ちなみにPower Queryは別名M言語と呼ばれているので、Mという文字がタイトルに入っています。

▶ステップの実態

詳細エディターに戻ります。let...in...があって、その間にインデントされて、=でつながれた式が書いてありますね。行数でいうと2行目から9行目です。これらの左辺（=より左の部分）を見てください。見覚えがありませんか？

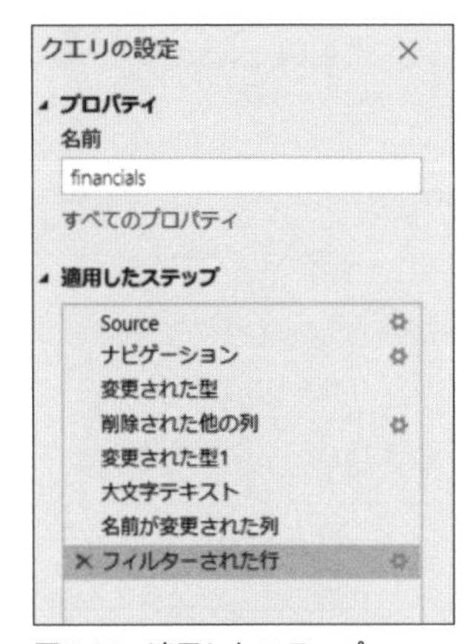

図5.31　適用したステップ

そう、Power Queryエディターの右側にある「適用したステップ」に並んでいるステップ名、これがステップの実態です。前節の手順では、皆さんが操作をするたびに適用したステップにステップ名が増えていきました。あれは、Power Queryによって、コードが1行ずつ自動生成されていたのです。ですので、詳細エディターで直にPower Queryを記載すると、適用したステップにステップが増えることになります。

▶FinancialSample.xlsx

なるほど、だんだんと仕組みがわかってきましたね。では、先ほどのデータはいったいどこから取得しているのか、見てみましょう。注目するのは2行目のSource = Excel.Workbook(...)の部分です。

```
let
    Source = Excel.Workbook(File.Contents("C:\Program
Files\Microsoft Power BI Desktop\bin\SampleData\
Financial Sample.xlsx"), null, true),
    financials_Table = Source{[Item="financials",Kind="Ta
ble"]}[Data],

:
```

Excel.Workbook()というのはExcelファイルを読み込むための関数です。その引数にFile.Contents()という関数が使われており、その引数を見ると、C:\Program Files\Microsoft Power BI Desktop\bin\SampleData\Financial Sample.xlsxというファイルパスが書かれています。

そう、先ほどの「サンプルデータセットを試す」のデータは、上記のファイルパスにあるExcelファイルから取得しているのです。このファイルは、Power BI Desktopのインストールフォルダの中にあります。したがって、Power BI Desktopをインストールすると自動的にこのファイルが作られるということがわかります。試しにその場所を実際にエクスプローラーで見てみましょう。

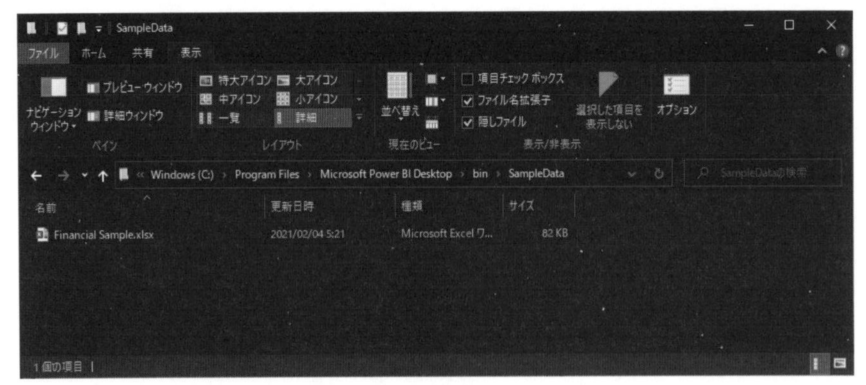

図5.32　Power BI Desktopのインストールフォルダの中

このファイルを開いてみると、なるほど、とてもシンプルにテーブルが1つあり、データが並んでいますね。皆さんが作成したレポートはこのファイルがデータソースということになります。

	Country	Product	Discount Band	Units Sold	Manufacturing Price	Sale Price	Gross Sales	Discounts	Sales	COGS	Profit	Date	Month Number	Month Name	Year
2	Canada	Carretera	None	1618.5	$ 3.00	$ 20.00	$ 32,370.00	$ -	$ 32,370.00	$ 16,185.00	$ 16,185.00	2014/1/1	1	January	2014
3	Germany	Carretera	None	1321	$ 3.00	$ 20.00	$ 26,420.00	$ -	$ 26,420.00	$ 13,210.00	$ 13,210.00	2014/1/1	1	January	2014
4	France	Carretera	None	2178	$ 3.00	$ 15.00	$ 32,670.00	$ -	$ 32,670.00	$ 21,780.00	$ 10,890.00	2014/6/1	6	June	2014
5	Germany	Carretera	None	888	$ 3.00	$ 15.00	$ 13,320.00	$ -	$ 13,320.00	$ 8,880.00	$ 4,440.00	2014/6/1	6	June	2014
6	Mexico	Carretera	None	2470	$ 3.00	$ 15.00	$ 37,050.00	$ -	$ 37,050.00	$ 24,700.00	$ 12,350.00	2014/6/1	6	June	2014
7	Germany	Carretera	None	1513	$ 3.00	$ 350.00	$ 529,550.00	$ -	$ 529,550.00	$ 393,380.00	$ 136,170.00	2014/12/1	12	December	2014
8	Germany	Montana	None	921	$ 5.00	$ 15.00	$ 13,815.00	$ -	$ 13,815.00	$ 9,210.00	$ 4,605.00	2014/3/1	3	March	2014
9	Canada	Montana	None	2518	$ 5.00	$ 12.00	$ 30,216.00	$ -	$ 30,216.00	$ 7,554.00	$ 22,662.00	2014/6/1	6	June	2014
10	France	Montana	None	1899	$ 5.00	$ 20.00	$ 37,980.00	$ -	$ 37,980.00	$ 18,990.00	$ 18,990.00	2014/6/1	6	June	2014
11	Germany	Montana	None	1545	$ 5.00	$ 12.00	$ 18,540.00	$ -	$ 18,540.00	$ 4,635.00	$ 13,905.00	2014/6/1	6	June	2014
12	Mexico	Montana	None	2470	$ 5.00	$ 15.00	$ 37,050.00	$ -	$ 37,050.00	$ 24,700.00	$ 12,350.00	2014/6/1	6	June	2014
13	Canada	Montana	None	2665.5	$ 5.00	$ 125.00	$ 333,187.50	$ -	$ 333,187.50	$ 319,860.00	$ 13,327.50	2014/7/1	7	July	2014
14	Mexico	Montana	None	958	$ 5.00	$ 300.00	$ 287,400.00	$ -	$ 287,400.00	$ 239,500.00	$ 47,900.00	2014/8/1	8	August	2014
15	Germany	Montana	None	2146	$ 5.00	$ 7.00	$ 15,022.00	$ -	$ 15,022.00	$ 10,730.00	$ 4,292.00	2014/9/1	9	September	2014
16	Canada	Montana	None	345	$ 5.00	$ 125.00	$ 43,125.00	$ -	$ 43,125.00	$ 41,400.00	$ 1,725.00	2013/10/1	10	October	2013
17	United States of America	Montana	None	615	$ 5.00	$ 15.00	$ 9,225.00	$ -	$ 9,225.00	$ 6,150.00	$ 3,075.00	2014/12/1	12	December	2014
18	Canada	Paseo	None	292	$ 10.00	$ 20.00	$ 5,840.00	$ -	$ 5,840.00	$ 2,920.00	$ 2,920.00	2014/2/1	2	February	2014
19	Mexico	Paseo	None	974	$ 10.00	$ 15.00	$ 14,610.00	$ -	$ 14,610.00	$ 9,740.00	$ 4,870.00	2014/2/1	2	February	2014
20	Canada	Paseo	None	2518	$ 10.00	$ 12.00	$ 30,216.00	$ -	$ 30,216.00	$ 7,554.00	$ 22,662.00	2014/6/1	6	June	2014
21	Germany	Paseo	None	1006	$ 10.00	$ 350.00	$ 352,100.00	$ -	$ 352,100.00	$ 261,560.00	$ 90,540.00	2014/6/1	6	June	2014
22	Germany	Paseo	None	367	$ 10.00	$ 12.00	$ 4,404.00	$ -	$ 4,404.00	$ 1,101.00	$ 3,303.00	2014/7/1	7	July	2014
23	Mexico	Paseo	None	883	$ 10.00	$ 7.00	$ 6,181.00	$ -	$ 6,181.00	$ 4,415.00	$ 1,766.00	2014/8/1	8	August	2014
24	France	Paseo	None	549	$ 10.00	$ 15.00	$ 8,235.00	$ -	$ 8,235.00	$ 5,490.00	$ 2,745.00	2013/9/1	9	September	2013
25	Mexico	Paseo	None	788	$ 10.00	$ 300.00	$ 236,400.00	$ -	$ 236,400.00	$ 197,000.00	$ 39,400.00	2013/9/1	9	September	2013
26	Mexico	Paseo	None	2472	$ 10.00	$ 15.00	$ 37,080.00	$ -	$ 37,080.00	$ 24,720.00	$ 12,360.00	2014/9/1	9	September	2014
27	United States of America	Paseo	None	1143	$ 10.00	$ 7.00	$ 8,001.00	$ -	$ 8,001.00	$ 5,715.00	$ 2,286.00	2014/10/1	10	October	2014
28	Canada	Paseo	None	1725	$ 10.00	$ 350.00	$ 603,750.00	$ -	$ 603,750.00	$ 448,500.00	$ 155,250.00	2013/11/1	11	November	2013
29	United States of America	Paseo	None	912	$ 10.00	$ 12.00	$ 10,944.00	$ -	$ 10,944.00	$ 2,736.00	$ 8,208.00	2013/11/1	11	November	2013
30	Canada	Paseo	None	2152	$ 10.00	$ 15.00	$ 32,280.00	$ -	$ 32,280.00	$ 21,520.00	$ 10,760.00	2013/12/1	12	December	2013
31	Canada	Paseo	None	1817	$ 10.00	$ 20.00	$ 36,340.00	$ -	$ 36,340.00	$ 18,170.00	$ 18,170.00	2014/12/1	12	December	2014
32	Germany	Paseo	None	1513	$ 10.00	$ 350.00	$ 529,550.00	$ -	$ 529,550.00	$ 393,380.00	$ 136,170.00	2014/12/1	12	December	2014
33	Mexico	Velo	None	1493	$ 120.00	$ 7.00	$ 10,451.00	$ -	$ 10,451.00	$ 7,465.00	$ 2,986.00	2014/1/1	1	January	2014
34	France	Velo	None	1804	$ 120.00	$ 125.00	$ 225,500.00	$ -	$ 225,500.00	$ 216,480.00	$ 9,020.00	2014/2/1	2	February	2014
35	Germany	Velo	None	2161	$ 120.00	$ 12.00	$ 25,932.00	$ -	$ 25,932.00	$ 6,483.00	$ 19,449.00	2014/3/1	3	March	2014
36	Germany	Velo	None	1006	$ 120.00	$ 350.00	$ 352,100.00	$ -	$ 352,100.00	$ 261,560.00	$ 90,540.00	2014/6/1	6	June	2014
37	Germany	Velo	None	1545	$ 120.00	$ 12.00	$ 18,540.00	$ -	$ 18,540.00	$ 4,635.00	$ 13,905.00	2014/6/1	6	June	2014
38	United States of America	Velo	None	2821	$ 120.00	$ 125.00	$ 352,625.00	$ -	$ 352,625.00	$ 338,520.00	$ 14,105.00	2014/8/1	8	August	2014
39	Canada	Velo	None	345	$ 120.00	$ 125.00	$ 43,125.00	$ -	$ 43,125.00	$ 41,400.00	$ 1,725.00	2013/10/1	10	October	2013
40	Canada	VTT	None	2001	$ 250.00	$ 300.00	$ 600,300.00	$ -	$ 600,300.00	$ 500,250.00	$ 100,050.00	2014/2/1	2	February	2014
41	Germany	VTT	None	2838	$ 250.00	$ 12.00	$ 34,056.00	$ -	$ 34,056.00	$ 8,514.00	$ 25,542.00	2014/4/1	4	April	2014
42	France	VTT	None	2178	$ 250.00	$ 15.00	$ 32,670.00	$ -	$ 32,670.00	$ 21,780.00	$ 10,890.00	2014/6/1	6	June	2014
43	Germany	VTT	None	888	$ 250.00	$ 15.00	$ 13,320.00	$ -	$ 13,320.00	$ 8,880.00	$ 4,440.00	2014/6/1	6	June	2014
44	France	VTT	None	1527	$ 250.00	$ 350.00	$ 534,450.00	$ -	$ 534,450.00	$ 397,020.00	$ 137,430.00	2013/9/1	9	September	2013
45	France	VTT	None	2151	$ 250.00	$ 300.00	$ 645,300.00	$ -	$ 645,300.00	$ 537,750.00	$ 107,550.00	2014/9/1	9	September	2014
46	Canada	VTT	None	1817	$ 250.00	$ 20.00	$ 36,340.00	$ -	$ 36,340.00	$ 18,170.00	$ 18,170.00	2014/12/1	12	December	2014
47	France	Amarilla	None	2750	$ 260.00	$ 350.00	$ 962,500.00	$ -	$ 962,500.00	$ 715,000.00	$ 247,500.00	2014/2/1	2	February	2014

図5.33　Financial Sample.xlsx

▶ データソースへの影響

ここで1つ注意です。たまに聞かれることなのですが、**Power Queryエディターでデータを編集しても、データソースには影響を与えません。**

Power Queryエディターでデータを編集できることは先ほど学びましたよね。そこではいくつか編集をしましたが、その内容はExcelファイルに影響を与えていないことが確認できるでしょう。

Power BI Desktopはあくまでも指定されたデータを読んで、コピーしているだけなので、元のデータには影響を与えないということを覚えておいてください。自由に潔く、必要なように編集しましょう。

4 もうひとつ作ってみよう

第2節「最初のレポートを作ってみよう」の例では、Excelファイルにテーブルが1つでした。しかし、実業務ではテーブルが1つで済むことはまずありません。次は、データソースがデータベースとしてきっちり設計されている場合です。先にお伝えしておくと、こちらもマイクロソフト公式の「チュートリアル：Power BI Desktopでディメンション モデルから魅力的なレポートを作成する」(https://docs.microsoft.com/ja-jp/power-bi/create-reports/desktop-dimensional-model-report)の内容です。

第2節と異なるのは、

- テーブルが複数である
- リレーションを作成する
- 階層を作成する
- メジャーを作成する

という点です。

先ほどより長いので、まず一読してから、実際に手を動かしてみるといいかもしれません。あるいは、公式のチュートリアルで先に手を動かしてから、本書に戻ってきていただいても結構です。こちらは手順と共に解説を交えて進めます。

データソースのダウンロード

まずはマイクロソフト公式サイトに行って、データソースとなるExcelファイルをダウンロードします。サイトの中で、以下の図の囲みの部分をクリックしてください。

チュートリアル:Power BI Desktop でディメンション モデルから魅力的なレポートを作成する

2021/01/19 •

このチュートリアルでは、ディメンション モデルから始めて、開始から終了まで 45 分で美しいレポートを作成します。

あなたは、AdventureWorks に勤務しています。上司は最新の売上高に関するレポートを見たいと考えており、次の内容を含むエグゼクティブ サマリを要求されました。

- 2019 年 2 月に売上が最も多かったのは何日か?
- 会社が最も成功を収めたのは、どの国か?
- 会社が投資を継続する必要があるのは、どの製品カテゴリとどの業種のリセラーか?

AdventureWorks Sales サンプル Excel ブックを使用すると、このレポートを即座に作成できます。 最終的なレポートは次のようになります。

図5.34　マイクロソフト公式チュートリアルのWebサイト

念のため、ダウンロード用URLを記しておきます。

- マイクロソフト公式チュートリアルのWebサイト
  https://github.com/microsoft/powerbi-desktop-samples/blob/main/AdventureWorks%20Sales%20Sample/AdventureWorks%20Sales.xlsx

Excelファイルをダウンロードし、任意の場所に保存してください。Power BI Desktopを開き、ダウンロードしたExcelファイルを選択します。今回は、リボンの［データを取得］から行ってみましょう。

ちなみにリボンの［データを取得］ボタンですが、**上半分をクリックした場合と、下半分をクリックした場合で、表示される画面が異なります。**

上半分をクリックした場合はこうなります。

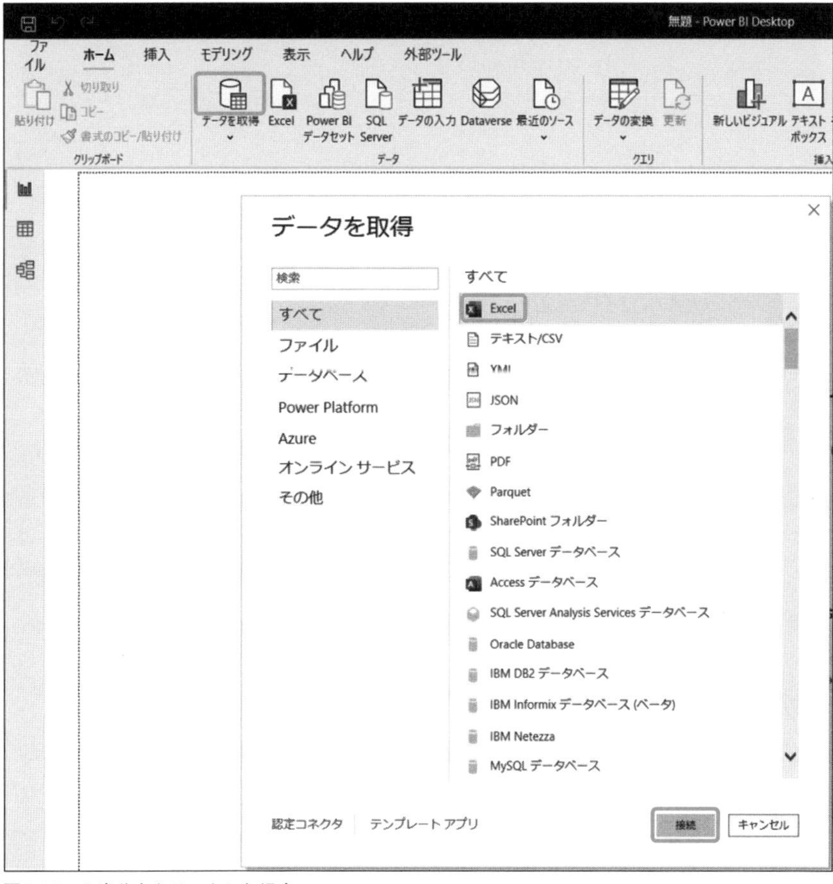

図5.35　上半分をクリックした場合

下半分をクリックした場合はこうなります。

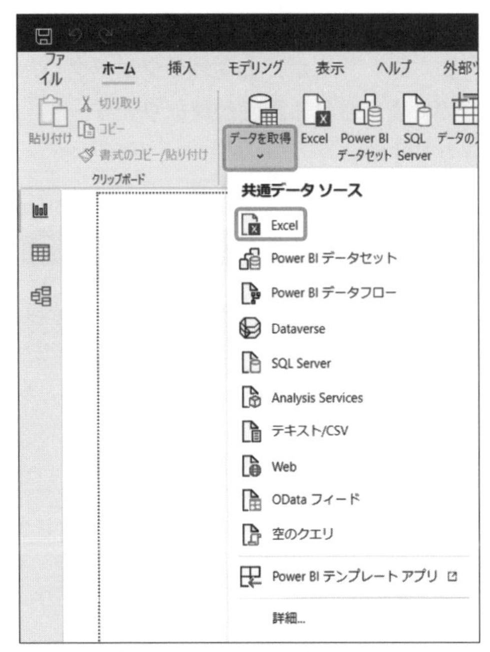

図5.36　下半分をクリックした場合

どちらの場合でも機能に違いはありません。下半分をクリックした場合は、よく使われるコネクタのみが表示されます。すべてのコネクタを表示させたい場合は、上半分をクリックしてください。

▶ テーブルの選択

どのExcelファイルに接続するか選択する画面が表示されるので、先ほどダウンロードした「AdventureWorks Sales.xlsx」を選択してください。

ナビゲーター画面が開くので、以下のテーブルを選んでください。

- Customer
- Date
- Product
- Reseller
- Sales

- SalesOrder
- SalesTerritory

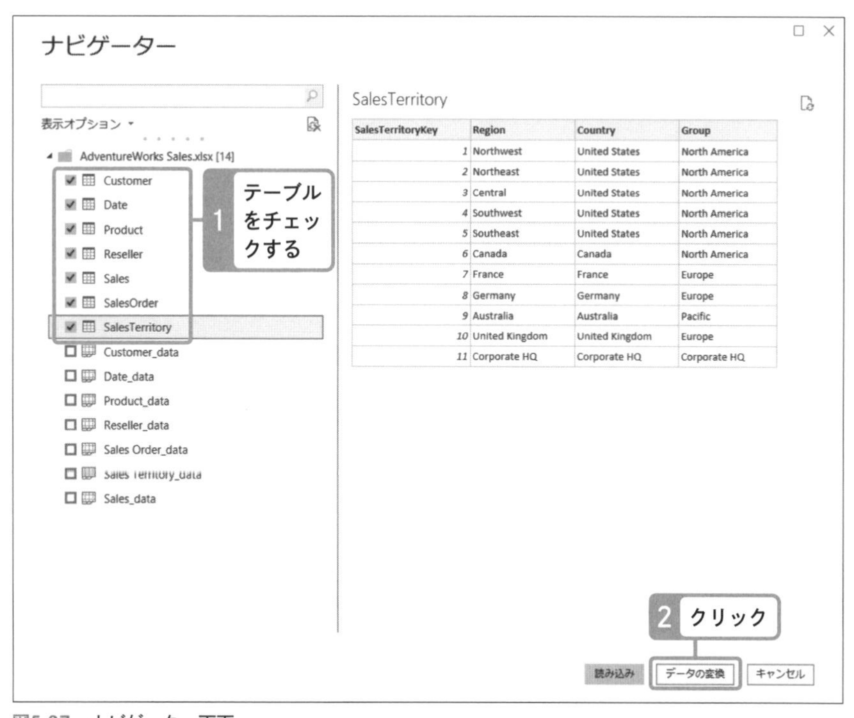

SalesTerritoryKey	Region	Country	Group
1	Northwest	United States	North America
2	Northeast	United States	North America
3	Central	United States	North America
4	Southwest	United States	North America
5	Southeast	United States	North America
6	Canada	Canada	North America
7	France	France	Europe
8	Germany	Germany	Europe
9	Australia	Australia	Pacific
10	United Kingdom	United Kingdom	Europe
11	Corporate HQ	Corporate HQ	Corporate HQ

図5.37　ナビゲーター画面

column

テーブルとして書式設定

このナビゲーター画面で、Excelファイルに接続した際の注意事項を1つ記しておきます。今回選んだCustomerからSalesTerritoryの左側に上が青いアイコンが付いていると思います。このアイコンはExcelのテーブルを表しています。一方、今回選ばなかったCustomerDataやSalesDataはExcel上のシート名です。

Excelファイルをデータソースにする場合、「テーブルとして書式設定」がされていれば、そのテーブル名がPower BI Desktopで接続した際に見えるというわけです。シートを選択してもデータは取得できますが、テーブルが選択できる場合は、テーブルを選択してください。また**ご自身でExcelファイルを作成する場合は、必ず「テーブルとして書式設定」をして、テーブル名を付けておくことをオススメします。**

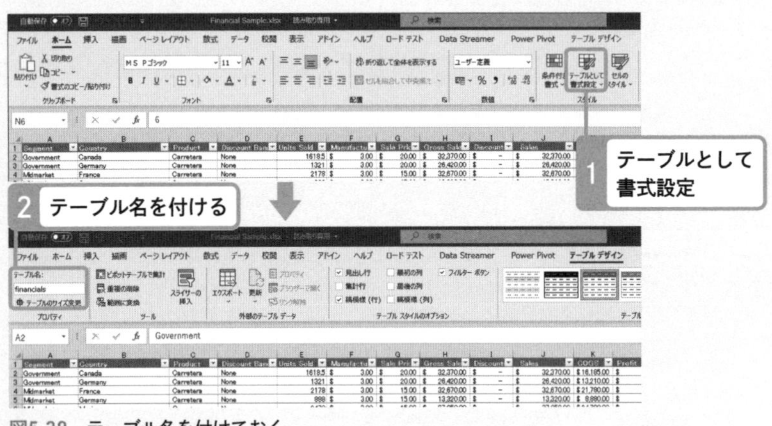

図5.38　テーブル名を付けておく

テーブルにすることで、テーブルの範囲が特定され、データが表形式として扱われることになりますのでとても便利です。

▶データの変換

図5.37のように、対象のテーブルをすべて選択したら、[データの変換]をクリックしてください。

ここで行う変換処理はデータ型の確認と設定です。表5.3を見て、各クエリの列のデータ型が設定されているか確認して、もし異なっていれば、以下の通りに設定してください。

表5.3　各クエリの列のデータ型

クエリ	列	データ型
Customer	CustomerKey	整数
Date	DateKey	整数
	Date	日付
	MonthKey	整数
Product	ProductKey	整数
	Standard Cost	10 進数
	List Price	10 進数
Reseller	ResellerKey	整数
Sales	SalesOrderLineKey	整数
	ResellerKey	整数
	CustomerKey	整数
	ProductKey	整数
	OrderDateKey	整数
	DueDateKey	整数
	ShipDateKey	整数
	SalesTerritoryKey	整数
	Order Quantity	整数
	Unit Price	10 進数
	Extended Amount	10 進数
	Unit Price Discount Pct	パーセンテージ
	Product Standard Cost	10 進数
	Total Product Cost	10 進数
	Sales Amount	10 進数
SalesOrder	SalesOrderLineKey	整数
SalesTerritory	SalesTerritoryKey	整数

ちなみにデータ型の確認は、対象の列を選択して、リボンの該当箇所を見ると現在のデータ型がわかります。もし想定と異なっていれば、リボンに表示されているデータ型の右側の▼から変更することができます。

Salesのように1つのクエリで複数の列を同じ型に変更する必要がある場合は、Ctrlキーを押しながら、対象列をクリックするとまとめて選択することができ、データ型もいっぺんに変えることができます。これはデータ型に限らず、複数の列に同様の変更を加える場合に使えます。

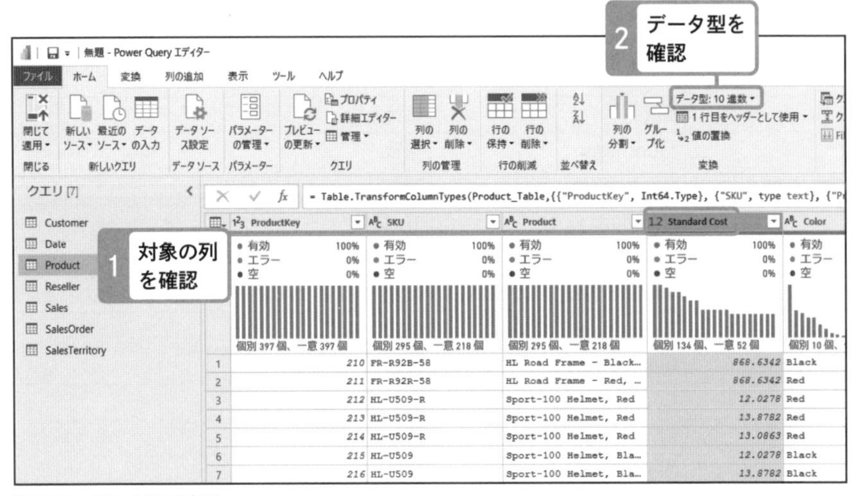

図5.39　データ型の確認

順に見ていくとわかりますが、おそらく変更が必要なのは［Sales］クエリの［Unit Price Discount Pct］のみだと思います。これはパーセンテージに設定する必要があります。データ型を変更しようとすると、以下のように「列タイプの変更」というダイアログが表示されます。

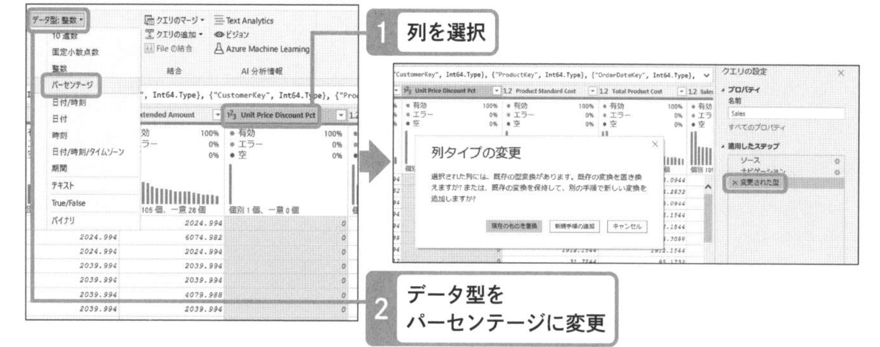

図5.40　列タイプの変更

このダイアログは、[適用したステップ] の最後が「変更された型」になっていますよね？　といっています。これはExcelファイルを読み込んだ際に、Power Queryエディターがデータ型を推測して、処理をステップとして自動生成してくれたからです。そして、既存の型変換があるけど、それを上書きするのか、それとも新たな手順として追加するのか？　ときいているのです。[現在のものを置換] を選べば、既存のものを上書きしてくれます。[新規手順の追加] を選択すると、新たなステップが追加されます。ここでは、既存のものを上書きすればよいので、[現在のものを置換] を選択してください。

すべてのデータ型の確認が終わったら、[閉じて適用] でPower Queryエディターを閉じ、Power BI Desktopへ戻ります。

▶ リレーションの確認

Power BI Desktopへ戻ったら [モデルビュー] を開きます。

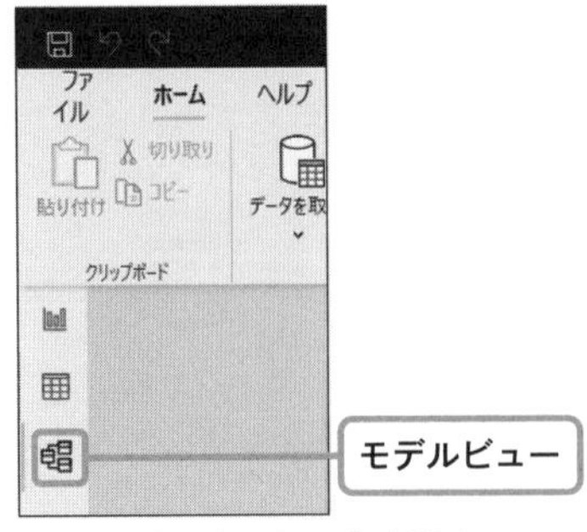

図5.41 ［モデルビュー］を開く

［モデルビュー］を開くと、ファクトテーブルであるSalesテーブルを中心に各ディメンションテーブルが並んでいることがわかります。そして、各ディメンションテーブルとファクトテーブルに、既にリレーションが作成されていることがわかります。

Power BI Desktopでは、同一の列名でリレーションを自動的に作成してくれます。線の上にマウスを持って行くと、リレーションで接続されている列がわかります。線をダブルクリックすると、リレーションの設定を確認することができる画面が開きます。

意図しない列でリレーションが設定されていないか確認することも大切です。今回は同一の列名が存在するため、間違ってリレーションが設定されていることはないはずです。

▶ 適切なリレーションの作成

ただ、Dateテーブルだけが Salesテーブルと紐付いていないことがわかると思います。これは同一の列名がなかったためです。実業務でレポートを作成していると、列名が一致していないことの方が多いでしょうから、適切な列どうしで紐付けて、リレーションを作成する必要があります。

Salesテーブルには日付を表す列が3つあります。

- OrderDateKey（注文日）
- DueDateKey（支払期限日）
- ShipDateKey（出荷日）

まずはOrderDateKeyとDateテーブルのDateKeyを紐付けてください。片方をマウスで選んで、もう一方にドラッグアンドドロップするとリレーションが作成できます。

次にDueDateKeyとDateKey、ShipDateKeyとDateKeyも同様にドラッグアンドドロップしてください。出来上がると次のようになります。

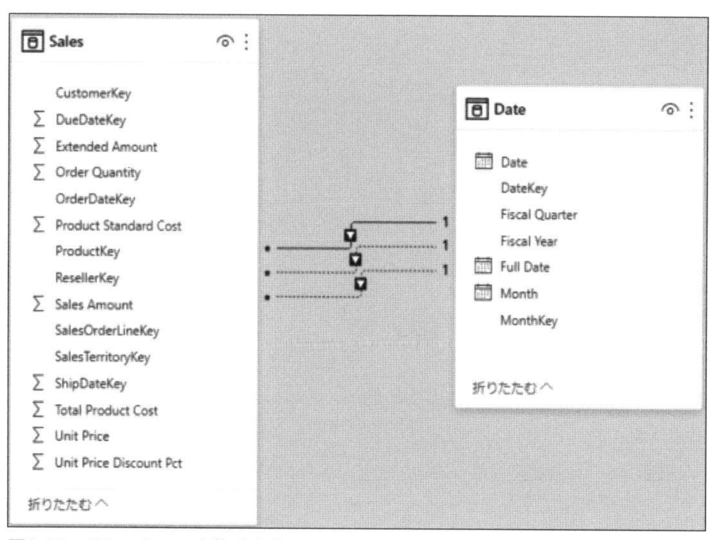

図5.42　リレーションを作成する

最初に作成したOrderDateKeyのリレーションは実線で表示されていますが、後から作成した他の2つは破線で表示されています。これは実線がアクティブな状態を表しており、破線は非アクティブな状態を表しています。Power BIのモデルでは、**2つのテーブル間で有効なリレーションは1つのみ**という制限があります。そう聞くと、破線のリレーションは意味がないのでは？　と思われるかもしれませんが、非アクティブなリレーションを使用する方法があります。これについては、後述します。この時点で理解しておくことは、日付で絞り込むと、Salesテーブルの注文日ベースの値が計算されるということです。

Dateテーブルも Salesテーブルと紐付けることができたので、これですべてのディメンションテーブルがファクトテーブルであるSalesとリレーションを持ちました。

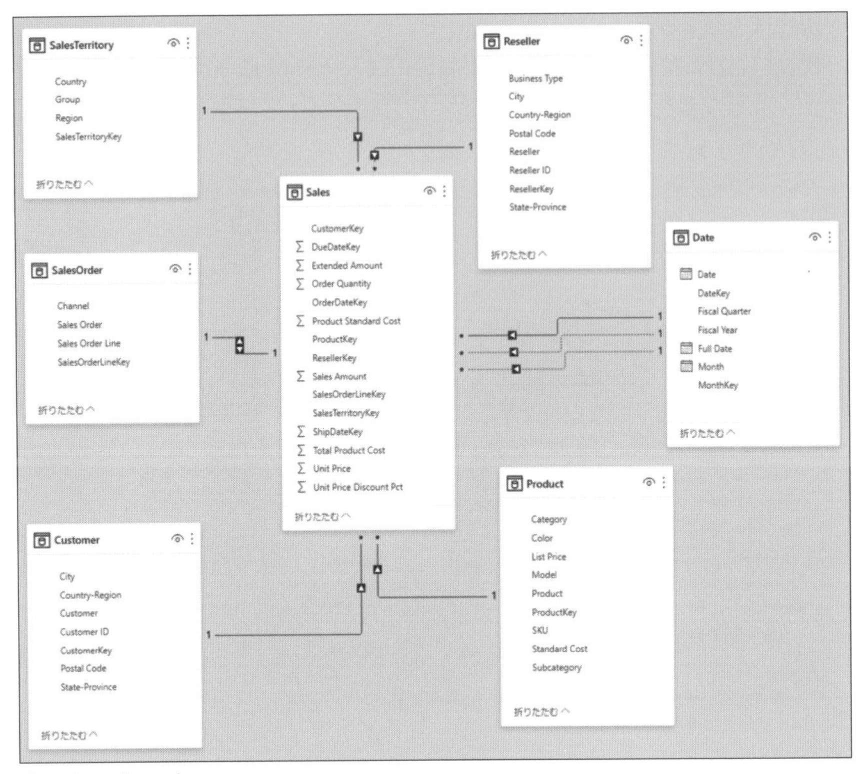

図5.43　スタースキーマ

▶ スタースキーマ

この状態を**スタースキーマ**と呼びます。真ん中のファクトテーブルを中心にディメンションテーブルが周囲に配置され、ディメンションからファクトに向けて1：多のリレーションで紐付けられています。こうすることで、ディメンションの値を軸として、ファクトの内容を集計することができます。**Power BIはスタースキーマを基本としてモデリングするように設計されていますので、スタースキーマは絶対に覚えておいてください**。完全なスタースキーマにすることで、メジャーなどの計算式を作成するのもとても簡単になります。逆にいうと、スタースキーマにしていないと、メジャーがとても複雑になってしまうか、欲しい値が計算できないということになります。

私は、仕事でPower BIのプロジェクトにおけるコンサルティングやサポートをさせていただいていますが、スタースキーマになっていないが故に、欲しい集計値が作れていないpbixを何度も目にしてきました。Power BIを使うにあたって、スタースキーマは必ず理解をしておいてください。

スタースキーマが学べる公式のドキュメントを紹介しておきます。

- スタースキーマとPower BIでの重要性を理解する
  https://docs.microsoft.com/ja-jp/power-bi/guidance/star-schema

また、Microsoft Learnという学習サイトがありますが、そこにもこのスタースキーマを学べるものが提供されています。

- Power BIでデータ モデルを設計する
  https://docs.microsoft.com/ja-jp/learn/modules/design-model-power-bi/

併せて、参考にしてみてください。

使わない列を非表示に

さて、モデリングに戻ります。~Keyという列は紐付けのための列です。リレーションを作成した後は、レポート作成には使用しないので非表示にしておきましょう。表やグラフを作成するビジュアライズの際に見えなくなるので、スッキリします。使わないものは非表示にしておこうということです。

非表示にする列は以下です。「え、こんなにあるの？」と思われた方、大丈夫です。まとめて非表示にする方法があります。

表5.4　非表示にする列

テーブル	列
Customer	CustomerKey
Date	DateKey
	MonthKey
Product	ProductKey
Reseller	ResellerKey
Sales	CustomerKey
	DueDateKey
	OrderDateKey
	ProductKey
	ResellerKey
	SalesOrderLineKey
	SalesTerritoryKey
	ShipDateKey
SalesOrder	SalesOrderLineKey
SalesTerritory	SalesTerritoryKey

画面右側の［フィールド］でKeyを検索してください。ここは、フィールドに対して部分文字列の検索ができます。今回の場合だと、列名にKeyと付くものはすべて非表示にして問題ないので、検索結果をCtrlキーを押しながら、順にクリックしていきます。すべて選んだら、プロパティの非表示を「はい」にしてください。こうすることでまとめて非表示に設定することができます。

列に対して、まとめてプロパティを設定したいときは、この方法を覚えておくと、とても便利です。

図5.44 プロパティの設定

データモデル

これでデータモデルは図5.45のようになりました。今回の例に限らず、**紐付けに使用したKeyとなる列は、ビジュアルを作成する際に使用しないので、非表示にしてください**。こうすることで、誤って選択することもなくなりますし、モデルがスッキリします。モデリングの結果、出来上がるのはデータセットですが、Power BI Serviceに発行後、レポートだけではなく、データセットも共有することが可能です。つまり、**データセット作成者以外の人が再利用することが可能なわけです**。他の人が使用するときに、このようにKeyとなる列を非表示にしておくと、その意図が伝わります。なるほど、これがKeyとなって紐付けされているのか、と。そしてそれがわかることで、慣れてくるとどういうデータなのかについても見えてくるのです。

データモデルは対象業務のビジネスモデルを表現するものです。丁寧にモデリングをすることが推奨されます。

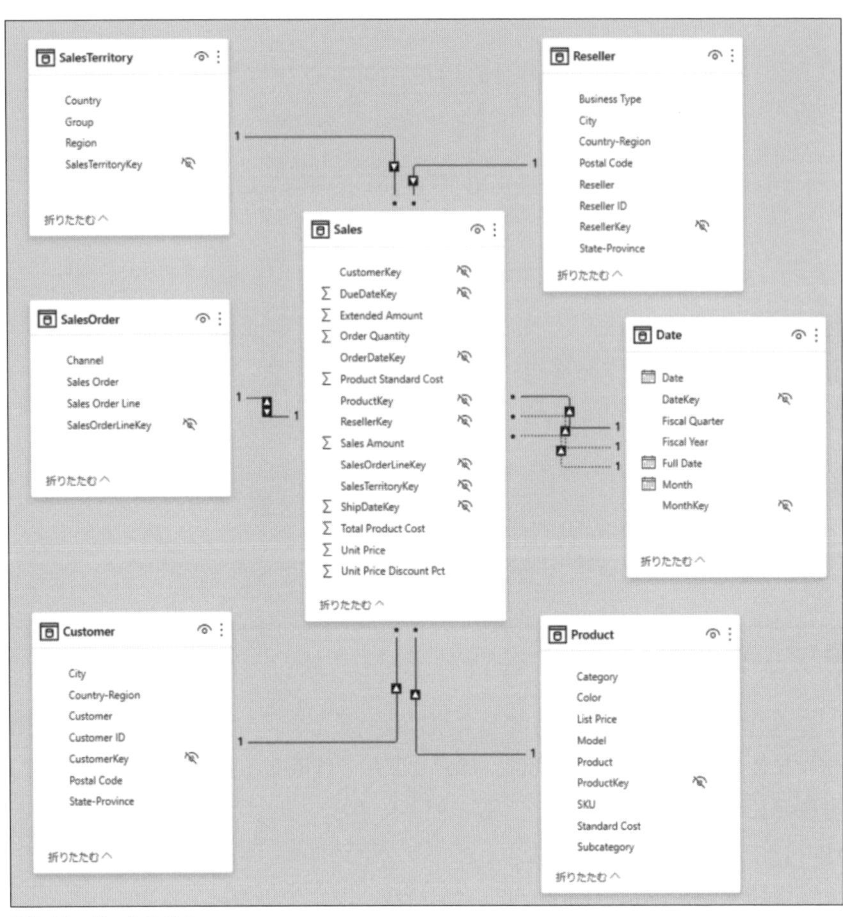

図5.45　データモデル

階層

次は「階層」を作ります。階層とは、例えば都道府県⇒市区町村⇒番地など、下位の値が属する上位の値が限定されているときに作成するものです。階層を作成しなくても、データがそうなっていれば、ビジュアルを作成するときに正確に表示されますが、これもまた作成しておくことで、他者に対して、意図が伝わりますし、使いやすくなります。

階層の作成は、

1. 最上位の列を右クリックし［階層の作成］を選択
2. ［プロパティ］で階層の名前を付ける
3. 階層に各列を指定していく
4. 最後に［レベルの変更を適用します］をクリック

の順に行います。

表5.5　階層を作成するテーブル

テーブル	階層名	Levels
Customer	Geography	Country-Region
		State-Province
		City
		Postal Code
		Customer
Date	Fiscal	Year (Fiscal Year)
		Quarter (Fiscal Quarter)
		Month
		Date
Product	Products	Category
		Subcategory
		Model
		Product
Reseller	Geography	Country-Region
		State-Province
		City
		Postal Code
		Reseller
SalesOrder	Sales Orders	Sales Order
		Sales Order Line
SalesTerritory	Sales Territories	Group
		Country
		Region

表5.5のように作成していきます。まずは[Customer]テーブルの[Geography]を作ってみましょう。

[Customer] テーブルの [Country-Region] 列を右クリックし、[階層の作成] をクリックします。

図5.46　階層の作成

次に階層に名前を付け、最初の下位のレベルとして、[State-Province] を指定します。

図5.47 名前を付け、レベルを指定

表の通り、[City]、[Postal Code]、[Customer] と続けて選択してください。最後に [レベルの変更を適用します] をクリックします。

図5.48 順番に追加し [レベルの変更を適用します] をクリック

適用すると、フィールドに階層が表示されます（図5.49）。

これで [Geography] という階層が作成され、最上位から [Country-Region]、[State-Province]、[City]、[Postal Code]、[Customer] という順で各レベルが設定されました。

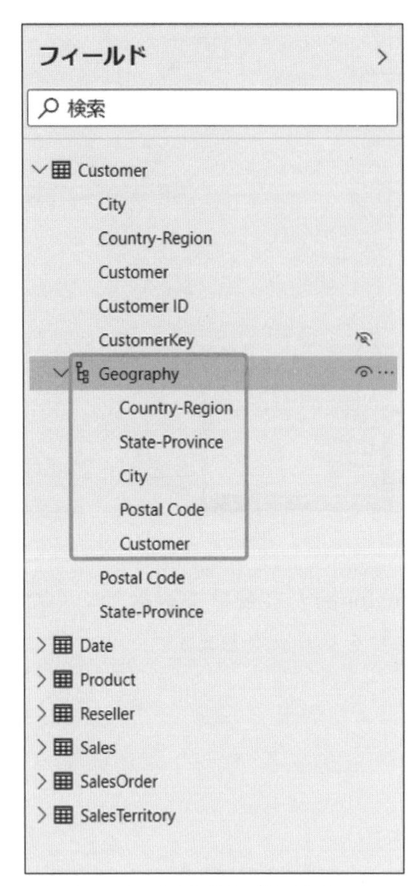

図5.49　フィールドに階層が表示される

他の階層も表の通りに作成していけばよいのですが、表5.5でレベルに（）で表記されているものがあります。これは、括弧内が元の列名で、括弧の前にあるのが階層内でこの名前にしてくださいという意味です。例えば、[Date] テーブルの [Fiscal] という階層は、最上位に [Year (Fiscal Year)] と記載されています。これはFiscal Yearが元の名称で、階層を作成した後に、階層内のFiscal YearをYearという名称に変えることを意味します。少々わかりづらいのですが、図5.50を参考に作成してみてください。

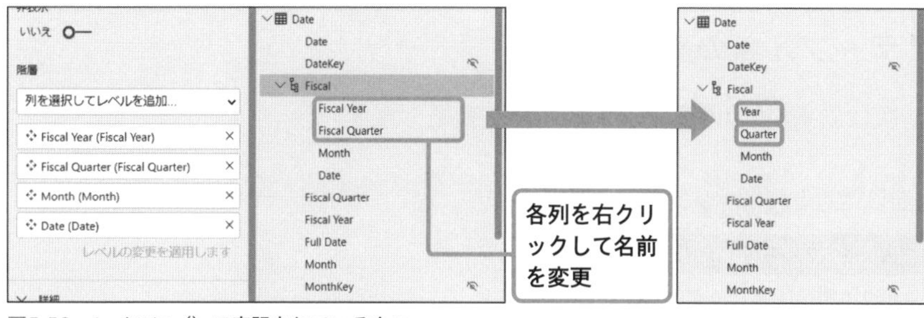

図5.50　レベルに（）で表記されているもの

表の通りすべての階層を作成すると、以下のようになります。

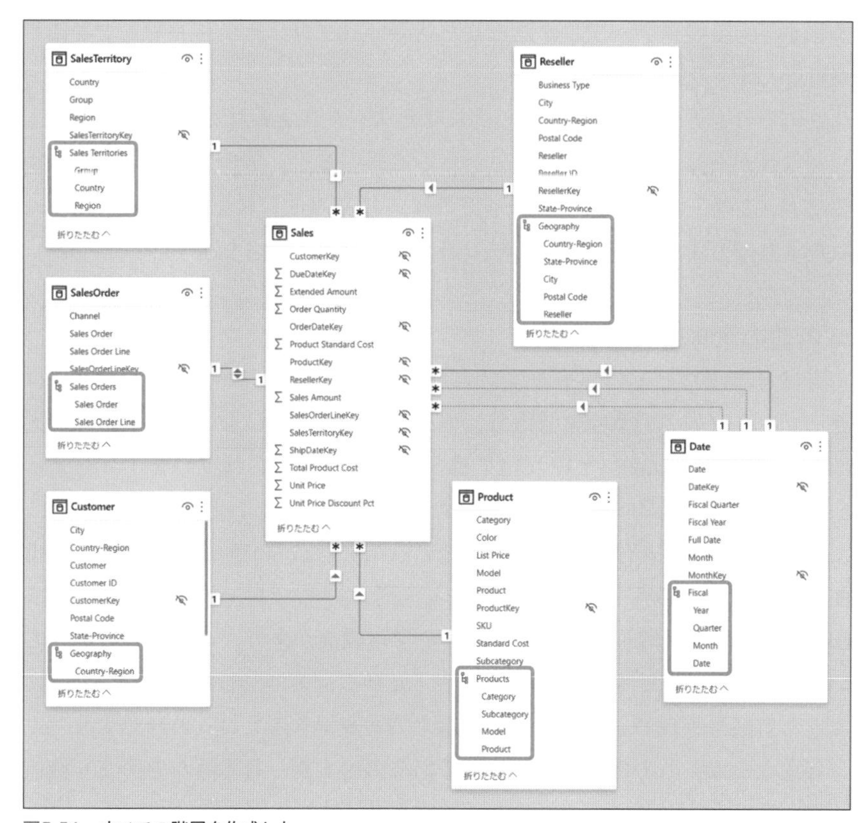

図5.51　すべての階層を作成した

テーブル名の変更

次は以下の2つのテーブルの名称を変更します。

表5.6 テーブル名の変更

古いテーブル名	新しいテーブル名
SalesTerritory	Sales Territory
SalesOrder	Sales Order

テーブル名は、対象のテーブルを右クリックして［名前の変更］から変更するか、あるいはテーブルを選択した状態で［プロパティ］で変更することが可能です。

ここでの変更は、単語と単語の間に半角スペースを入れるということです。なぜこれが必要なのか不思議に思われると思います。半角スペースがない状態でも、レポーティングやビジュアライズに基本的には影響がありません。ただそれでも半角スペースを入れておくことをオススメします。

▶名前の意味を認識

実は日本語だとその恩恵を受けられないのですが、Power BI Desktopはテーブル名や列名の意味を認識しています。すべてではないのですが、例えば売上を表す［Sales］という言葉はその意味が把握されています。ちょっとしたAIみたいなものだと思っていれば、間違いありません。BIにおいて、よく使われる言葉を学習していて、その意味を認識しています。それが何に使用されているのかというと、「昨日の売上は？」といったように、Power BI Q&Aという自然言語でデータを分析する機能があり、これで利用されています。単語の意味を理解していると、異なる言葉で同じものを指す名詞によって質問をされても、適切な値を返すことができるというわけです。

残念なのは、この機能は数年前からあるのですが、日本語だとあまり機能しないということです。いちおうご興味がある方のために、公式ドキュメントのURLを記載しておきます。

- Power BI で Q&A ビジュアルを作成する
  https://docs.microsoft.com/ja-jp/power-bi/visuals/power-bi-visualization-q-and-a
- Power BI Q&A内で質問と用語を理解できるようにQ&Aを学習させる
  https://docs.microsoft.com/ja-jp/power-bi/natural-language/q-and-a-tooling-teach-q-and-a

対象のデータセット内で名詞と形容詞を定義することができます。

また、私がここで挙げている理由が記載されているドキュメントも紹介しておきます。

- Power BIのQ&Aを最適化するためのベスト プラクティス - テーブルと列の名前を変更する
  https://docs.microsoft.com/ja-jp/power-bi/natural-language/q-and-a-best-practices#rename-tables-and-columns

というわけで、可能な限り、テーブル名や列名は、単語の区切りがわかるように半角スペースを入れて定義しておくことをオススメします。私が思うに、もう1つの理由を挙げるとしたら、人がパッと見てわかりやすいということが挙げられます。

メジャーの作成

さて、次がモデリングとしては最後の手順です。DAXによってメジャーを作成します。メジャーを作成することもモデリングの1つです。と、その前にリレーションを作成したときの手順を思い出してください。[Date] テーブルと [Sales] テーブルのリレーションです。この2つのテーブルには以下3つのリレーションがあります。

表5.7　[Date] テーブルと [Sales] テーブルのリレーション

No.	Dateテーブルの列	方向	Salesテーブルの列
1	DateKey	→	OrderDateKey
2	DateKey	→	DueDateKey
3	DateKey	→	ShipDateKey

これらのうち、1のリレーションがアクティブになっていて、他の2つは破線で表されている（＝アクティブではない）はずです。アクティブでないリレーションは、このままだとビジュアライズする際に機能しません。つまり具体的には、ビジュアルで日付を選択しその期間の売上を表示すると、アクティブなリレーションである1の［DateKey］→［OrderDateKey］が機能して、注文日ベースの売上が集計されるというわけです。

ところがケースによっては、支払期限日（DueDateKey）ベースの売上を集計したいということや出荷日（ShipDateKey）ベースの売上を集計したいということもあります。せっかくデータにあるのだから、使いたくなるのは当然のことです。業務的にも必要です。実業務でよくあるのは、予定と実績の売上をそれぞれ1つの折れ線グラフに表示したいといったケースです。

破線のリレーションは機能しないのであれば、意味がないということになるのですが、実は、USERELATIONSHIPという関数を使用してメジャーを作成することで、このアクティブではないリレーションを機能させることができます。ここでは、このアクティブではない2と3のリレーションを使用するメジャーを作成しましょうということです。

まずは、アクティブなリレーションによる注文日ベースの売上を集計するメジャーを作成しましょう。［データ］ビューに移動して、［Sales］テーブルをクリックします。リボンの［新しいメジャー］をクリックして、数式バーに以下の式を入力し、Enterキーを押します。

```
Sales Amount Total = SUM(Sales[Sales Amount])
```

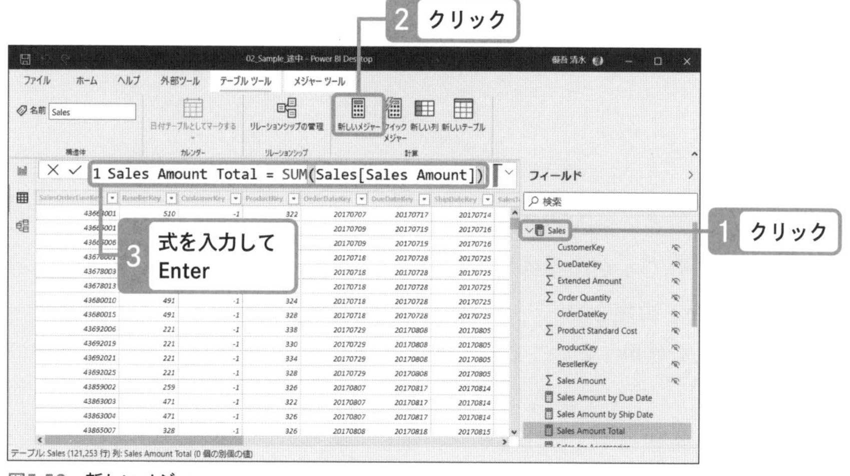

図5.52　新しいメジャー

このメジャーはとてもシンプルで、指定された［Sales］テーブルの「Sales Amount］列を合計しているだけです。リレーションが注文日ベースになっていて、特に条件を指定していないので、注文日ベースの売上の合計値が求められます。

次に支払期限日（DueDate）ベースの売上合計を求めるメジャーを作成しましょう。先ほどとメジャーの作り方は同じで、数式バーに入れる式を以下にしてください。

```
Sales Amount by Due Date = CALCULATE(SUM(Sales[Sales
Amount]), USERELATIONSHIP(Sales[DueDateKey],'Date'[Date
Key]))
```

CALCULATE関数は、文字通り計算するための関数です。詳細な説明は、公式ドキュメントに譲ります。

●CALCULATE関数
https://docs.microsoft.com/ja-jp/dax/calculate-function-dax

とても簡単に説明すると、第1引数に評価式を、第2引数以降に条件が指定できます。評価式にSUM(Sales[Sales Amount])を指定しているので、合計値が求められるのですが、条件でUSERELATIONSHIP(Sales[DueDateKey],'Date'[DateKey])が指定されています。これは、非アクティブなリレーションのうち、どれを使用するかを指定するものです。つまり、ここでは先ほどの表の2のリレーションを指定していることになります。こうすることで非アクティブなリレーションを使用して、値を計算することができます。

●USERELATIONSHIP関数
https://docs.microsoft.com/ja-jp/dax/userelationship-function-dax

同様に、以下のようにもう1つメジャーを作成すれば、こちらは出荷日ベースの売上を求めるメジャーとなるわけです。

```
Sales Amount by Ship Date = CALCULATE(SUM(Sales[Sales Amount]), USERELATIONSHIP(Sales[ShipDateKey],'Date'[DateKey]))
```

はい、これでモデリングは完了です。ここから先はビジュアルを作成することになります。公式のチュートリアルの内容を解説してきたので、ビジュアライズは公式のチュートリアルを参考に続きをやってみてください。URLをもう一度載せておきます。

- Power BI でのレポートとダッシュボードの作成 ― ドキュメント
  https://docs.microsoft.com/ja-jp/power-bi/create-reports/desktop-dimensional-model-report

▶メジャーを折れ線グラフで表示

本書ではせっかくなので、作成した階層とUSERELATIONSHIP関数で作成したメジャーを折れ線グラフで表示してみましょう。

その前に、1つ以下を確認してください。［データ］ビューに行きます。［Date］テーブルの［Month］列を選択してください。［書式設定］で［2001-03（yyyy-mm）］を選択しておきます。

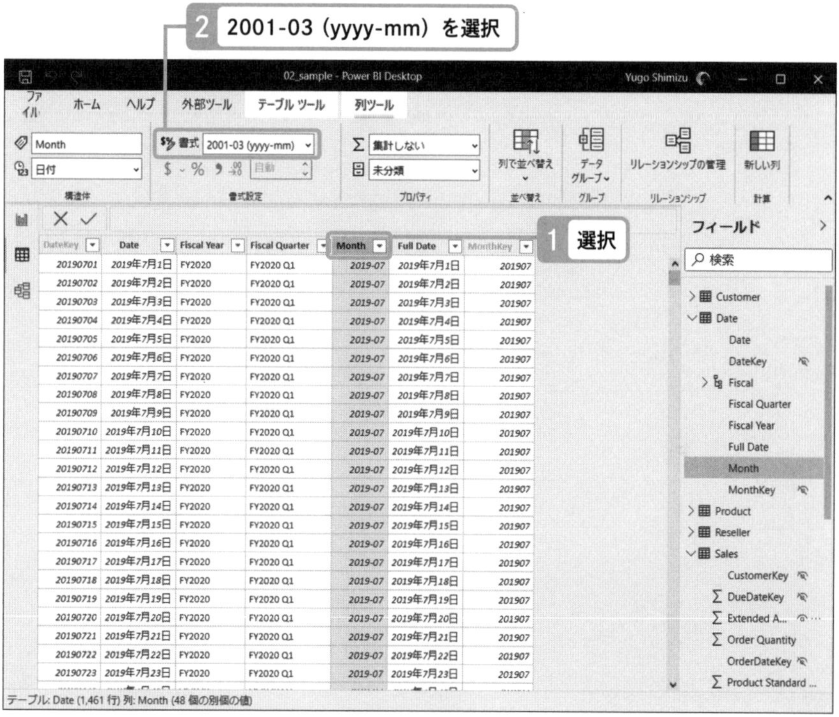

DateKey	Date	Fiscal Year	Fiscal Quarter	Month	Full Date	MonthKey
20190701	2019年7月1日	FY2020	FY2020 Q1	2019-07	2019年7月1日	201907
20190702	2019年7月2日	FY2020	FY2020 Q1	2019-07	2019年7月2日	201907
20190703	2019年7月3日	FY2020	FY2020 Q1	2019-07	2019年7月3日	201907
20190704	2019年7月4日	FY2020	FY2020 Q1	2019-07	2019年7月4日	201907
20190705	2019年7月5日	FY2020	FY2020 Q1	2019-07	2019年7月5日	201907
20190706	2019年7月6日	FY2020	FY2020 Q1	2019-07	2019年7月6日	201907
20190707	2019年7月7日	FY2020	FY2020 Q1	2019-07	2019年7月7日	201907
20190708	2019年7月8日	FY2020	FY2020 Q1	2019-07	2019年7月8日	201907
20190709	2019年7月9日	FY2020	FY2020 Q1	2019-07	2019年7月9日	201907
20190710	2019年7月10日	FY2020	FY2020 Q1	2019-07	2019年7月10日	201907
20190711	2019年7月11日	FY2020	FY2020 Q1	2019-07	2019年7月11日	201907
20190712	2019年7月12日	FY2020	FY2020 Q1	2019-07	2019年7月12日	201907
20190713	2019年7月13日	FY2020	FY2020 Q1	2019-07	2019年7月13日	201907
20190714	2019年7月14日	FY2020	FY2020 Q1	2019-07	2019年7月14日	201907
20190715	2019年7月15日	FY2020	FY2020 Q1	2019-07	2019年7月15日	201907
20190716	2019年7月16日	FY2020	FY2020 Q1	2019-07	2019年7月16日	201907
20190717	2019年7月17日	FY2020	FY2020 Q1	2019-07	2019年7月17日	201907
20190718	2019年7月18日	FY2020	FY2020 Q1	2019-07	2019年7月18日	201907
20190719	2019年7月19日	FY2020	FY2020 Q1	2019-07	2019年7月19日	201907
20190720	2019年7月20日	FY2020	FY2020 Q1	2019-07	2019年7月20日	201907
20190721	2019年7月21日	FY2020	FY2020 Q1	2019-07	2019年7月21日	201907
20190722	2019年7月22日	FY2020	FY2020 Q1	2019-07	2019年7月22日	201907
20190723	2019年7月23日	FY2020	FY2020 Q1	2019-07	2019年7月23日	201907

図5.53 ［書式設定］で［2001-03（yyyy-mm）］を選択

［レポート］ビューに行き、ビジュアライズをしていきましょう。まずは［スライサー］を置きます。

1. ［スライサー］をクリック
2. ［Date］テーブルの［Fiscal］にチェック
3. スライサーのフィールドから［Quarter］と［Date］を×で削除

図5.54のような状態になれば、OKです。

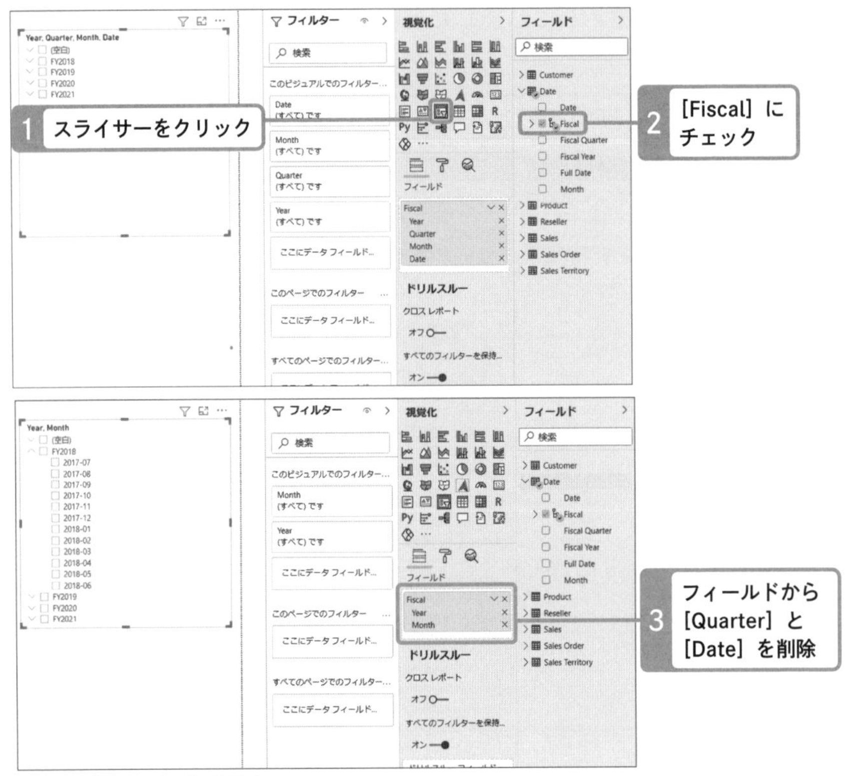

図5.54　［スライサー］を置く

スライサーをレポートキャンバスの一番左に移動して、レポートと同じ高さにしておいてください。

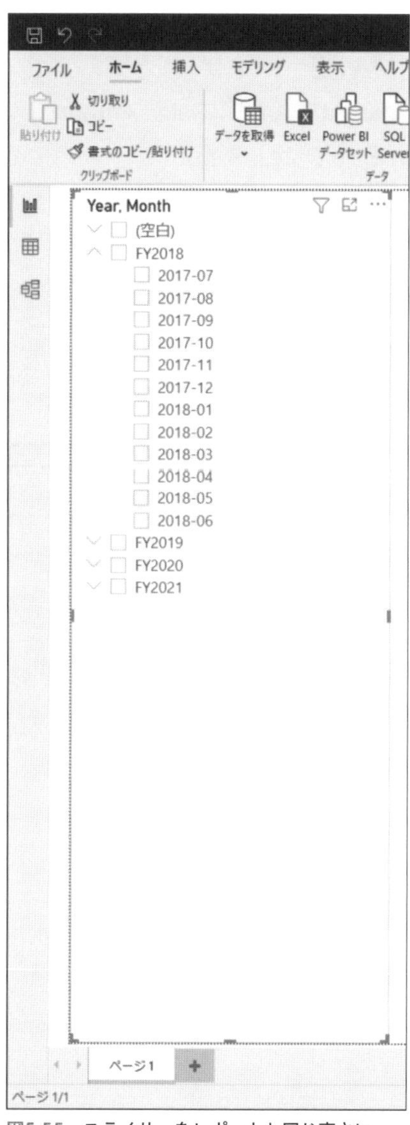

図5.55　スライサーをレポートと同じ高さに

次は、先ほど作成した3つのメジャーを比較したいので、折れ線グラフを作成します。

1. ［折れ線グラフ］をクリック
2. ［軸］にDateテーブルの［Date］を設定
3. ［値］に3つのメジャー［Sales Amount Total］、［Sales Amount by Ship Date］、［Sales Amount by Due Date］を指定

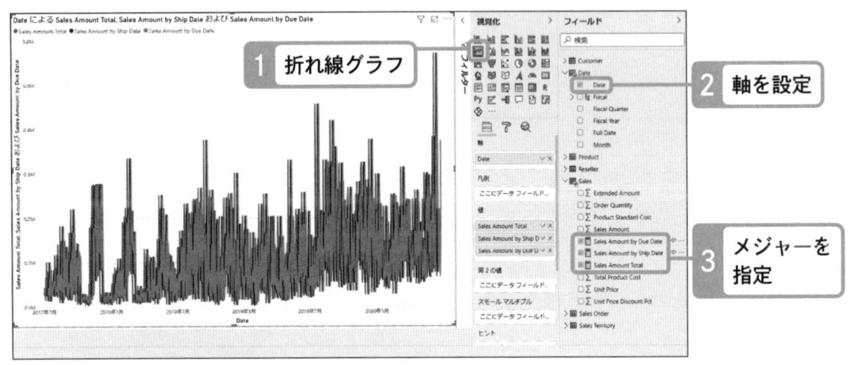

図5.56 折れ線グラフを作成

このままだと、折れ線が重なってしまって、よくわかりませんので、先に作ったスライサーで範囲を指定してみましょう。

［FY2018］を指定してみます。

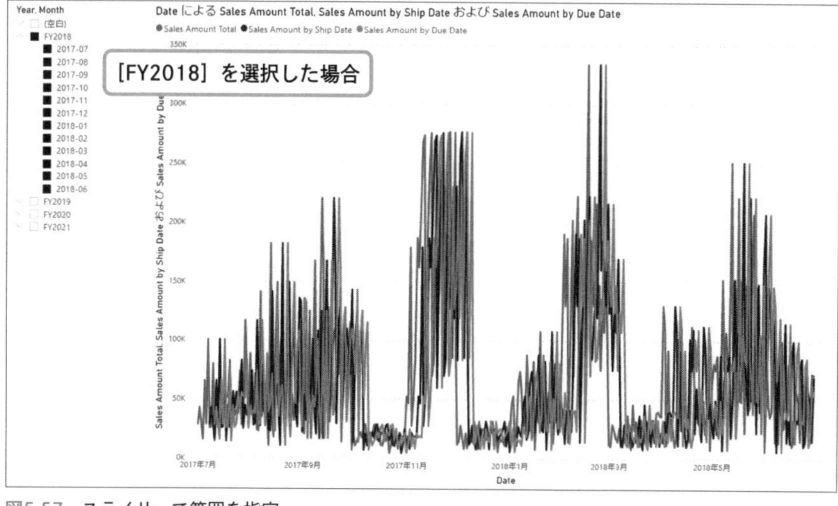

図5.57　スライサーで範囲を指定

先ほどよりは傾向がわかるようになりましたが、やはりもう少しはっきりと見たいので、さらに範囲を絞りましょう。次は［2017-07］を選択します。スライサーの［FY2018］を一度クリックして、選択を解除してから［2017-07］を選択します。

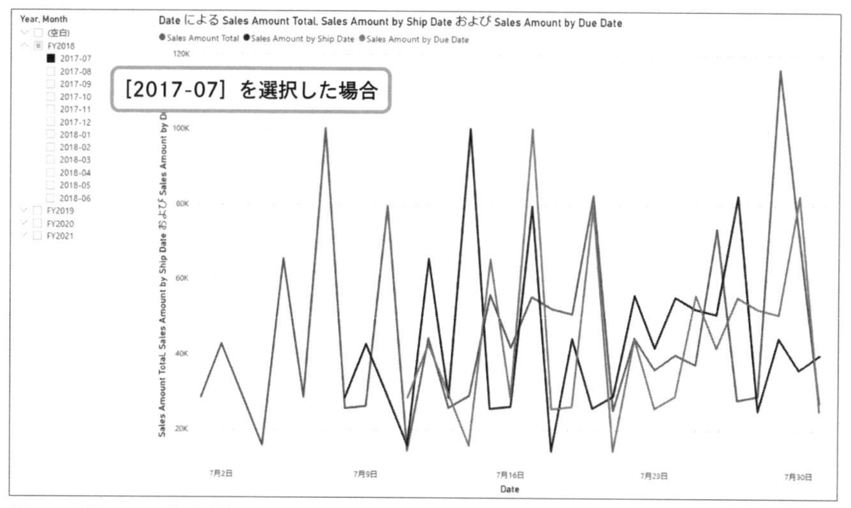

図5.58　［2017-07］を選択

なるほど、見えてきましたね。どうやら、時系列でいうと、[Sales Amount Total（注文日ベースの売上）]→[Sales Amount by Ship Date（出荷日ベースの売上）]→[Sales Amount（支払期限日ベースの売上）]という順序になっているようです。

考えてみれば、当然ですね。注文が入って、出荷して、請求するわけですから。元の[Sales Amount]という売上を表す列をどの日付ベースで見るか？　ということです。どの日付ベースで数字を集計するかというのは、実業務でも必ず出会う考え方です。そして、ベースとなる日付が複数あったとしても、今回のように非アクティブなリレーションを作成しておけば、USERELATIONSHIP関数を利用したメジャーを作成することで、意図した日付ベースの値が集計できるというわけです。よく出会うのが予定と実績です。予定を表す日付と実績を表す日付をファクトが持っている場合です。そのような場合も同様の考え方で対応可能です。

5 フィルターコンテキストとCALCULATE関数

せっかくメジャーを作成したので、CALCULATE関数を利用して、その動作を確認しておきましょう。

テーブルビジュアルを追加

キャンバスの下部にある[+]をクリックしてください。新規にページを追加できます。追加したページにテーブルを1つ置いて、Productテーブルの[Category]と作成した[Sales Amount Total]メジャーを指定してください。

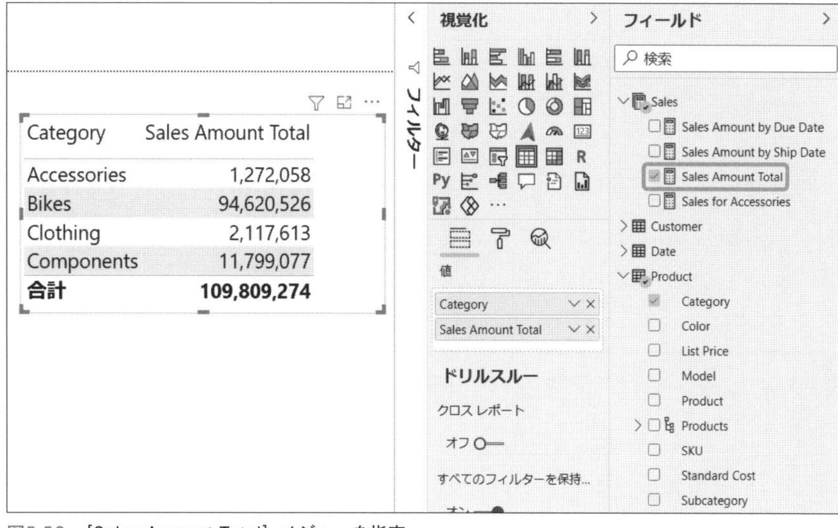

図5.59　[Sales Amount Total] メジャーを指定

図5.59のように表示されているはずです。[Sales Amount Total] の値が小数まで表示されている場合は、[Sales Amount Total] メジャーを選択して、リボンの [メジャーツール] - [書式設定] に「自動」と表示されている箇所を「0」にしてください。ここで、小数点以下の桁数が変更できます。

図5.60　小数点以下の桁数を変更

さて、テーブルを見ると、Categoryごとに売上合計が表示されています。これを見て、不思議に思いませんか？　[Sales Amount Total] メジャーでは、Categoryは特に指定していません。

```
Sales Amount Total = SUM( Sales[Sales Amount] )
```

単純にSales［Sales Amount］をSUM関数の引数に指定しただけです。にもかかわらず、Categoryごとの売上が集計されてテーブルで表示されています。

フィルターコンテキスト（Filter Context）

これは、フィルターコンテキスト（Filter Context）によるものです。SUM関数の引数に指定したのは、Salesテーブルの［Sales Amount］という列です。つまり列を参照しているのですが、このDAX式のままでは計算ができません。列が指定されただけですから、この列のどの範囲の値をSUMすればよいかわからないからです。

ただし、テーブルなどのビジュアルに指定されると、どの範囲の値を集計するのかが決まります。つまり、表示する対象データが決まることでその範囲が決まるわけです。

いまテーブルビジュアルでCategoryと一緒に［Sales Amount Total］が指定されていますから、"Accessories"と表示されている行では、Product[Category] = "Accessories"が条件として指定されます。その他の行では、

```
Product[Category] = "Bikes"
Product[Category] = "Clothing"
Product[Category] = "Components"
```

が［Sales Amount Total］メジャーの計算が実行される際に指定されるため、Categoryごとの売上合計が集計されるのです。これをフィルターコンテキストと呼びます。コンテキスト（Context）とは「文脈」という意味で

すが、いまこのテーブルの1行目では"Accessories"、2行目では"Bikes"、3行目では…というように、文脈が行ごとに異なります。イメージとしては、テーブルに指定された各カテゴリーがフィルターとして動作していると考えてください。複雑に感じるかもしれませんが、内部的にはそのような動きになっています。

フィルターコンテキストをCALCULATE関数で変更する

では次にフィルターコンテキストをCALCULATE関数で変更してみましょう。次のメジャーを作成してください。

```
Sales for Accessories = CALCULATE( [Sales Amount
Total], 'Product'[Category] = "Accessories" )
```

CALCULATE関数を使用して、第1引数に［Sales Amount Total］メジャーを、第2引数にはCategoryを"Accessories"に指定します。第2引数をよく見ると、これは先ほど説明したフィルターコンテキストの内容です。

それでは、このメジャーをテーブルに追加してみてください。どうなるでしょうか？

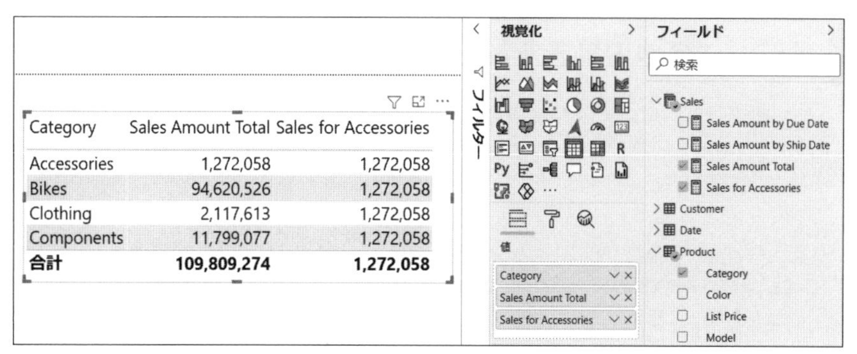

図5.61　すべての行で"Accessories"の売上合計が表示されている

ご覧の通り、Categoryの値にかかわらず、すべての行で"Accessories"の売上合計が表示されています。これはどういうことでしょうか？

CALCULATE関数とCALCULATETABLE関数は、フィルターコンテキストを変更することができる唯一の関数です。CALCULATETABLE関数は戻り値がテーブルであることが異なりますが、CALCULATE関数と同様フィルターコンテキストを変更することができる関数です。

- CALCULATE関数
  https://docs.microsoft.com/ja-jp/dax/calculate-function-dax
- CALCULATETABLE関数
  https://docs.microsoft.com/ja-jp/dax/calculatetable-function-dax

CALCULATE関数を使用していない［Sales Amount Total］は、［Category］がフィルターコンテキストとして動作して、値が集計されています。［Sales for Accessories］はCALCULATE関数の第2引数に'Product'[Category] = "Accessories"が指定されているので、フィルターコンテキストが変更されて、常に'Product'[Category] = "Accessories"のデータが指定されます。したがって、テーブル内のCategoryが"Accessories"ではない行でも、"Accessories"の売上合計が表示されるのです。

メジャーの他の動きを試してみる

この動きが理解できると様々な表現が可能になります。さらにこの動きを試すために、3つのメジャーを作成してください。

```
Sales for Bikes = CALCULATE( [Sales Amount Total],
'Product'[Category] = "Bikes" )
Sales for Clothing = CALCULATE( [Sales Amount Total],
```

```
'Product'[Category] = "Clothing" )
Sales for Components = CALCULATE( [Sales Amount
Total], 'Product'[Category] = "Components" )
```

新たにマトリックスを配置して、

- Sales Amount Total
- Sales for Accessories
- Sales for Bikes
- Sales for Clothing
- Sales for Components

を値に指定してください。

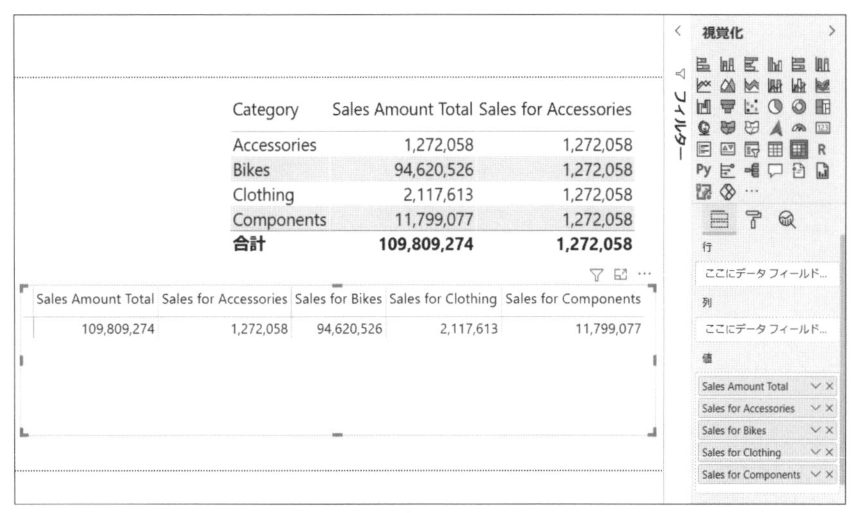

図5.62　新たにマトリックスを配置して値を指定

こうすると、[Category] を指定せずに、各カテゴリーの値の売上合計を横に並べることができます。さらに、マトリックスの［値］-［行に表示］

をオンにすることで、縦に並べることも可能です。

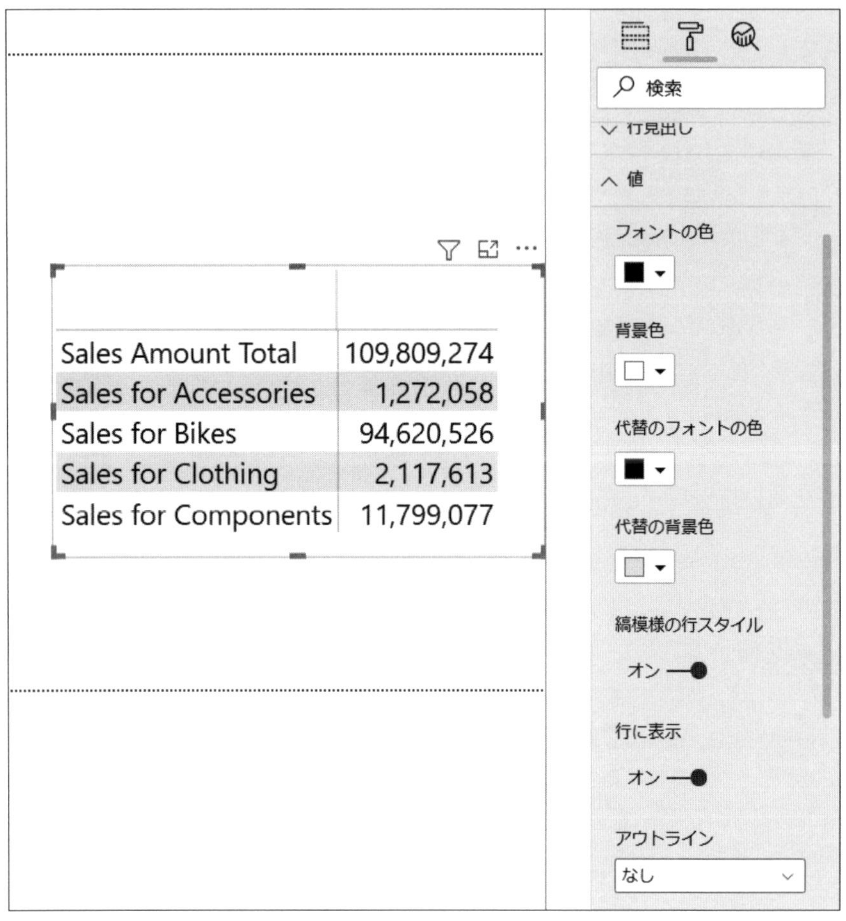

図5.63　縦に並べる

この表示は決してわかりやすいわけではないですが、このようにコントロールが可能だと知っておくことで、表現の幅が広がります。考えられる用途としては、売上合計とそれぞれのカテゴリーごとの値を年別に並べるといった場合です。

売上合計とカテゴリーごとの合計値を年別に表示

図5.64をご覧ください。2つのビジュアルともにマトリックスです。上のマトリックスは以下の通り設定しています。

- 行：DateテーブルのFiscal.Year
- 列：ProductテーブルのCategory
- 値：Sales Amount Total

表5.8 上のマトリックスの設定

プロパティ	列 or メジャー
行	DateテーブルのFiscal.Year
列	ProductテーブルのCategory
値	Sales Amount Total

下のマトリックスは以下の通り設定しています。

表5.9 下のマトリックスの設定

プロパティ	列 or メジャー
行	DateテーブルのFiscal.Year
列	(なし)
値	Sales Amount Total Sales for Accessories Sales for Bikes Sales for Clothing Sales for Components

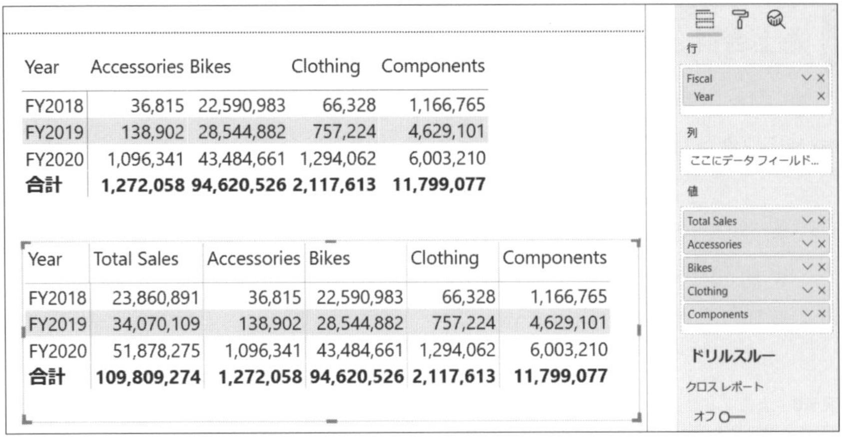

Year	Accessories	Bikes	Clothing	Components
FY2018	36,815	22,590,983	66,328	1,166,765
FY2019	138,902	28,544,882	757,224	4,629,101
FY2020	1,096,341	43,484,661	1,294,062	6,003,210
合計	**1,272,058**	**94,620,526**	**2,117,613**	**11,799,077**

Year	Total Sales	Accessories	Bikes	Clothing	Components
FY2018	23,860,891	36,815	22,590,983	66,328	1,166,765
FY2019	34,070,109	138,902	28,544,882	757,224	4,629,101
FY2020	51,878,275	1,096,341	43,484,661	1,294,062	6,003,210
合計	**109,809,274**	**1,272,058**	**94,620,526**	**2,117,613**	**11,799,077**

行
Fiscal
Year
列
ここにデータ フィールド...
値
Total Sales
Accessories
Bikes
Clothing
Components
ドリルスルー
クロス レポート
オフ

図5.64　2つのマトリックス

5つのメジャーは値に指定した後にダブルクリックをして、名称を変更しています。ビジュアルに指定された値をダブルクリックして名称を変更することで、元の列名やメジャー名を変更することなく、そのビジュアルでのみ名称を変えることができます。

表5.10　メジャー名の変更

元のメジャー名	変更後のメジャー名
Sales Amount Total	Total Sales
Sales for Accessories	Accessories
Sales for Bikes	Bikes
Sales for Clothing	Clothing
Sales for Components	Components

一見するとこんな面倒なことをしなくても作れそうなのですが、上のビジュアルをよく見ると、売上合計が表示されていません。各カテゴリーの売上合計と全カテゴリーの売上合計を併記するというのは、Excelではよく求められることですよね。

Power BIのビジュアルでこれを実現するには、このようにメジャーを駆使して、コンテキストを上手く利用する必要があります。フィルターコンテキストはとても難しい概念ですので、一読してわからなくても大丈夫です。

なんとなくそんなものがあるのだなと知って、様々なパターンを実際に手を動かして試してみてください。やがてわかる時が来ます。

英語の記事を含めると、いろんな方が説明してくれていますので、焦らずに調べながら、理解を深めてください。1つだけ言えるのは、人の説明を読むだけでは決して理解できません。ご自身で手を動かしてください。私も理解するまでに半年くらいかかっていますし、現在でも完全に理解しているわけではありません。実業務のデータモデルでは「あれ？　なんでこうなるのだ？」と思うことは今でもありますし、実際に手を動かして確かめることで、「あぁ、そういうことか」と気付きます。それくらい難しいものです。安心してください。

6 レポートを作成するときに押さえておくべきこと

ここまで、公式チュートリアルを元にして、2つのレポートを作成してみました。いかがでしたでしょうか。Power BIでのレポート作成が初めての方は、レポートを作成する流れが大まかにつかめれば、大丈夫です。

公式のチュートリアルなど決められた手順に従ってレポートを作成するのと、実業務でレポートを作成するのとで決定的に異なることがあります。それは、**作る手順が決まっているかどうか**です。

チュートリアルは、料理本のレシピのようなもので、途中でわからないところが出てこない限り、書かれたものが確実に出来上がります。ですが、実業務ではそもそも目的地に辿り着けるのか、わかっていません。

「こうやって、ここをこうして、こうやれば…あれ？　あ、データの整形が足りないじゃん！　もう一回戻ってやり直しだ…」

こういったことは「普通」です。基本的にこの繰り返しです。プロでも普通なのです。最初からできる人などいません。慣れてくると、その途中で戻る確率や回数が減るだけで、失敗は必ずあります。でも、失敗に気付いた瞬間に必要なものが見えてくるのです。逆説的ですが、失敗しないと、必要な手順がわからなかったりします。

大切なのは、とりあえずやってみることです。

とはいっても、やり直すのはなかなか骨が折れることもあります。なので、実際に私がやっている対策を1つご紹介しておきます。

レポートを作成する際は、

1. データを取得
2. データを整形
3. モデリング（リレーション、新しい列、メジャー作成）
4. ビジュアライズ

という順序で作業を進めることになるのは、既にお話しした通りです。あるところまで作業を進めたときに、「ここから先は2つのやり方があるな…」という分岐に出会う場合があります。それに気付いたら、ファイルを保存して、コピーして、別のファイルとして開き、パターン1を試します。パターン1で上手くいったら、元のファイルを上書きしてしまいます。パターン1が上手くいかなかったら、パターン2を試すために元のファイルをもうひとつコピーして、試してみます。

つまりバックアップを取っておいて、ファイルを分けて、複数のパターンを試してみるのです。上手くいった方法を採用します。実にアナログな方法ですが、これが確実な方法ですし、複数のパターンを試すことで、勉強にもなります。

第6章

BIに必要なこと

前章では、公式チュートリアルを元にレポートを作成してみました。同時にデータ準備やデータモデリング、そしてメジャーなどを体験していただきました。この章では、私が公開している1つのレポートを例にとって、具体的にどう考えて作っていくのかを、その概念と共に伝えていきたいと思います。機能を機能としてのみではなく、何を考えて使っていくのかを、把握していただけると幸いです。

アクセスキー M（大文字のエム）

1 データソース

ここからは、私が公開している「東京都COVID-19感染者数」レポートを例に説明していきます。このレポートは以下でアクセスできます。

- 「東京都COVID-19感染者数」レポート
  https://bit.ly/PBI-Tokyo-Covid19

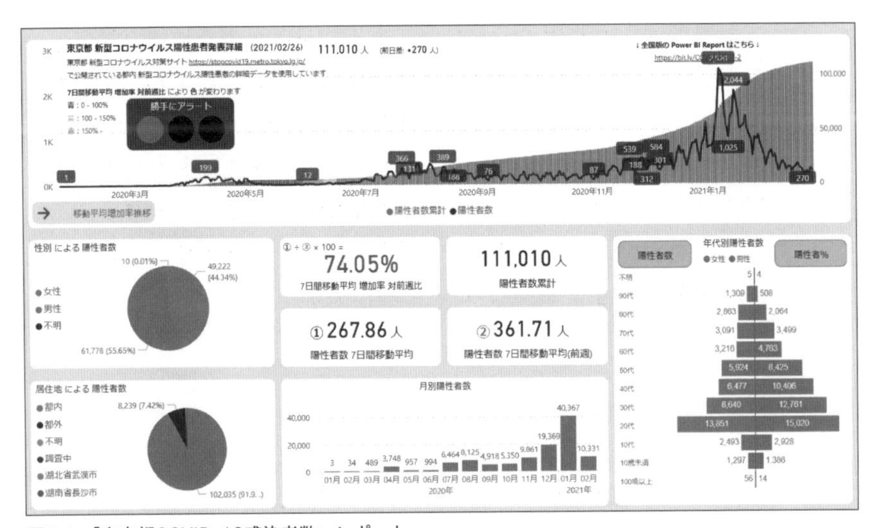

図6.1 「東京都COVID-19感染者数」レポート

このレポートは、1日4回（午前8時、午前11時、午後6時、午後11時）更新されますが、基本的に前日までのデータを表示しています。

データソースは、東京都が「東京都オープンデータカタログサイト」で公開しているオープンデータです。

- 東京都 新型コロナウイルス陽性患者発表詳細
  https://catalog.data.metro.tokyo.lg.jp/dataset/t000010d0000000068

このデータは東京都の新型コロナウイルス感染症対策サイト「都内の最新感染動向」で表示されているモニタリング項目のデータソースでもあります。

- 都内の最新感染動向
  https://stopcovid19.metro.tokyo.lg.jp/

直接のデータソースはCSVで以下のURLで取得可能です。

- CSVが取得できる
  https://data.stopcovid19.metro.tokyo.lg.jp/130001_tokyo_covid19_patients_9e4b6290e76826a41c5e34ac575ec04f.csv

データソースがわかれば、本書を読まれている皆さんも同じようなレポートが作成できるのですが、ここで皆さんに質問です。
私が公開しているレポートは、

1. データの整形（データ準備）をした結果、データセットはいくつのテーブルで構成されていると思いますか？
2. メインとなるデータを持つテーブルの列数はいくつだと思いますか？

ぜひ考えてみてください。ご自身の解が用意できたら、次に進んでください。

2 データ準備

さて、データ準備です。データ準備とは、データを必要な形に変換・整形することです。どんな変換が必要なのかは、データを見てみないとわかりません。ということで、さっそくデータを読み込んでみましょう。

データの読み込み

［Power BI Desktop］を起動して、［データを取得］で［その他］-［Web］を選択し、［接続］をクリックします。

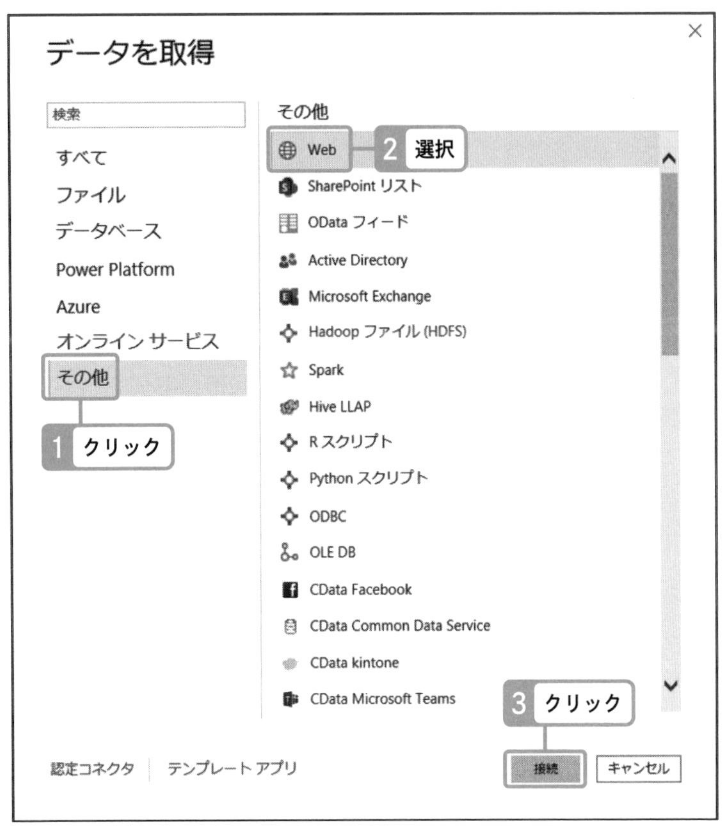

図6.2　データを取得

「Webから」のURL欄に先ほどのURL（https://data.stopcovid19.metro.tokyo.lg.jp/130001_tokyo_covid19_patients_9e4b6290e76826a41c5e34ac575ec04f.csv）を入力し［OK］をクリックします。

※参考：「Power BI 入門」の第6章で CSV がダウンロードできないという方へ（https://qiita.com/yugoes1021/items/2bd43d73632e650cb85c）

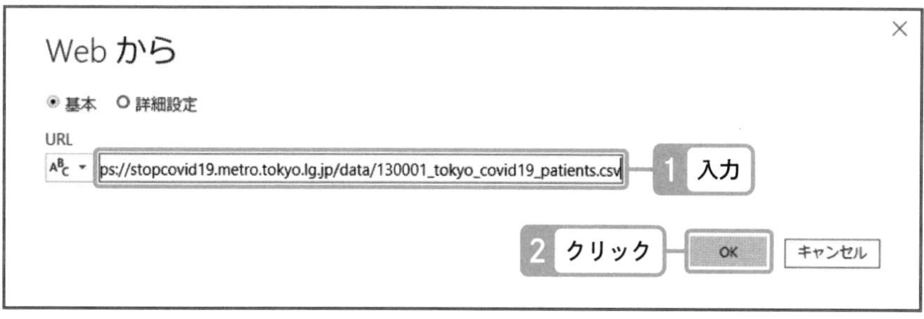

図6.3　Webから

図6.4のようにCSVファイルの中身をプレビューできる画面が開きます。この画面上部で、ファイルを読み込む際の文字コードと区切り文字が指定できます。

https://stopcovid19.metro.tokyo.lg.jp/data/130001_tokyo_covid19_patients.csv

元のファイル：65001: Unicode (UTF-8)　区切り記号：コンマ　データ型検出：最初の 200 行に基づく

No	全国地方公共団体コード	都道府県名	市区町村名	公表_年月日	発症_年月日	確定_年月日	患者_居住地	患者_年代
1	130001	東京都		2020/01/24			湖北省武漢市	40代
2	130001	東京都		2020/01/25			湖北省武漢市	30代
3	130001	東京都		2020/01/30			湖南省長沙市	30代
4	130001	東京都		2020/02/13			都内	70代
5	130001	東京都		2020/02/14			都内	50代
6	130001	東京都		2020/02/14			都内	70代
7	130001	東京都		2020/02/15			都内	80代
8	130001	東京都		2020/02/15			都内	50代
9	130001	東京都		2020/02/15			都内	50代
10	130001	東京都		2020/02/15			都内	70代
11	130001	東京都		2020/02/15			都内	70代
12	130001	東京都		2020/02/15			都内	40代
13	130001	東京都		2020/02/15			都内	60代
14	130001	東京都		2020/02/15			都内	40代
15	130001	東京都		2020/02/16			都内	60代
16	130001	東京都		2020/02/16			都内	30代
17	130001	東京都		2020/02/16			都内	60代
18	130001	東京都		2020/02/16			都外	60代
19	130001	東京都		2020/02/16			都内	30代
20	130001	東京都		2020/02/18			都内	80代

例を使用してテーブルを抽出　読み込み　データの変換　キャンセル

図6.4　CSVファイルの中身をプレビューできる画面

一番右の［データ型検出］は、何行までのデータを見て、データ型を推測するかという設定です。デフォルトでは最初の200行になっています。他に全件を見る、データ型を検出しないの2つの設定が用意されています。

ここではデフォルトのまま、進めます。［データの変換］ボタンをクリックしてください。

列の選択

Power Queryエディターが起動します。データを読み込んだら、まずは列を確認します。列が一度に表示されない場合は、一番左の列名の左をクリックして［列の選択］をクリックします。そうすると、［列の選択］画面で列の一覧が確認できます。今回はここで、以下の列以外の選択を外します。

- No
- 公表_年月日
- 患者_居住地
- 患者_年代
- 患者_性別

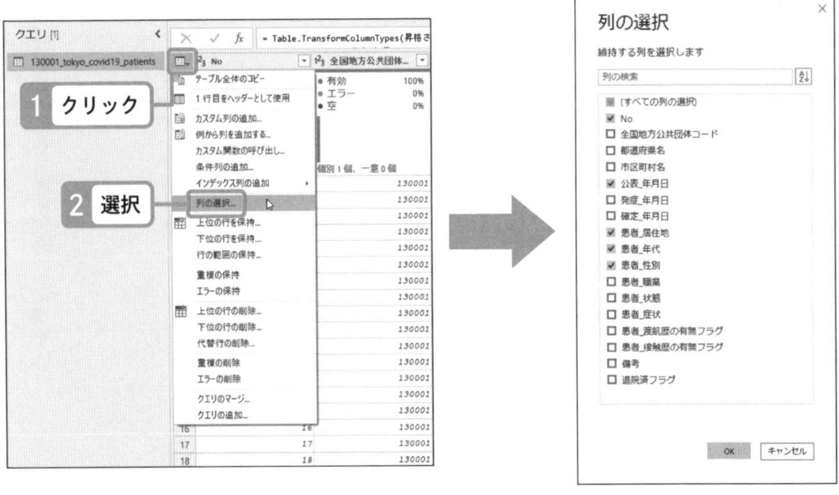

図6.5　列の選択で列を削除

column

列は「今」削除する

よくあることなので、ここでワンポイントアドバイスです。今回のCSVは17列ですが、業務ではDBやサービスのAPIなどからデータを取得することが多いでしょう。そうすると、ときには100を超えるような列数が返ってくることがあります。そういう場合、多くの方がこういいます。

「後で不要な列を削除しよう」

これは絶対やめた方がいいです。後で、ではなく、今削除してください。そう、このPower Queryエディターでデータを読み込んだ直後がベストタイミングです。なぜかというと、ある程度レポートを作成した後で削除しようとした場合、どの列を消していいか、判断に迷うことがあるからです。

「たぶんこの列は使ってないと思うんだけど、消して大丈夫かな？」

「列を消して、レポートが壊れたらどうしよう」

「なんかわけのわからないエラーが出たら嫌だから、レポートはできてるし、まぁ消さなくていいかな」

だいたいこうなります。私も経験があります。業務で使用するデータは本当に列が多いので、正直、後から消そうとしても、本当に判断ができないことになりますので、このタイミングで絶対に使わないとわかっているものは消してください。後から必要になったら、この列の選択に戻って、チェックを入れるだけで、削除した列は復活します。列の復活は簡単ですので、安心して勇気を持って、不要な列のチェックをここで外してしまいましょう。

「後で使うかも」や「あったら何かに使うかも」は絶対に使わない！と心得てください。

クエリ名の変更

列の選択が終わると、5列になりました。とてもスッキリしましたね。スッキリしたところで、このクエリの名称を変更しておきましょう。CSVファイルをデータソースにした場合、ファイル名がクエリ名になります。そして、クエリ名はそのままテーブル名になります。ですので、このタイミングで、クエリ名をわかりやすいものにしておきましょう。ここでは元のサイトでのタイトル「陽性患者詳細」という名前を付けておきます。

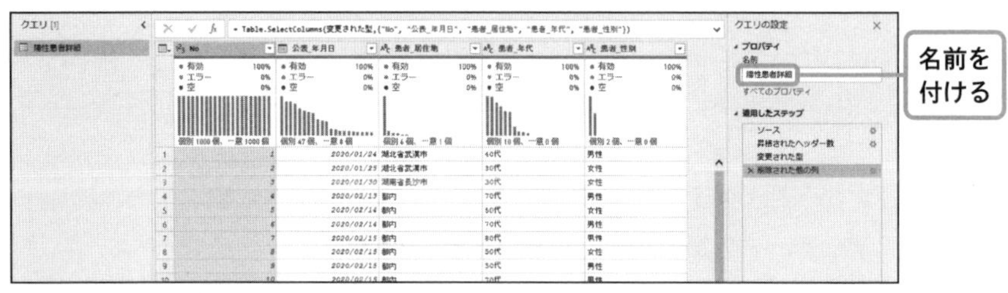

図6.6　クエリ名を付ける

列の選択か列の削除か

ところで［列の選択］ですが、Power Queryを見てみると

```
= Table.SelectColumns(変更された型,{"No", "公表_年月日", "患者_居住地", "患者_年代", "患者_性別"})
```

となっています。`Table.SelectColumns`という関数が使われていることがわかります。列の削除をしたはずでは？　と思われる方もいるかもしれません。実際は、残す列を指定したわけです。Power Queryには選択された列を削除する［列の削除］というメニューもあります。その場合は`Table.RemoveColumns`という関数が使われ、削除対象の列名が指定されます。

- Table.SelectColumns: 残す列を指定する
- Table.RemoveColumns: 削除する列を指定する

これらの違いは、結果は同じでも、明確に異なります。違いが出るのは、後に列が増えたり減ったり、あるいは既存列の名称が変更された場合です。

例えば「新たな列」という名称の列が増えたとしましょう。Table.SelectColumnsを使用している場合は、残したい列を名称で指定しているので、「新たな列」がCSVに含まれていても、相手にしません。その名称を知りませんから。ところが、Table.RemoveColumnsの場合は消したい列を指定しているので、「新たな列」は削除されずに残ります。結果として、「新たな列」は消されずに残り、1列増えてしまいます。

両方の関数ともに名称を指定する「名前解決」なので、こういう違いが起こるわけです。もちろん、もともとあった列がCSVからなくなった場合で、その列が関数で指定されている場合は、どちらの関数でもエラーになります。

こういった**後に起こるかもしれない変化に対して、強い処理**を選択しておくことは、とても大事です。

値の確認

「必要な列だけになったし、データ型も大丈夫そうだし、これで終わりかな？」と思われた方、まだ早いです。データベースやSaaSのAPI、何らかのシステムから取得したデータであれば、たぶん大丈夫なのですが、今回はCSVです。ExcelやCSVなどいわゆる人の手による編集が可能なファイルをデータソースにしている場合、**想定されているデータが入力されているのか？** を必ず確認してください。データの確認は簡単にできます。

▶データのプレビュー

リボンの［表示］-［データのプレビュー］というエリアを見てください。ここは、図6.7のようにすべてチェックを入れておくことをオススメします。ただ、PCのマシンスペックがあまり高くない場合は、これらをONにしていると解析に時間がかかることがあります。これらがなかなか表示されないマシンはスペックが不足している可能性が高いと思われますので、可能なら、別のスペックがより高いマシンで作業をすることが必要かもしれません。
特に、

- 列の品質
- 列の分布
- 列のプロファイル

の3つについてはとても便利なので、使用を推奨します。

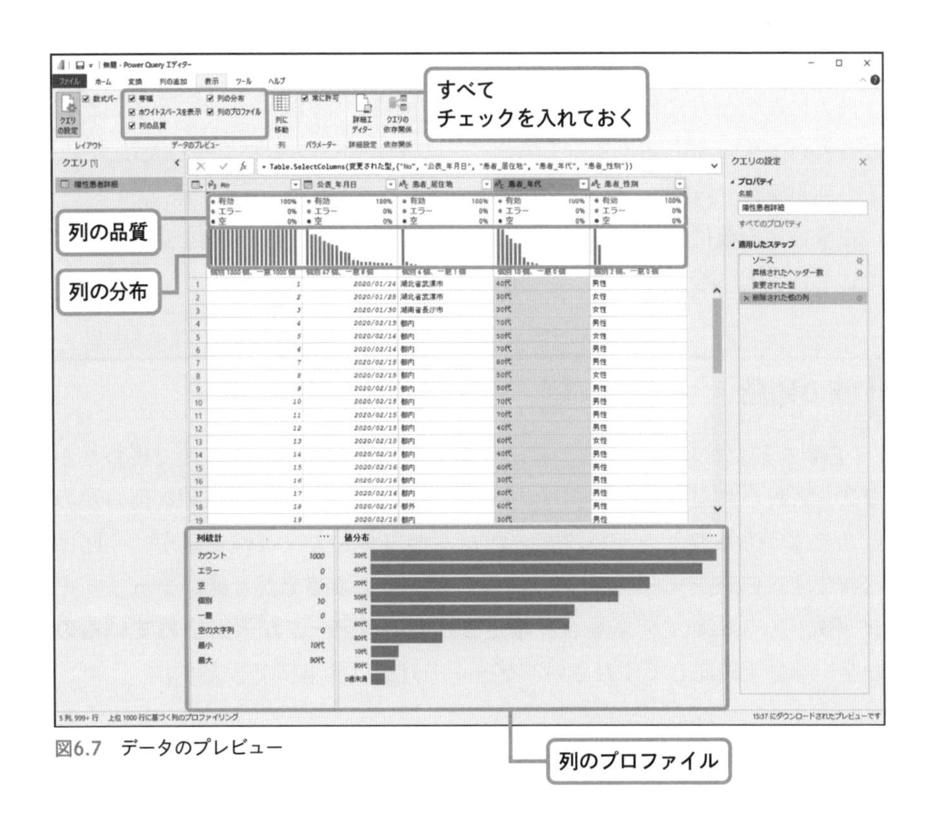

図6.7　データのプレビュー

これらを確認した上で、値を確認します。値を確認するのにスクロールすると面倒なので、各列名の右にある［▼］を利用します。［▼］は本来フィルターですが、開くだけでその列に含まれる値が確認できます。

ここでは［患者_年代］を開いてみます。すると、図6.8のように下の方に「リストが完全でない可能性があ…」とビックリマーク（！）が見えます。これは、Power Queryエディターはデータソースの上位1000行だけを参照しているためです。でもご安心ください。その右側に「さらに読み…」というリンクがあるので、これをクリックすることで、全データを読み込んで値の種類を表示してくれます。

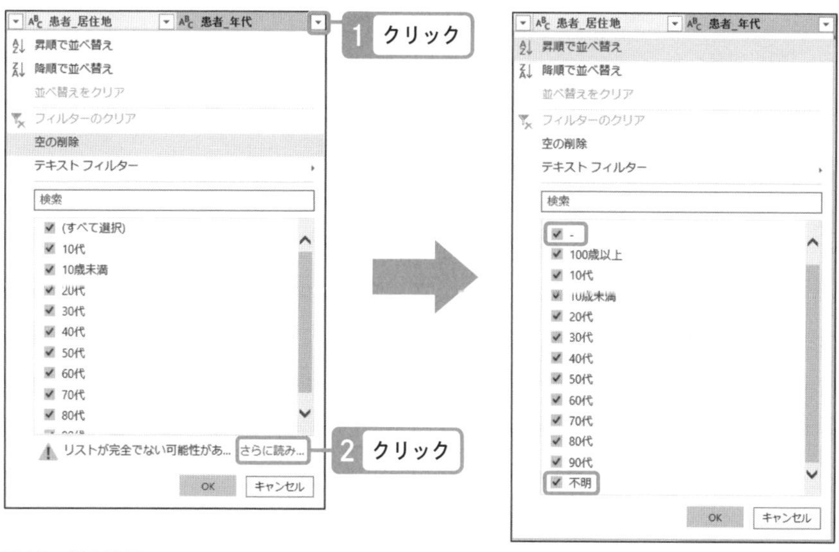

図6.8　値を確認

全データを読み込んだところ、何やら怪しいデータが紛れ込んでいることがわかります。ハイフン（-）と「不明」というデータです。なるほど、どうやら人が入力しているためなのか、こういったものが紛れ込んでいるようです。おそらくハイフンは無回答なのかもしれませんが、これは「不明」としてしまった方がデータ的には都合がよいですね。

▶値を検索

ところでハイフンは目で見ると半角のハイフンに見えますが、本当にそうでしょうか？　これも確かめないといけません。実際の値を確かめる方法は2つあります。

1. 検索バーに推測される値を入力してみる
2. フィルターをかけて、該当する値をコピーする

1.の方が簡単です。よく見ると、フィルターの画面上部に［検索バー］があります。ここに推測される値を試しに入力してみて、検索に引っかかればOKです。

図6.9 検索バーで確認

これで入力した値がデータに含まれている値だと確認ができました。

ただ、1.の方法は見た目から判断しているので、どうしても特定できない場合があります。そういった場合は2.の方法を試してください。2.の方法は実際の値をコピーすることが可能です。

▶値でフィルター

2.の方法は実際に該当の値でフィルターをかけてしまいます。ここでは、ハイフンっぽく見えているもののみチェックを入れて、[OK]をクリックしてください。絞り込まれたデータの[患者_年代]列からどこか1つの値を右クリックし、[コピー]をします。こうすることで、実際の値がコピーできるので、いったんメモ帳などに貼り付けておいて、後で置換するときに使いましょう。この方法では**後始末を忘れてはいけません。値を特定するために不要なフィルターをかけているので、[適用したステップ]から[フィルターされた行]を削除しておいてください。**

ちなみにこの2.の方法ですが、最初から見えている値であれば、フィルターをかける必要はありません。

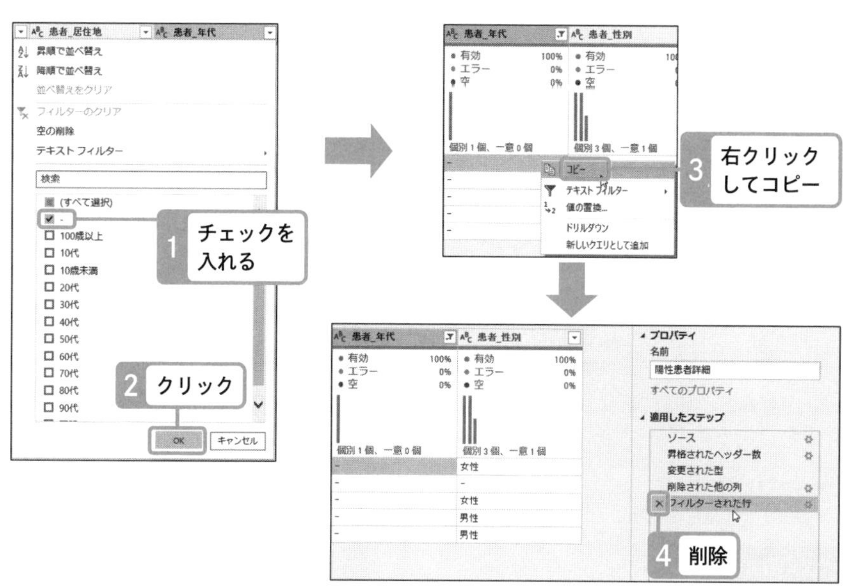

図6.10　フィルター処理と後始末

▶値の置換

さて、置換対象の値が特定できたので、置換処理を行いましょう。[患者_年代]列を選択して、リボンの[変換]-[値の置換]をクリックします。

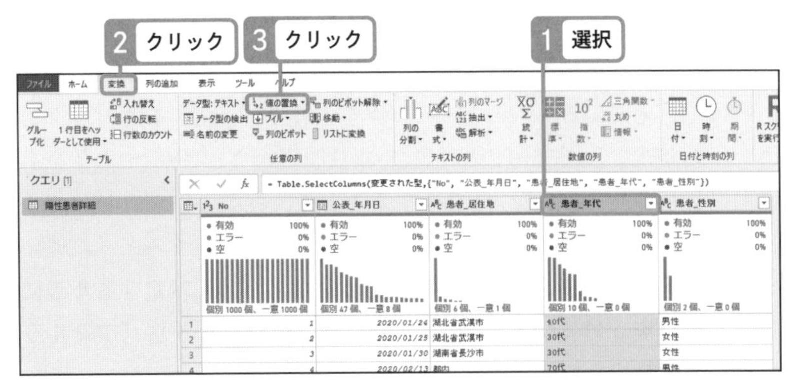

図6.11　データの変換・整形

［値の置換］をクリックすると、［値の置換］画面が開きます。ここでは［検索する値］に「半角ハイフン（-）」を、置換後に「不明」と入れましょう。半角ハイフンを「不明」という値にしたいからです。

値の置換

選択された列で値を別の値に置き換えます。

検索する値

-

置換後

不明

› 詳細設定オプション

OK　キャンセル

図6.12　値の置換

column

変換／列の追加

ところで、Power Queryエディターのリボンの構成をざっくり以下のように理解しておくと、やりたい処理に迷うことが少なくなります。ここらへんまでPower Queryエディターを使ってくると、勘のいい方ならお気付きかもしれません。

[ホーム]はクエリレベルの処理で、新たなクエリを追加するとか、現在のクエリで取得したデータに対して列を削除する、あるいはクエリどうしを結合するなど全体に関する処理です。

[変換]は、現在のクエリで取得したデータの選択された列に対しての変換処理です。データ型の変換、行と列を入れ替えるピボット処理、書式設定などです。特定の列に関する変換処理はここにあります。

[列の追加]は現在のクエリに列を追加します。追加する方法は様々に用意されていて、既存の列を元にして、値を変換しながらその結果を新たな列として追加したり、既存の列の値を見て、特定の条件で別の値を新たな列として追加する、などです。とにかく新たに列が追加されると押さえておきましょう。

データの変換・整形に関しては、とりあえずリボンを以上のような感じで押さえておくと、迷うことが少なくなります。

▶置換結果の確認

「半角ハイフン（-）」を「不明」に置き換えたら、その内容を確認してみましょう。確認方法はおわかりですね？　そう、フィルターを開けばいいのです。図6.13のように、半角ハイフンが選択肢に出てこなければOKです。

図6.13　フィルターで確認

column

特殊文字列の置換

今回は不要ですが、この値の置換は特殊文字を置換することもできます。

特殊文字とは、

- タブ: #(tab)
- 復帰: #(cr)
- 改行: #(lf)
- 復帰改行: #(cr)#(lf)
- 改行なしスペース: #(00A0)

です。これらを指定して他の値に置換する場合は、[検索する値]または[置換後]にカーソルを置いて、挿入したい特殊文字を選択してください。

また、この[値の置換]を利用して、特定の文字を削除することもよくやります。置換とは何かに置き換えるわけですが、[置換後]に何も入力しなければ、ゼロストリング(長さゼロの文字列)が指定されます。

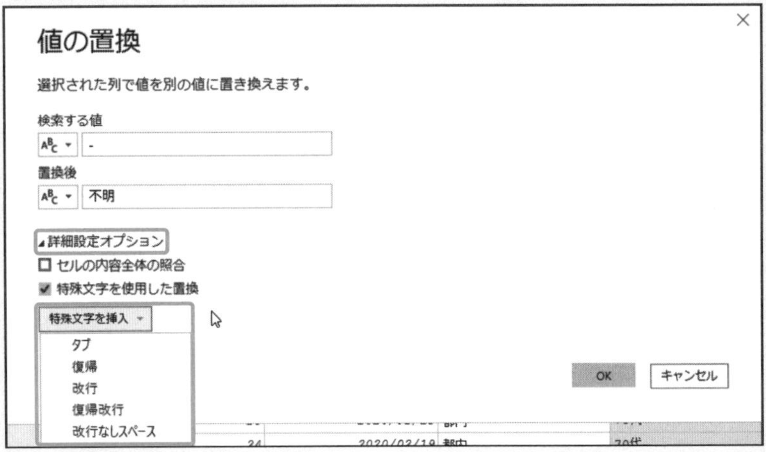

図6.14　値の置換

▶ **残りの置換処理**

さて、このデータでは、［患者性別］に対しても置換処理が必要になります。［患者性別］を見てみると、こんな感じです。

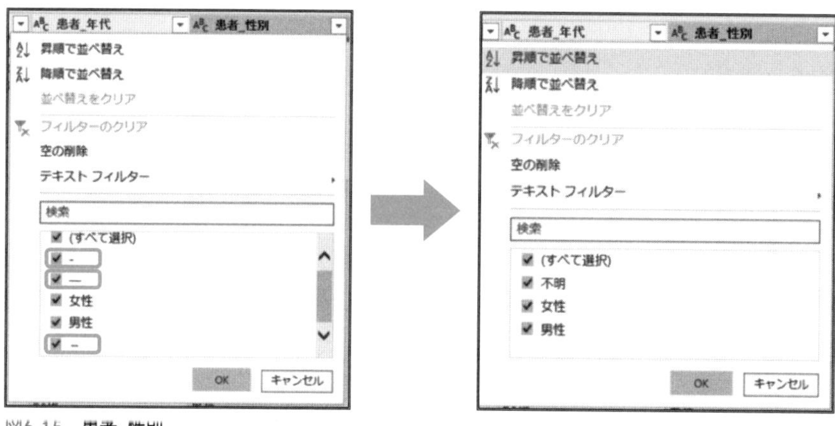

図6.15　患者_性別

図6.15の左側のように、怪しい値が3つありますね。置き換え甲斐があるというものです。［患者_性別］については、［患者_年代］でご紹介した方法を振り返って、ご自身でやってみてください。ここでは、その方法を紹介することはしません。値が3種類あるので、［値の置換］を3回することになります。結果が右側のようになれば、OKです。

また、併せて［患者_居住地］にも怪しい値がないか確認して、もしあれば、同様に置換処理をしておきましょう。

ディメンションとファクトを分ける

さて次です。データの変換としては、これもよくやることなので、覚えておきましょう。今回のデータソースはCSVが1つなので、これを後のモデリングでスタースキーマにすることを考えておかなければなりません。そうなると、**ディメンションとファクトに分けておく必要があります**。ディメンションは軸として見たり、スライサーの対象になるものです。いわゆるカテゴリーという言い方ができます。データを眺めると何がカテゴリーとして使えそうでしょうか？

はい、その通りです。[患者_年代] と [患者_性別] と [患者_居住地] ですね。

これらをディメンションにするにはどうすればいいでしょうか？　1つのクエリが1つのテーブルになるわけですから、クエリを増やす必要があります。

元になるクエリがあって、その一部の値をクエリとして分ける方法は2つあります。[複製] と [参照] です。クエリを右クリックすると、メニューに出てきます。

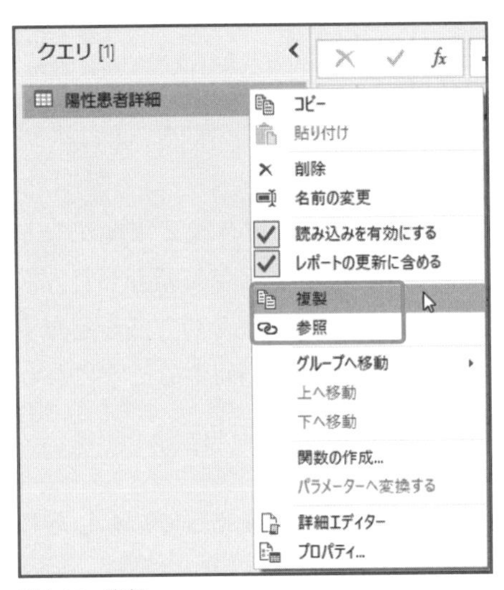

図6.16　複製

▶ クエリの複製とクエリの参照

[複製] というのは文字通りコピーで、ここまで [適用したステップ] をすべてコピーして、別名でクエリが作られます。[参照] は元になるクエリを名称で参照するので、参照でクエリを増やした後、元のクエリに対して行った変更もすべて適用されます。実行して、確認しましょう。

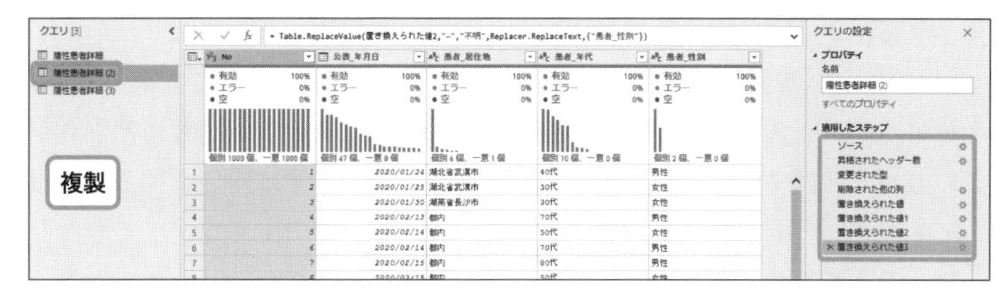

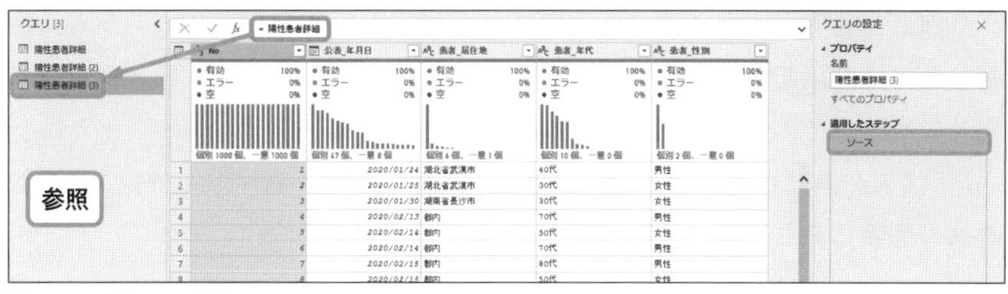

図6.17　実行して確認

図6.17をご覧になってわかる通り、複製した「陽性患者詳細 (2)」は元のクエリと適用したステップがまったく同じです。つまりPower Queryがそっくりコピーされたわけです。ということは、このクエリは、自分で直接データを取得しに行くということになり、その後変換処理も元のクエリとは切り離されて、独自に編集することが可能なわけです。これ以降、「陽性患者詳細」と「陽性患者詳細 (2)」は別のクエリとして存在するので、片方を修正したり、処理を追加しても、もう一方に同期されることもなければ、影響を与えることもありません。

一方、参照した「陽性患者詳細 (3)」の適用したステップを見ると、1つしかありません。数式バーを見ると、= 陽性患者詳細とだけ書かれています。

これは元のクエリ「陽性患者詳細」を参照していることを意味しています。Power Queryでは他のクエリ名を指定することで、そのクエリ結果を参照することができるのです。この参照ですが、参照されたクエリの最後の結果を取得することになります。つまり、これ以降、元のクエリ「陽性患者詳細」を編集すると、「陽性患者詳細 (3)」はその最後の結果を得ることになるので、影響を受けることになります。

▶［複製］と［参照］

［複製］と［参照］はどちらがよいもの、悪いものということではなく、ケースバイケースで使い分ける必要があります。どういった場合にどちらがよいのか？　はすべてを挙げることが難しいため、まずは違いを押さえておいてください。そして、既存のクエリを元にして、増やす必要が出てきたときに、考えてみてください。

今回は［参照］で行きます。ということで、もし両方を試していたら、複製した方は削除しておいてください。そして、参照したクエリの名称を「年代」に変更しておいてください。

「年代」クエリは［患者_年代］列のみ必要なので、右クリックして、［他の列の削除］をします。

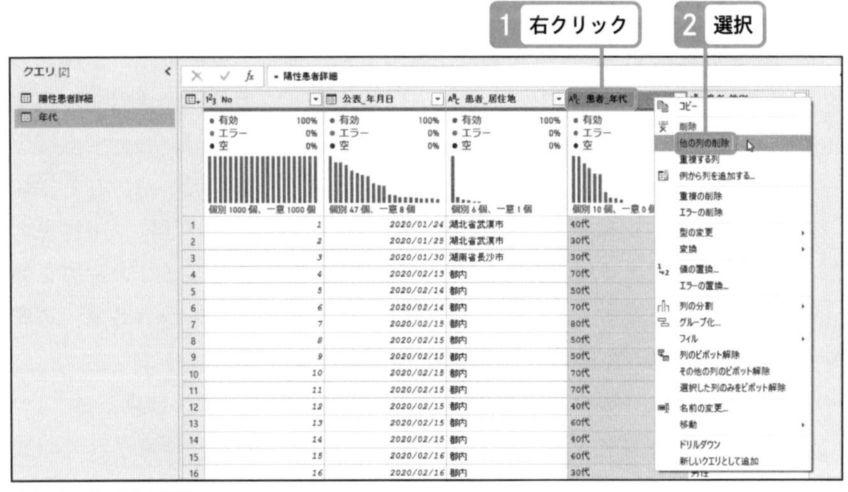

図6.18　他の列の削除

［患者_年代］列のみになったので、一意の値にするため、重複の削除を行います。

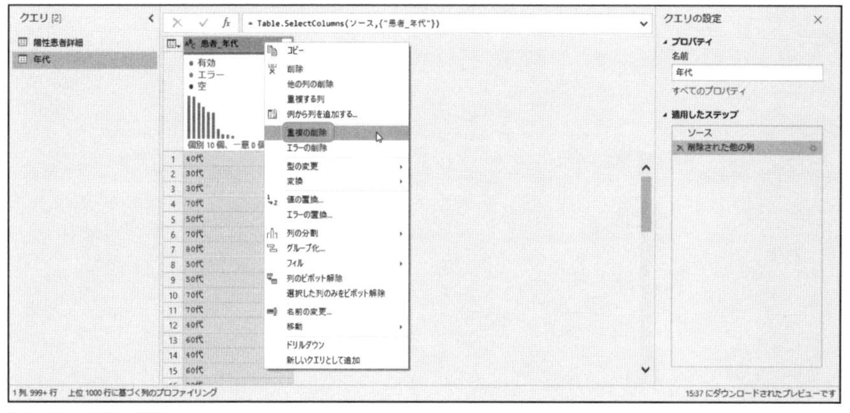

図6.19　重複の削除

column

参照で作成されたクエリ

実際の実行時は、参照で作成されたクエリも、自らデータを取りに行くことがあります。[複製]と[参照]でデータソースへデータを取得しに行く実行の動作をコントロールすることはできません。Power Queryが内部的に必要に応じて、実行されますが、ここでは特に意識する必要はないでしょう。

条件列の作成

さて、年代の重複が削除でき、一意になったのですが、このままでは順序がめちゃくちゃです。とはいっても、値で並べ替えても文字列なので、年代順にはなりません。ここは年代の順序を表す数値型の列が欲しいところです。今回は条件列で作成してみましょう。ちょっとだけ面倒ですが、条件列の使い方を押さえておくことにもなりますので、いい機会です。リボンの［列の追加］-［条件列］をクリックしてください。

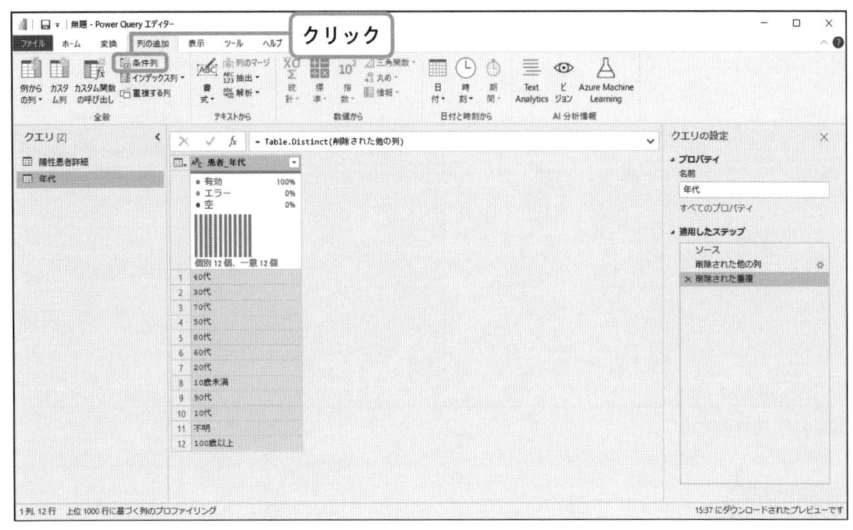

図6.20　条件列

［条件列］をクリックすると、画面が1つ立ち上がります。条件列とは、**新たに列を追加して、条件に応じて新たな列の値を決めることができる**というものです。ここでは［患者_年代］列の値を元にして、順序を表す数値を作成していきます。

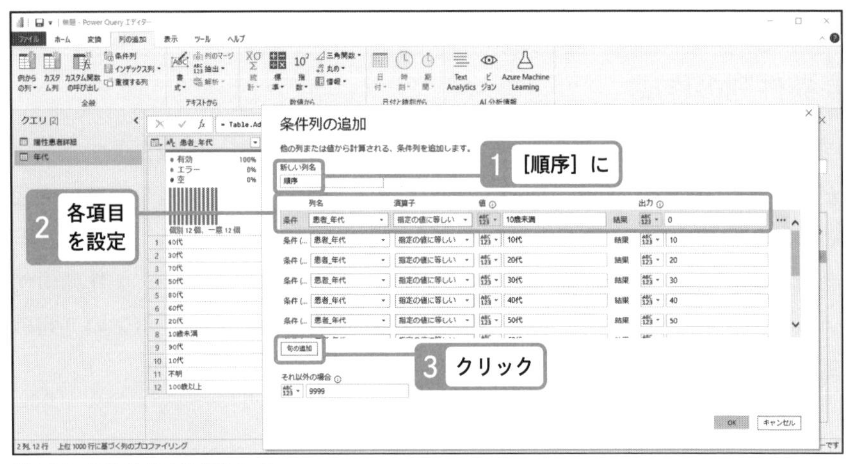

図6.21　順序を表す数値を作成

まずは新しい列の名称を［新しい列名］に入れます。ここでは［順序］としておきましょう。次に、以下のように各項目を設定していきます。

- 列名：［患者_年代］
- 演算子：［指定の値に等しい］
- 値：10歳未満
- 出力：0

そうすると、図6.21の囲み部分のようになりますので、［句の追加］ボタンをクリックして、次の条件を入力します。以降は、値と出力を変えていきます。

表6.1　値と出力

値	出力
10代	10
20代	20
30代	30
40代	40
50代	50
60代	60
70代	70
80代	80
90代	90
100歳以上	100
不明	999

最後に、左下に［それ以外の場合］という欄があります。ここは、条件として指定したものに合致しなかった場合に、どんな値にするかを指定できます。いわゆるIF文でいうところのELSE句です。今回の場合は、想定外の値が入ってきたら気付きやすくするために、9999を入れておきます。

結果として、図6.22のようになります。

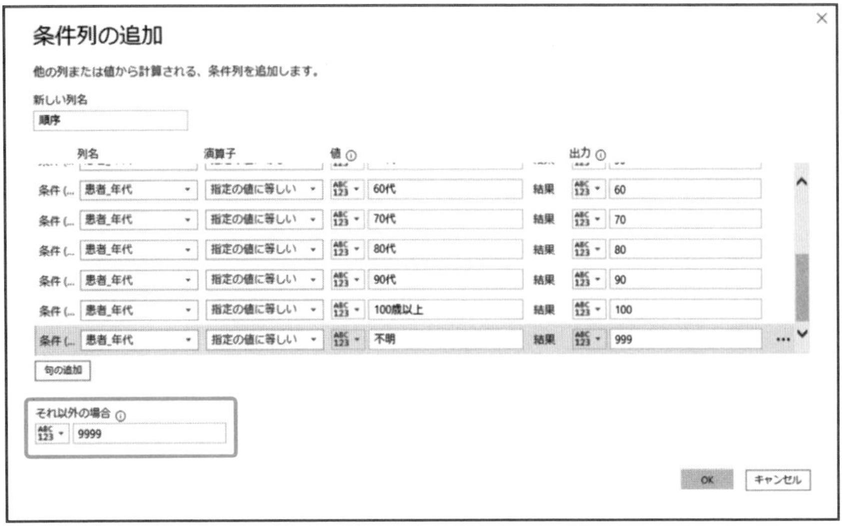

図6.22　条件列を追加した結果

▶ データ型を指定

これで、元の値に対応した数値を持った新しい列「順序」ができました。出来上がった列を見ると、まずデータ型が指定されていません。"type any"と呼ばれるなんでもありの型になっていますので、きちんとデータ型を［整数］に指定します。それから、順序を表す値ですが、同時に［患者_年代］に対するコードでもありますので、やはり1列目にいて欲しいと思います。なので、列の順序を変更します。列の順序は列名をドラッグ&ドロップすることで、変更できます。

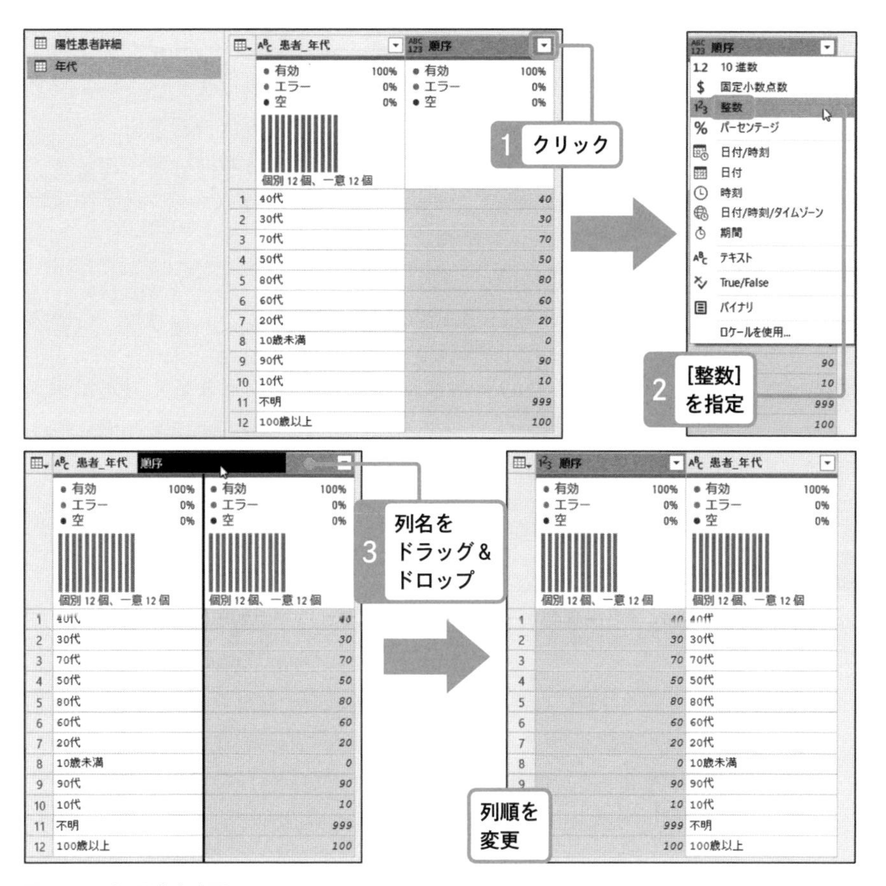

図6.23　列の順序を変更

▶ データの並べ替え

無事に［順序］列が数値型で作成できたので、昇順にしておきます。［順序］列を選択した状態で、リボンの［ホーム］-［並べ替え］の上の方をクリックしてください。［順序］列を元にして、データが並べ替えられましたね。

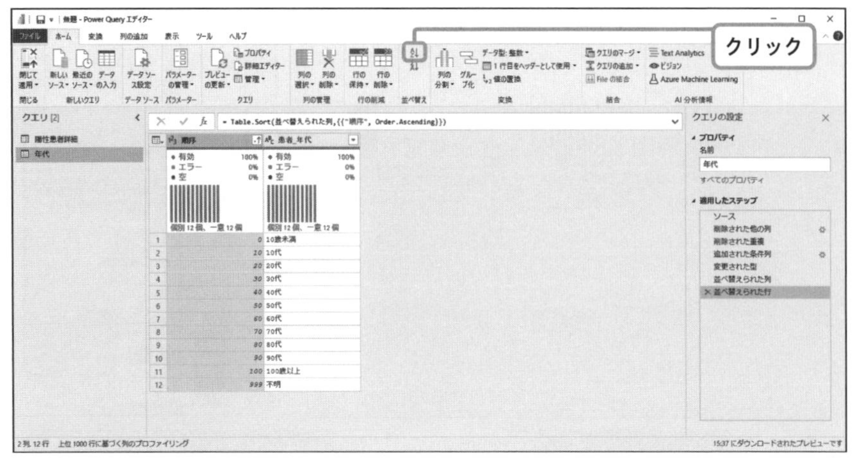

図6.24　昇順に並べ替え

column

並べ替えと結果

本文中ではここで昇順にしていますが、この処理をしなくても結果は変わりません。Power Queryでデータの並べ替えをしても、データの並び順を整えるという観点では実はあまり意味を成しません。データがデータセットに読み込まれると、その順序が保証されないからです。ここがExcelのワークシートと異なる点です。Power BIに限らず、一般的なデータベースでも同様ですが、データを使用するときには特定の列で順序を指定して使用することが基本です。Power Queryでのデータの並び替えは、そのクエリで取得した全データを参照してから順序を整える必要があるので、とてもコストが高い処理だと押さえておいてください。本文中のように、とても行数が少ないディメンションテーブルの場合はそれほど高いコストになりませんが、数万～数十万行というデータで並び替えをするのは避けた方がよいでしょう。

▶ 残りのデータを分ける

さて、ここまでで年代を元のクエリ「陽性患者詳細」から分けることができました。対象の列のみにして、重複を削除し、順序列を追加し、並べ替えることで、ファクトからディメンションを分けて、データを準備しておくことができるというわけです。

元のデータには「患者_居住地」と「患者_性別」もありますので、それらを同じ手順で分けてみてください。

それぞれの結果を参考までに載せておきます。

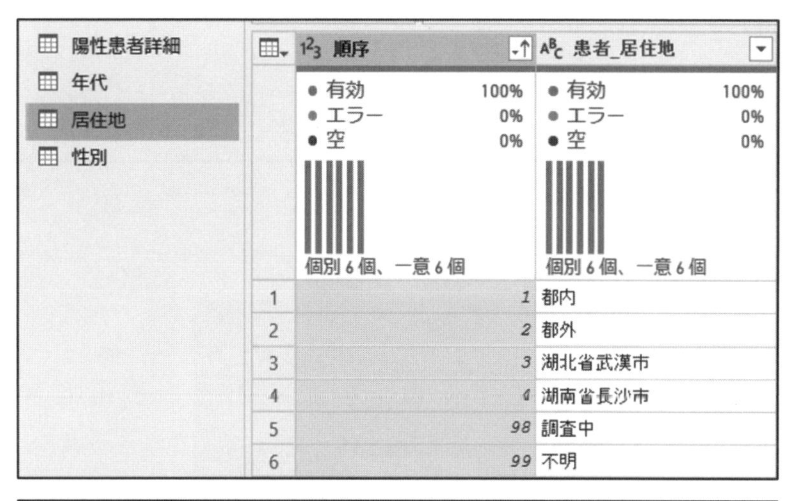

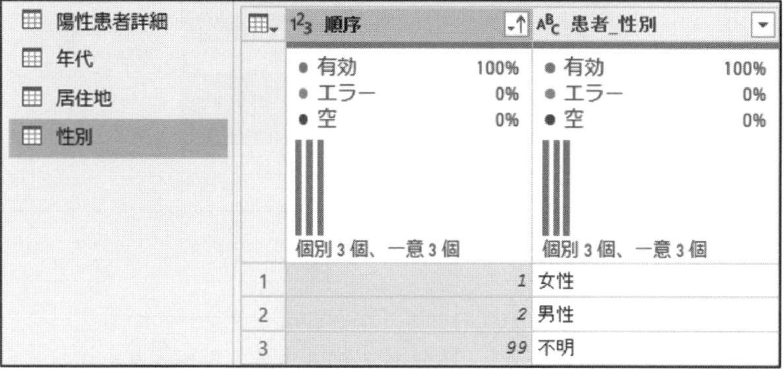

図6.25 「患者_居住地」と「患者_性別」を分ける

クエリの依存関係

ここまでくれば、データ準備は完了です。データ準備の最後に「クエリの依存関係」という便利な画面を紹介しておきます。

リボンの［表示］-［クエリの依存関係］をクリックしてください。別画面が起動します。

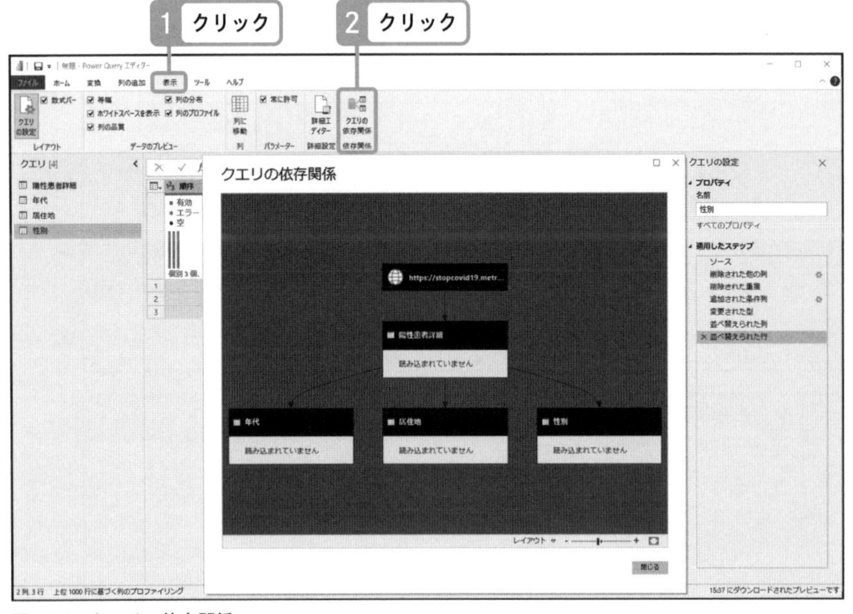

図6.26　クエリの依存関係

クエリの依存関係は、それぞれのクエリがどのデータソースからデータを取得して、どのクエリを元にしているかがわかります。複数のクエリがある場合、非常に便利です。矢印の起点になっている方が元ですから、起点になっている方を変更したり、削除したりすると、矢印の終点になっているクエリが何らかの影響を受けることを意味しています。

今回の例でいうと、「陽性患者詳細」というクエリが、Web上のCSVをURLにて取得していることがわかります。「陽性患者詳細」を参照して、「年代」、「居住地」、「性別」の3つのクエリを作成しましたので、それらのクエリに矢印がつながっていることがわかります。この状態で、クエリ「陽性患者詳細」を削除したら、他の3つのクエリが正常にデータを取得できないことがわかります。

実業務では、ときには数十本のクエリを用意することもあります。そういった場合、この「クエリの依存関係」で意図した通りになっているか確認することはとても重要です。また自分以外の人が作ったpbixファイルをもらったときも、クエリ間の関係が確認できます。

データ準備が完了したので、[閉じて適用] をしましょう。

3 モデリングと可視化

データ準備が終わったので、次はモデリングです。モデリングとは、データモデリングのことで、主に以下を指します。

- テーブル間のリレーションシップの定義
- 新しいテーブルの追加（日付テーブルなど）
- 新しい計算の追加（計算列とメジャー）
- 列やメジャーの名前変更や非表示
- 階層の定義
- 列の書式、既定の概要作成、並べ替え順序の定義
- 値のグループ化またはクラスタリング

同時に可視化（ビジュアライズ）も進めていきます。作業をしてるとわかるのですが、モデリングとビジュアライズは分けることが難しいものです。実際にはモデリングをして、グラフを作成するも、モデリングの不足に気付いて、モデリングに戻り、またグラフに戻って、を繰り返します。

日付テーブルの作成

今回はデータソースに日付テーブルに当たるものがないので、自分で日付テーブルを作る必要があります。実業務で営業日カレンダーなど日付テーブルとして使用できるものがあれば、それを使用してください。**日付テーブルに必要なのは、日付の抜けがなく、日付が一意になっているテーブル**です。Power BIではDAXによって、日付テーブルを作ることができます。

［レポートビュー］でリボンの［モデリング］-［新しいテーブル］をクリックしてください。

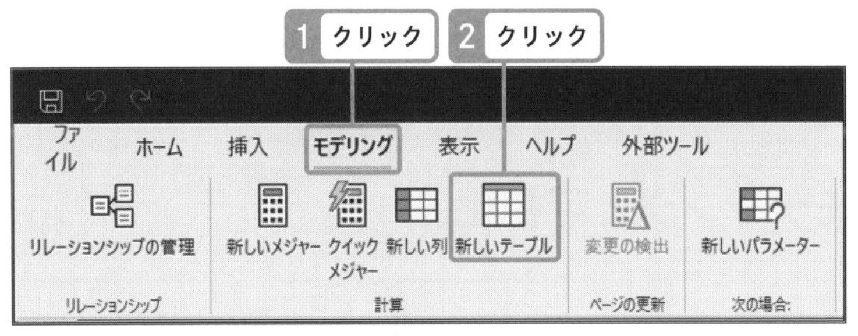

図6.27　［モデリング］-［新しいテーブル］

以下のDAXを入力します。

```
日付 = CALENDAR( MIN( '陽性患者詳細'[公表_年月日] ) , MAX( '
陽性患者詳細'[公表_年月日] ) )
```

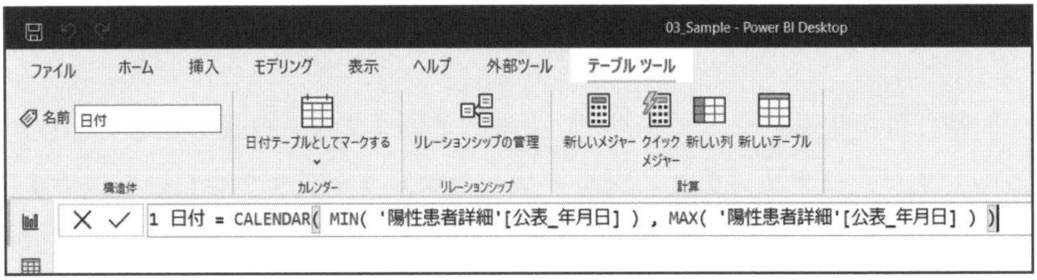

図6.28　DAXを入力

CALENDAR関数

CALENDAR関数は、2つの引数を取り、第1引数にカレンダーの開始日、第2引数にカレンダーの終了日を指定します。余計な日付が作成されるのを防ぐために、「陽性患者詳細」の「公表_年月日」列の最小値と最大値を指定します。

このようにファクトテーブルが日付を保持している場合、その最小日付と最大日付をCALENDAR関数に渡して、日付テーブルを作るととても効率がよいものになります。

日付テーブルに関して公式ドキュメントのURLを記載しておきます。

- Power BI Desktopで日付テーブルを作成する
  https://docs.microsoft.com/ja-jp/power-bi/guidance/model-date-tables

このURLに日付テーブルの要件が記載されています。以下は抜粋です。

1. 日付列と呼ばれるdate型またはdatetime型の列が必要です
2. 日付列の日付は一意である必要があります（重複していてはいけません）
3. 日付列に空白が含まれていてはいけません
4. 日付列に欠落している日付があってはなりません
5. 日付列は年間全体に渡っている必要があります。1年は必ずしも暦年（1月から12月）である必要はありません
6. 日付テーブルは日付テーブルとしてマークされている必要があります

CALENDAR関数を使用すると、上記のうち、1.～4.を網羅できます。1.は日付という名称である必要はなく、任意の名称で大丈夫です。5.ですが、年間全体に渡っている必要があるというのはどういうことでしょうか？

これは最低1年分、つまり**365行以上必要だということ**を表しています。

そして、必ずしも1月1日から始まっている必要はないということです。日本の一般的な年度である4月1日から3月31日までの日付でもOKということです。ポイントは**連続した日付が1年分揃っている**ということです。

ちなみに、今回のデータは2020年1月24日から始まっているので、これを満たしていることになります。またカレンダーの終了日を「陽性患者詳細」が持っている最大の日付にしているので、このデータは毎日1日分が増えることから、常に最新の日付までをカレンダーが保持することになり、最も効率がよいということになります。

さて、6.の「日付テーブルは日付テーブルとしてマークされている必要があります」という要件を満たしましょう。

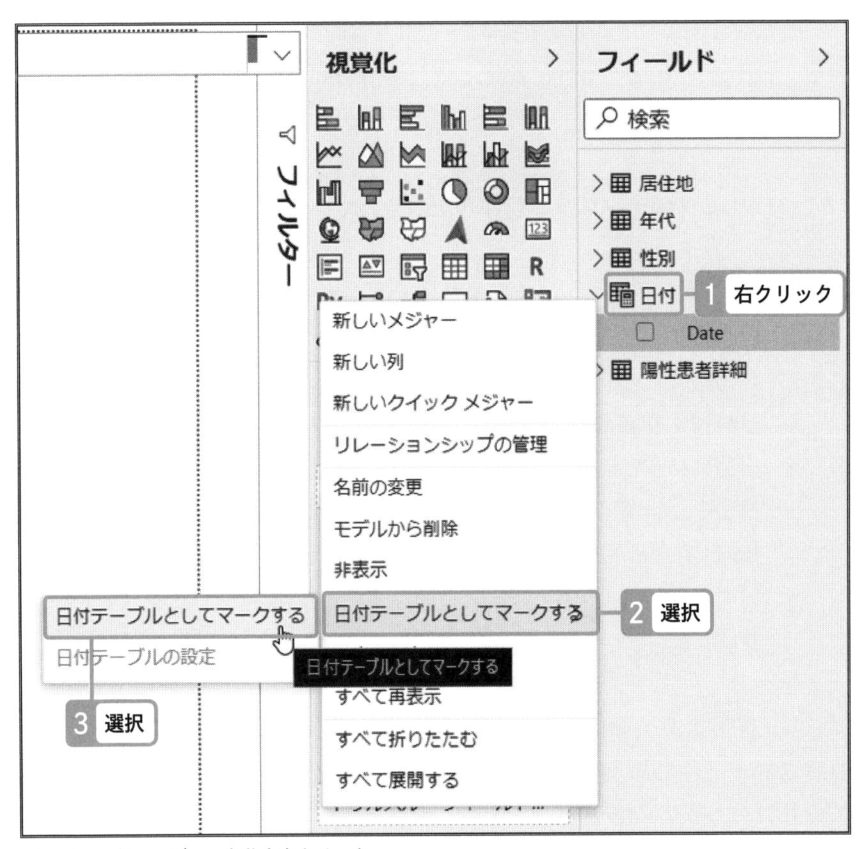

図6.29　日付テーブルの名称を右クリック

日付テーブルとしてマークする

作成した日付テーブルの名称を右クリックして、[日付テーブルとしてマークする] - [日付テーブルとしてマークする] をクリックしてください (前ページの図6.29)。

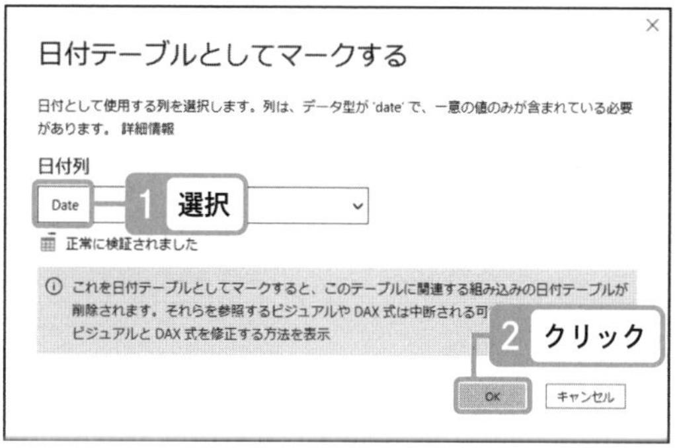

図6.30　日付テーブルとしてマークする

表示された画面で [日付列] として [Date] 列を選択し、[OK] をクリックします。これで、データモデルに対して、今後は日付テーブルの [Date] 列を基準にして、タイムインテリジェンス関数を動作させることができるようになりました。

データ型を日付に変更

作成した日付テーブルに、もう少し設定を加えます。[データビュー] を開いてください。日付テーブルを見ると、[Date] 列の値に"yyyy/MM/dd HH:mm:ss"のように時刻が含まれていることがわかります。これはデータ型が「日付と時刻 (Datetime型)」になっているからです。**日付テーブルの日付に時刻は不要ですので、データ型を「日付 (Date型)」に変更しましょう。**

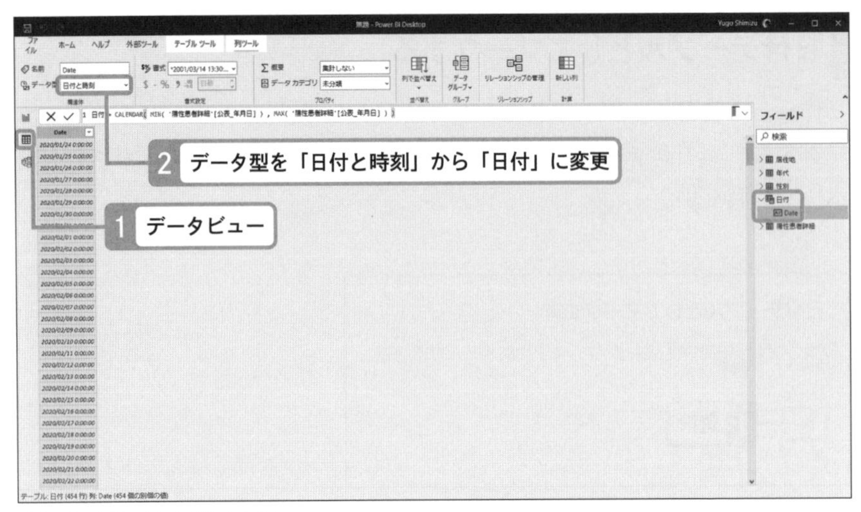

図6.31　日付（Date型）に変更

データ型を「日付（Date型）」に変更すると、時刻が消え、日付だけになったことが確認できます。

column

データ型と実際の値

ここで[Date]列のデータ型を「日付」に変更しましたが、これはあくまでも見た目の話です。Power BIでは「日付と時刻」「日付」「時刻」のどれを選んでも、裏で保持している値は常に"yyyy/MM/dd HH:mm:ss"です。日付テーブルを作成したら、次はファクトテーブルの日付列とリレーションを作成しますが、重要なのはファクトテーブルの日付列が時刻を持っていないことです。これはデータ型を「日付」にすればよいのではなく、実際の値として、"yyyy/MM/dd 00:00:00"と時刻が00時00分00秒になっていることが必要です。

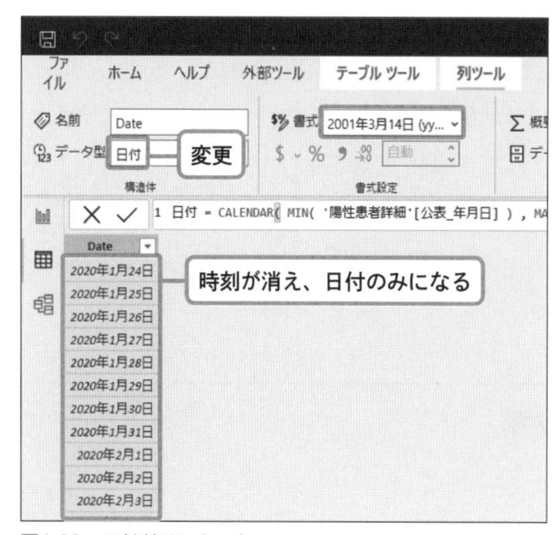

図6.32　日付だけになった

これで日付テーブルの準備は完了です。次は、読み込んだデータに必要な設定をしていきましょう。[モデルビュー] を開きます。

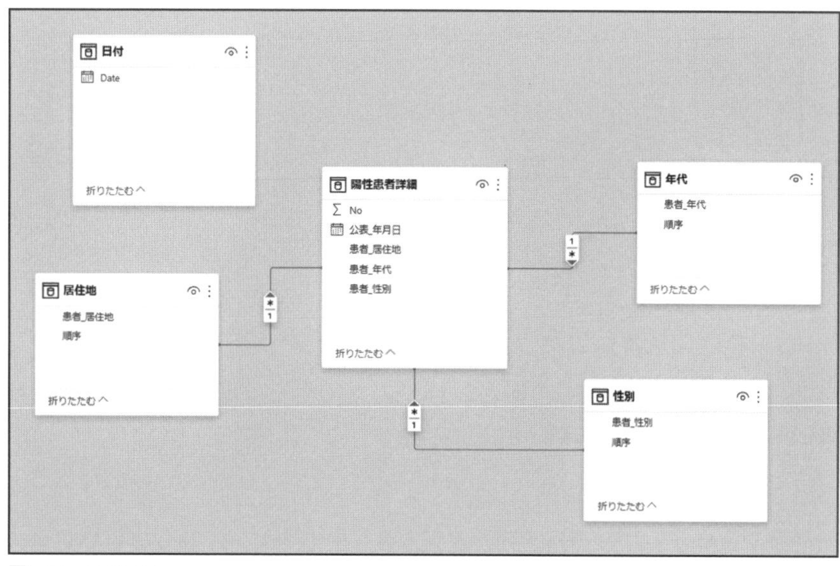

図6.33　モデルビュー

リレーションの作成

追加した日付テーブルのリレーションを作成します。日付テーブルの[Date]とファクトテーブルである「陽性患者詳細」の[公表_年月日]を紐付けます。どちらか一方を選んで、もう一方へドラッグアンドドロップしてください。線が引かれるので、その線をダブルクリックしましょう。リレーションの設定画面が開きます。

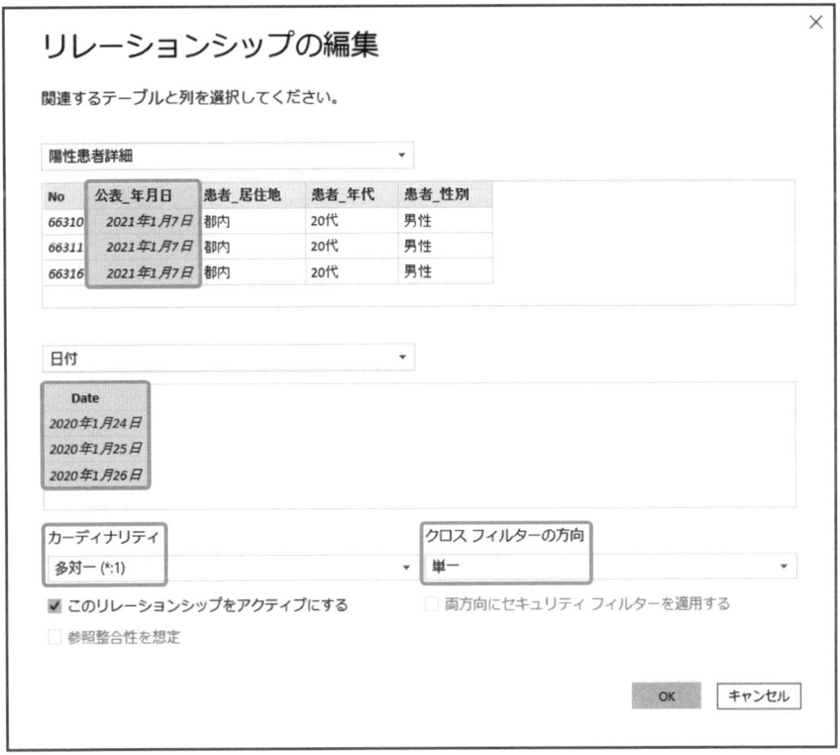

リレーションシップの編集

関連するテーブルと列を選択してください。

陽性患者詳細

No	公表_年月日	患者_居住地	患者_年代	患者_性別
66310	2021年1月7日	都内	20代	男性
66311	2021年1月7日	都内	20代	男性
66316	2021年1月7日	都内	20代	男性

日付

Date
2020年1月24日
2020年1月25日
2020年1月26日

カーディナリティ
多対一 (*:1)

クロス フィルターの方向
単一

このリレーションシップをアクティブにする
両方向にセキュリティ フィルターを適用する
参照整合性を想定

OK キャンセル

図6.34 リレーションシップの編集

それぞれのテーブルの該当列が選択されているので、これらの列でリレーションが作成されている他の列をクリックすると、変更できます。

カーディナリティは、テーブル間の関係性を表します。多対一というのは、左側が上のテーブル、右側が下のテーブルを表します。

クロスフィルターの方向は、フィルターのかかる方向を表します。単一の場合、カーディナリティが一のテーブルから多のテーブルへフィルターがかかります。

同様の方法で、他の線もクリックして、以下のようにリレーションが作成されていることを確認してください。Power BI Desktopでは、デフォルトで同名の列に自動的にリレーションを作成します。意図した通りに作成されていることを確認して、もし間違っていたら、修正してください。

表6.2　リレーションを確認

テーブル	列	方向	テーブル	列
日付	Date	⇒	陽性患者詳細	公表_年月日
居住地	患者_居住地	⇒	陽性患者詳細	患者_居住地
年代	患者_年代	⇒	陽性患者詳細	患者_年代
性別	患者_性別	⇒	陽性患者詳細	患者_性別

列を非表示に

リレーションを確認できたら、次は列を非表示にします。通常**リレーションを設定したファクトテーブルの列は、表やグラフで使用しません**。ディメンションについてはカテゴリーや名称を表す列は表示に使用しますが、それ以外の順序を表す列は不要です。日付テーブルの日付は表示に使用しますので、非表示にする必要はありません。非表示にする列は以下です。

表6.3　非表示にする列

テーブル	列
居住地	順序
年代	順序
性別	順序
陽性患者詳細	公表_年月日
陽性患者詳細	患者_居住地
陽性患者詳細	患者_年代
陽性患者詳細	患者_性別

複数の列を非表示にする場合は、第5章の第4節「もうひとつ作ってみよう」でやったように列名を検索して、Ctrlキーを押しながら、対象の列を選択するといっぺんに非表示にすることができますが、ここでは列名に共通項があまりないので、テーブルの列をCtrlキーを押しながら順に選んでいく方がいいかもしれません。

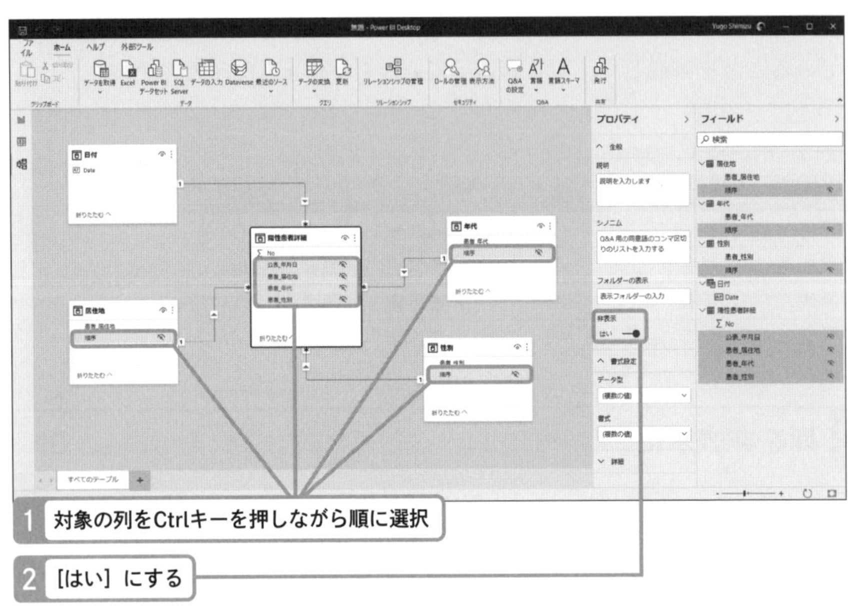

図6.35 Ctrlキーを押しながら順に選んでいく

計算列とメジャー

モデリングとしては、まだまだ続きます。次は「新しい計算の追加（計算列とメジャー）」です。計算列とメジャーについて、おさらいです。どちらもDAX（Data Analysis Expressions）と呼ばれる言語で記述します。DAXは、Power BIの他、Analysis Services、ExcelのPower Pivotでも使用することが可能です。

以下に、計算列とメジャーの説明を記しておきます。

- 計算列
  「新しい列」を追加することで作成可能。テーブルの中で1行で完結する計算の場合に使用
- メジャー
  集計する計算式。集約関数や統計関数と呼ばれる、合計、平均、最大値、最小値、中央値、カウントなどを使用して、特定の値を計算する。より複雑に、計算途中で仮想的にテーブルを作成することも可能

次にDAXの公式ドキュメントを記載しておきます。やはり公式ドキュメントは一読しておくべきです。

- DAXの公式ドキュメント
  https://docs.microsoft.com/ja-jp/dax/

公式ドキュメントの他、英語ですが海外の有志が作成しているDAX Guideもとてもオススメです。

- DAX Guide
  https://dax.guide/

計算列を追加

ここではまず、日付テーブルに計算列を追加しましょう。日付テーブルと聞いて、意外に思われたかもしれません。

通常、計算列でよく出てくる例は、売上テーブルで、商品の単価と数量、値引額を持っている場合に

```
([単価] * [数量]) - [値引額]
```

を計算列として追加しておくと、行単位の売上金額を持つことができ、それをメジャーで集計することで、売上合計が作成できたりします。

他にも文字列連結をして、データとして存在しない値を作り出すこともよくやります。商品コードのアタマにカテゴリーを表す文字列があって、その値だけの列を作ることでカテゴリー列を作成することが可能です。

ここでは、日付テーブルが持つ［Date］からグラフで便利に使えるように、年、月、日を作成しておきます。

［データビュー］を開いてください。

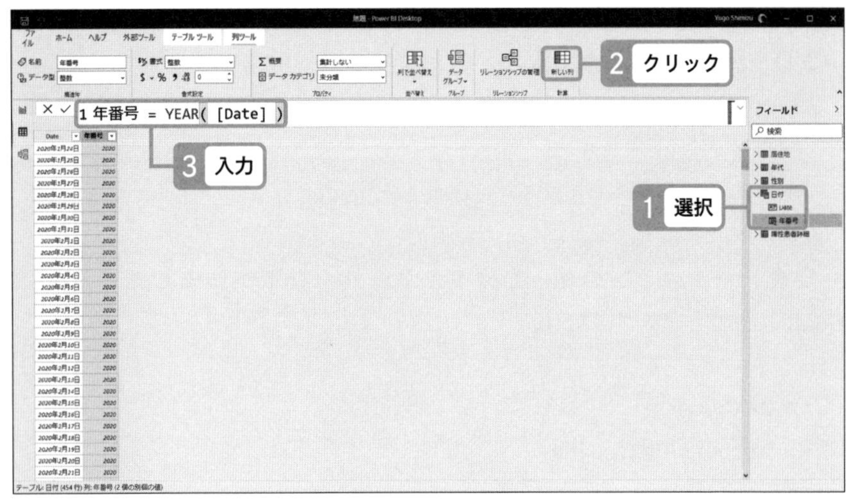

図6.36　新しい列

日付テーブルを選んで、リボンの［新しい列］をクリックし、以下のDAXを入力します。

```
年番号 = YEAR( [Date] )
```

とても簡単な式です。YEAR関数は、引数に指定された日付列の年を数値で返します。数値なので、年番号としておきます。次は「～年」という文字列を作りましょう。

同じように［新しい列］をクリックして、以下の式を入力します。

```
年 = FORMAT( [Date], "yyyy年" )
```

▶ FORMAT関数

FORMAT関数を使用することで、第2引数でフォーマット（書式文字列）を指定することが可能です。使用可能なフォーマットは公式ドキュメントに記載があります。

- FORMAT関数
  https://docs.microsoft.com/ja-jp/dax/format-function-dax

同様に月番号、月、日番号、日という4列を追加してみてください。

```
月番号 = MONTH( [Date] )
月 = FORMAT( [Date], "mm月" )
日番号 = DAY( [Date] )
日 = FORMAT( [Date], "dd日" )
```

とても単純ですね。

今回使用する計算列については以上です。計算列は大きく分けて、1行の中で四則演算をする場合と文字列連結をする場合の2パターンに分けられます。

注意していただきたいのは、他の行を参照することは基本的にできないということです。実際にはエラーにならないで、列が作れてしまうこともあるのですが、その場合に計算結果が正しいことは保証されません。あくまでも1行の中で完結する計算ということを強く意識しておいてください。

1つ前の行の値を参照して累計値を持たせるなど、初心者の方がよくやる間違いの1つです。Excelではそのようにやることもありますが、Power BIではそういった他の行を参照して計算するのは、計算列（新しい列の追加）ではなく、メジャーで用意します。ということで、続いてメジャーを用意しましょう。

メジャーを作成

メジャーを作るために、［レポートビュー］に移動しましょう。［データビュー］でもメジャーを作成することはできるのですが、作成したメジャーは正しく計算されているのか確認する必要があります。その際、ビジュアルの中で使用すると、すぐに確認が可能なので、［レポートビュー］の方が都合がよいのです。

今回のレポートは、東京都の新型コロナウイルス陽性者のデータですから、何はともあれ陽性者数を計算したいですよね。ところが、ファクトテーブルである「陽性患者詳細」には数値はありません。困りましたね。どうすればよいでしょうか？

▶行数をカウント

こういうことは実業務でもあります。売上などいわゆる「業務の数字」を持っていることがほとんどだと思いますが、ログデータやアンケートなど、数字を持たないデータというのは存在します。初めてそういうデータに出会うと、途方に暮れてしまう方がいます。ご安心ください。そういうときは基本に返って、**データをじっくりと見てみる**のです。

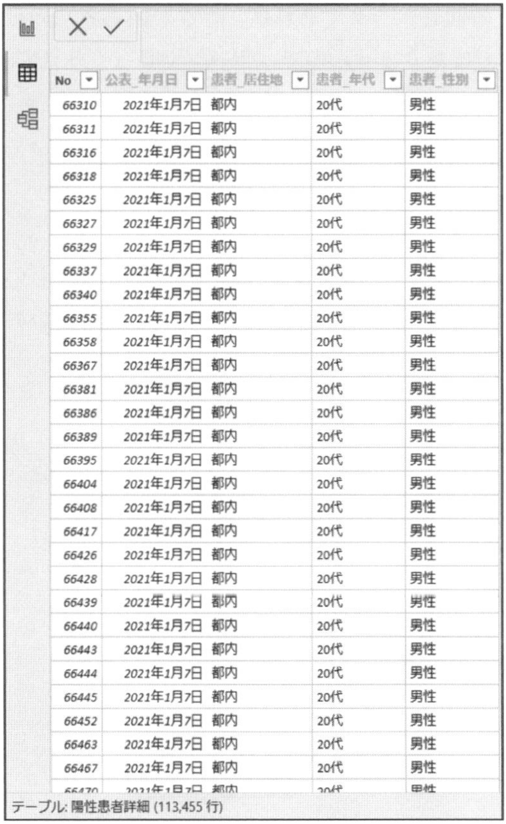

No	公表_年月日	患者_居住地	患者_年代	患者_性別
66310	2021年1月7日	都内	20代	男性
66311	2021年1月7日	都内	20代	男性
66316	2021年1月7日	都内	20代	男性
66318	2021年1月7日	都内	20代	男性
66325	2021年1月7日	都内	20代	男性
66327	2021年1月7日	都内	20代	男性
66329	2021年1月7日	都内	20代	男性
66337	2021年1月7日	都内	20代	男性
66340	2021年1月7日	都内	20代	男性
66355	2021年1月7日	都内	20代	男性
66358	2021年1月7日	都内	20代	男性
66367	2021年1月7日	都内	20代	男性
66381	2021年1月7日	都内	20代	男性
66386	2021年1月7日	都内	20代	男性
66389	2021年1月7日	都内	20代	男性
66395	2021年1月7日	都内	20代	男性
66404	2021年1月7日	都内	20代	男性
66408	2021年1月7日	都内	20代	男性
66417	2021年1月7日	都内	20代	男性
66426	2021年1月7日	都内	20代	男性
66428	2021年1月7日	都内	20代	男性
66439	2021年1月7日	都内	20代	男性
66440	2021年1月7日	都内	20代	男性
66443	2021年1月7日	都内	20代	男性
66444	2021年1月7日	都内	20代	男性
66445	2021年1月7日	都内	20代	男性
66452	2021年1月7日	都内	20代	男性
66463	2021年1月7日	都内	20代	男性
66467	2021年1月7日	都内	20代	男性
66470	2021年1月7日	都内	20代	男性

テーブル: 陽性患者詳細 (113,455 行)

図6.37　データをじっくりと見る

今回のデータはこういう感じで、陽性者のデータが並んでいます。図6.37左下に113,455行とありますので、それだけのデータがあります。さて、**この1行がいったい何を表しているでしょうか？**

改めて聞かれると「？」となったりしますよね。でも落ち着いて考えればわかります。そう、**この1行は陽性者1人を表しています**。つまり、画面左下の113,455行が陽性者数なのです。

こういうデータの場合は、**行数をカウントすればよいのです**。数値を持っていないデータでも、行数をカウントすることは可能です。先ほど例に挙げたログデータやアンケートデータなどでも同様の考え方が通用します。

例えば、サーバーのアクセスログであれば、行数がアクセス数を表しているかもしれません。アンケートの回答データであれば、行数が回答者数の可能性があります。これらは絶対ではありませんので、データをじっくり見て、仕様や定義を確認できるのであれば、確認してください。確認が取れたら、行数をカウントするメジャーを作りましょう。

▶COUNTROWS関数

それでは行きます。「陽性患者詳細」テーブルを右クリックして、[新しいメジャー] をクリックします。このテーブルの行数をカウントすればよいのですから、DAXはとてもシンプルです。

```
陽性者数 = COUNTROWS( '陽性患者詳細' )
```

図6.38　行数をカウントする

COUNTROWS関数を使用して、「陽性患者詳細」テーブルの行数をカウントします。数値が正しいことを確認するために、カードを置いて、今作成した [陽性者数] を指定します。おそらくデフォルトだと「113K」のように値が千単位で表示されてしまうので、カードの書式で [表示単位] を「なし」にすることで、1の位まで値が表示されます。ついでにリボンで桁区切りを [陽性者数] メジャーに指定しておきましょう。

▶スライサーで［Date］を指定

こうすることで、先ほど［データビュー］で確認したデータ件数と一致していることが確認できますね。さらに日付テーブルとのリレーションが正常に働くかも確認しておきましょう。カードの横にスライサーを置いて、日付テーブルの［Date］を指定します。そして2021年1月1日以降にしておきます。私の場合は、53,143人です。では、［データビュー］で確かめましょう。

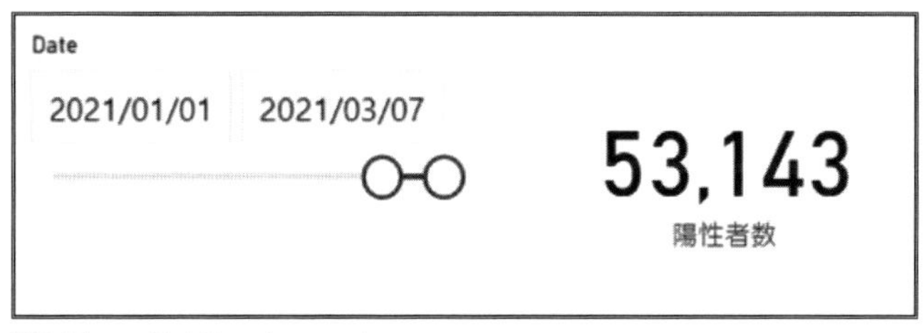

図6.39　スライサーでフィルター

▶カスタムフィルター

［データビュー］では列名の横の［▼］でフィルターをかけられます。カスタムフィルターを選ぶと、図6.40のような日付フィルターが出てきますので、スライサーと同様に2021年1月1日以降にします。

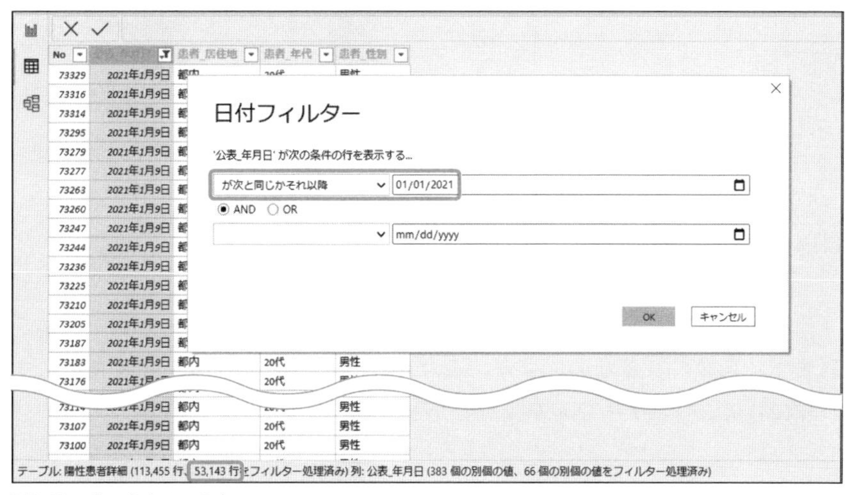

図6.40　カスタムフィルター

そして、画面左下を見ると、［レポートビュー］で絞り込んだ数字と同じく、53,143となりました。スライサーに指定したのは、日付テーブルの［Date］ですから、これで日付テーブルと「陽性患者詳細」とのリレーションが正常に働いていることが確認できました。

［陽性者数］メジャーはこれでOKです。

グラフの動きを確認

もう少しビジュアルを作成して、Power BIでの、グラフの動きを確認してみましょう。集合縦棒グラフを選択して、軸に日付テーブルの［年］と［月］を、値に［陽性者数］を指定します。またマトリックスの行に［年］と［月］を、値に［陽性者数］を指定します。

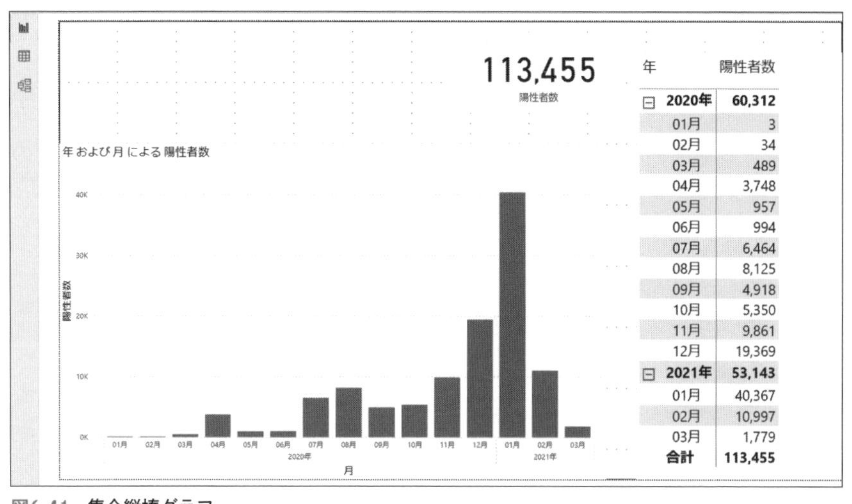

年	陽性者数
⊟ 2020年	60,312
01月	3
02月	34
03月	489
04月	3,748
05月	957
06月	994
07月	6,464
08月	8,125
09月	4,918
10月	5,350
11月	9,861
12月	19,369
⊟ 2021年	53,143
01月	40,367
02月	10,997
03月	1,779
合計	113,455

図6.41　集合縦棒グラフ

それぞれ同じ列とメジャーを選択したわけですが、年月ごとに値が表示されます。当然のことなのですが、これが、Power BIできちんとスタースキーマにして、日付テーブルを用意したときのパワーです。

▶メジャーを見直す

メジャーではとても単純な、1行のDAXによって行数をカウントしているだけですが、日付テーブルの年月を軸に指定することで、年月ごとの値を計算して表示をしてくれます。この動きを把握していないで、「年月ごとの値を表示してください」と依頼されたら、年月ごとの値を計算するDAXを考えてしまいがちです。事実、仕事でコンサルティングをしていて、そういった方を非常に多く見てきました。そういうときに、「まずはモデリングから見直しましょう」というと、相手は必ず不思議そうな顔をされます。

当然ですよね。この動きを理解していなければ、なぜモデリングから見直さなければならないのか、わかるはずがありません。[モデルビュー] を見ると、十中八九、リレーションがなかったり、日付テーブルがなかったりします。あるいは、リレーションがあっても適切ではなかったり、スタースキーマが不完全だったりします。また、データの整理が不十分だったりもします。

エンジニアの方でも、この仕様を把握されていない方が非常に多くいます。特にDBに精通していて、SQL文が普通に扱える方からすると、Group By句も書いていないのに、年月ごとの値が表示されることにとても驚かれます。

この辺りが、モデリングの醍醐味であると同時に、ハードルを上げているところかもしれません。

ビジュアルとDAX Query

ちなみに、ビジュアルが更新された際にどうやって計算されているかを確認することが可能です。リボンの [表示] - [パフォーマンスアナライザー] - [記録の開始] - [ビジュアルを更新します] と順にクリックして、[マトリックス] を開いて、[クエリのコピー] をクリックし、メモ帳に貼り付けてください。

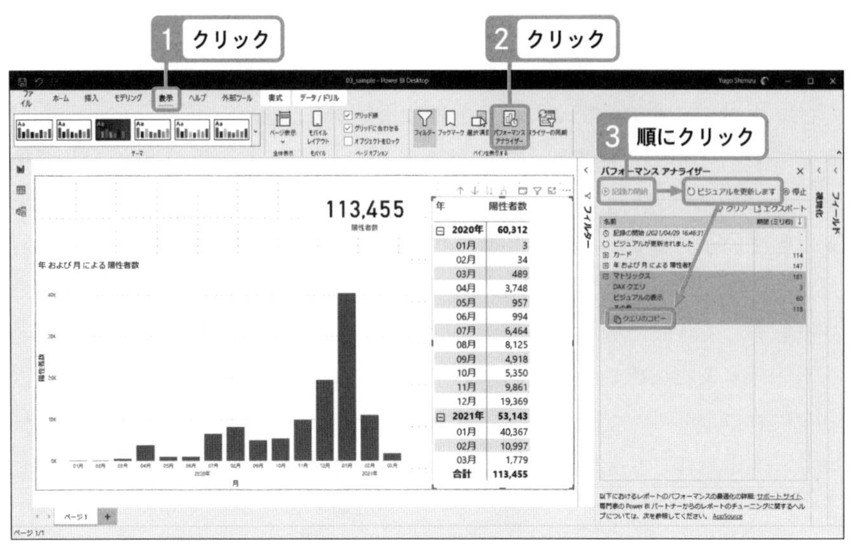

図6.42　クエリのコピー

```
// DAX Query
DEFINE
  VAR __DM3FilterTable =
    TREATAS({"2020年",
      "2021年"}, '日付'[年])

  VAR __DS0Core =
    SUMMARIZECOLUMNS(
      ROLLUPADDISSUBTOTAL(
        '日付'[年], "IsGrandTotalRowTotal",
        '日付'[月], "IsDM1Total", NONVISUAL(__
DM3FilterTable)
      ),
      "陽性者数", '陽性患者詳細'[陽性者数]
    )
```

```
  VAR __DS0PrimaryWindowed =
    TOPN(502, __DS0Core, [IsGrandTotalRowTotal], 0, '日
付'[年], 1, [IsDM1Total], 0, '日付'[月], 1)

EVALUATE
  __DS0PrimaryWindowed

ORDER BY
  [IsGrandTotalRowTotal] DESC, '日付'[年], [IsDM1Total]
DESC, '日付'[月]
```

すると、こんなDAX Queryがコピーされます。そう、ビジュアルの表示にはDAXによって計算された値が使われているのです。裏ではDAXによってこういった計算がされているから、ビジュアルに適切な値が表示されるのです。これはビジュアルによって、クエリが異なります。集合縦棒グラフのDAX Queryはこんな感じです。

```
// DAX Query
DEFINE
  VAR __DS0Core =
    SUMMARIZECOLUMNS('日付'[年], '日付'[月], "陽性者数", '陽
性患者詳細'[陽性者数])

  VAR __DS0PrimaryWindowed =
    TOPN(1001, __DS0Core, '日付'[年], 1, '日付'[月], 1)

EVALUATE
  __DS0PrimaryWindowed
```

```
ORDER BY
    '日付'[年], '日付'[月]
```

これらのクエリを解説することはしませんが、興味がある方は調べてみてください。とても勉強になります。

累計のメジャー

さて、話を戻します。陽性者数のメジャーができたので、次は累計のメジャーを作りましょう。累計の考え方ですが、図6.43を見てください。

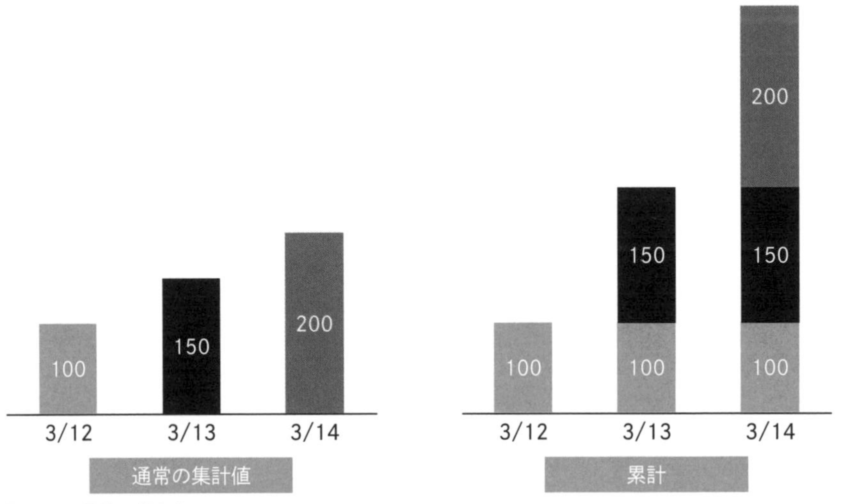

図6.43　累計の考え方

日付単位の集計値と累計を考えてみると、以上のようになります。累計は、日付単位で見た場合、当日までのすべての集計値を加算したものです。わかっている人にとっては「当たり前じゃん」と思うかもしれませんが、とても重要な考え方です。なぜなら、これをそのままDAXで表現すればいいからです。

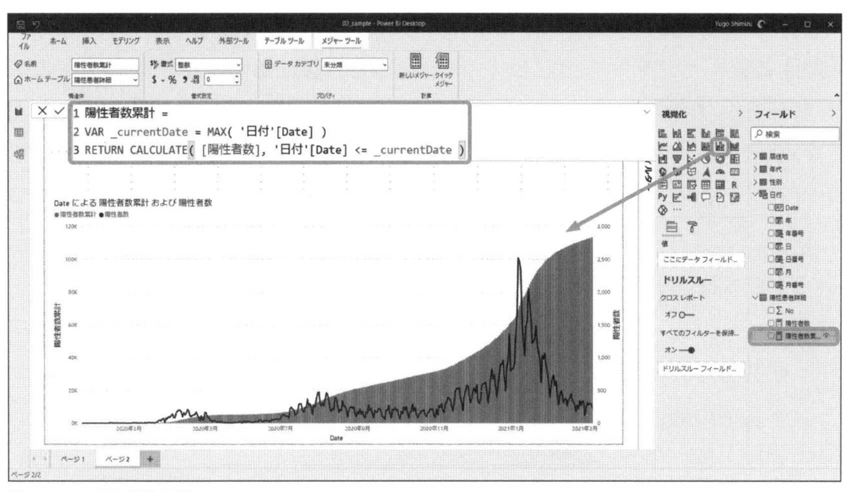

図6.44　陽性者数累計

```
陽性者数累計 =
VAR _currentDate = MAX( '日付'[Date] )
RETURN CALCULATE( [陽性者数], '日付'[Date] <= _currentDate
)
```

［新しいメジャー］でDAXをこのように入力します。先ほどの考え方をそのまま表現しています。Power BIのグラフでは、日付テーブルとのリレーションが適切に設定されていれば、軸に日付を指定することで、値は日付ごとに集計されます。先ほど集合縦棒グラフやマトリックスで確認した通りです。

その値がメジャーであれば、メジャーで記述された通りに計算してくれます。そして軸に日付があれば、その一点で日付テーブルの最大値を取得すると、その時点における日付が取得できます。これが2行目の`VAR _currentDate = MAX( '日付'[Date] )`です。VARというのは変数を表し、その次に任意の名称を書くことで、それが変数名になります。ここでは`MAX( '日付'[Date] )`とすることで、その時点の日付を取得しています。3行目で

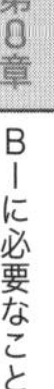

CALCULATE関数によって、累計値を集計しているのですが、第1引数には［陽性者数］メジャーを指定しています。第2引数は条件になりますが、ここで日付テーブルの[Date]が_currentDate以下とすることで、その日までのすべてを指定することになり、結果として、その日までの陽性者数が集計されるということです。

累計のメジャーを作成したら、［折れ線グラフおよび集合縦棒グラフ］というグラフをおいて、

- 共有の軸：日付テーブルの［Date］
- 各棒の値：[陽性者数累計]
- 線の値：[陽性者数]

を指定してください。図6.44のようにグラフが描かれるはずです。これで累計値と当日の陽性者数が表現できましたね。

移動平均

メジャーの作成はまだ続きます。次は「陽性者数7日間移動平均」です。最近、ニュースでも使われている指標ですが、2020年夏に私が東京都のレポートを作成した際に、感染が拡大傾向なのか、あるいは減少傾向なのかがわかるための指標はないかな？　と思って入れました。2020年秋から年末になって、各自治体でも使われるようになったので、統計的にも正しかったんだと、個人的に確認ができて、ホッとしたのを覚えています。

ところで移動平均とはどういうものでしょうか？　Wikipediaによると、『移動平均は、時系列データ（より一般的には時系列に限らず系列データ）を平滑化する手法である。音声や画像等のデジタル信号処理に留まらず、金融（特にテクニカル分析）分野、気象、水象を含む計測分野等、広い技術分野で使われる。有限インパルス応答に対するローパスフィルター（デジタルフィルター）の一種であり、分野によっては移動積分とも呼ばれる。』とあります。

私が使用しているのは、単純移動平均です。つまり、直近の7日間移動平

均とは、最新の日付から7日前までの陽性者数の平均（全部足して7で割る）です。そして、前週の7日間移動平均は、それより前の1週間で同じ計算をします。実際の日付で説明するとこのような感じです。

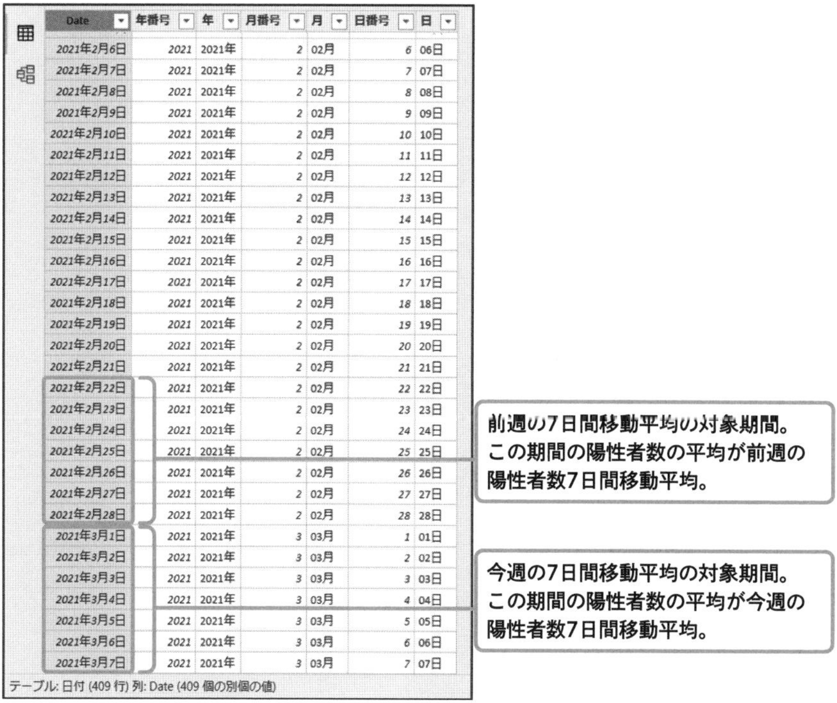

Date	年番号	年	月番号	月	日番号	日
2021年2月6日	2021	2021年	2	02月	6	06日
2021年2月7日	2021	2021年	2	02月	7	07日
2021年2月8日	2021	2021年	2	02月	8	08日
2021年2月9日	2021	2021年	2	02月	9	09日
2021年2月10日	2021	2021年	2	02月	10	10日
2021年2月11日	2021	2021年	2	02月	11	11日
2021年2月12日	2021	2021年	2	02月	12	12日
2021年2月13日	2021	2021年	2	02月	13	13日
2021年2月14日	2021	2021年	2	02月	14	14日
2021年2月15日	2021	2021年	2	02月	15	15日
2021年2月16日	2021	2021年	2	02月	16	16日
2021年2月17日	2021	2021年	2	02月	17	17日
2021年2月18日	2021	2021年	2	02月	18	18日
2021年2月19日	2021	2021年	2	02月	19	19日
2021年2月20日	2021	2021年	2	02月	20	20日
2021年2月21日	2021	2021年	2	02月	21	21日
2021年2月22日	2021	2021年	2	02月	22	22日
2021年2月23日	2021	2021年	2	02月	23	23日
2021年2月24日	2021	2021年	2	02月	24	24日
2021年2月25日	2021	2021年	2	02月	25	25日
2021年2月26日	2021	2021年	2	02月	26	26日
2021年2月27日	2021	2021年	2	02月	27	27日
2021年2月28日	2021	2021年	2	02月	28	28日
2021年3月1日	2021	2021年	3	03月	1	01日
2021年3月2日	2021	2021年	3	03月	2	02日
2021年3月3日	2021	2021年	3	03月	3	03日
2021年3月4日	2021	2021年	3	03月	4	04日
2021年3月5日	2021	2021年	3	03月	5	05日
2021年3月6日	2021	2021年	3	03月	6	06日
2021年3月7日	2021	2021年	3	03月	7	07日

テーブル: 日付 (409 行) 列: Date (409 個の別個の値)

前週の7日間移動平均の対象期間。この期間の陽性者数の平均が前週の陽性者数7日間移動平均。

今週の7日間移動平均の対象期間。この期間の陽性者数の平均が今週の陽性者数7日間移動平均。

図6.45　移動平均の対象期間

　ということは、1つのメジャーの中で、対象期間の日付の最大値と最小値がわかれば、日付テーブルで絞れそうですね。

▶ 最小の日付～最大の日付

こういうちょっと複雑なDAXになりそうなときは一度に計算しないことが重要です。DAXはプログラミングでいうところのデバッグ実行ができないので、段階を経て、途中の計算式が意図した通りに値を返しているか？を確認する必要があります。

ここでは、まず対象期間の「最小の日付～最大の日付」を文字列で取得するメジャーを書いてみましょう。

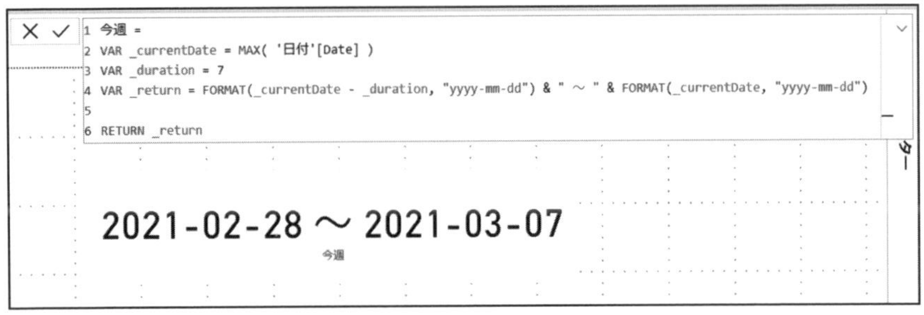

図6.46 「最小の日付～最大の日付」を文字列で取得するメジャー

```
今週 =
VAR _currentDate = MAX( '日付'[Date] )
VAR _duration = 7
VAR _return = FORMAT(_currentDate - _duration, "yyyy-
mm-dd") & " ～ " & FORMAT(_currentDate, "yyyy-mm-dd")

RETURN _return
```

2行目は、先ほどと同様にMAX関数を使用して、その時点の日付を取得しています。同時にこれが、対象期間の最大値になるわけです。

3行目でVAR _duration = 7としています。**Power BIの日付型は整数で足し算または引き算をすると、その分だけ日数をずらした日付を返してくれます**。4行目はFORMAT関数を使用して、文字列連結しているだけです。さて、結果をカードで表示してみます。「あれ？　何か変だぞ…」そう、これじゃダメなんですね。何がダメなのか、わかりますか？

先ほどの日付テーブルのデータの図を見ると、今週は2021年3月1日～2021年3月7日です。ですが、カードに表示されているのは、2021年2月28日からです。最大値の方はOKですが、最小値が間違っています。

これはよくやる間違いです。実際私も何回もやっています。3行目で作った_duration = 7ですが、durationとは期間を表す言葉です。これが7になっているのがよくないわけです。1週間だから7日間と思ってしまうのですが、7個のモノの間隔は6個なんですよね。数えるとわかります。なので、これは6が正解、ということで、修正します。

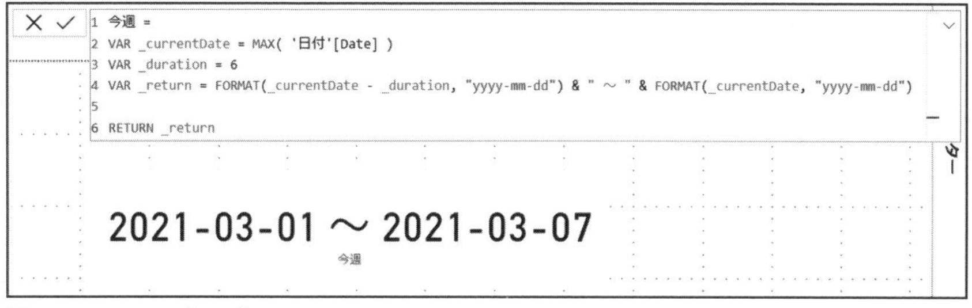

図6.47　durationを6に修正

```
今週 =
VAR _currentDate = MAX( '日付'[Date] )
VAR _duration = 6
VAR _return = FORMAT(_currentDate - _duration, "yyyy-
mm-dd") & " ～ " & FORMAT(_currentDate, "yyyy-mm-dd")

RETURN _return
```

▶ 前週の期間を取得

はい、これで意図した期間の最小値と最大値を求めることができました。今週の期間が取得できたので、次は前週の期間を取得してみましょう。これはとても簡単です。最初の最大値を取得している式から、ある数を引けばいいのですが、皆さんわかりますか？　ヒントは「前週は今週の1週間前」です。ぜひ一度ご自身で試してから、次に進んでください。はい、できましたか？　正解は…

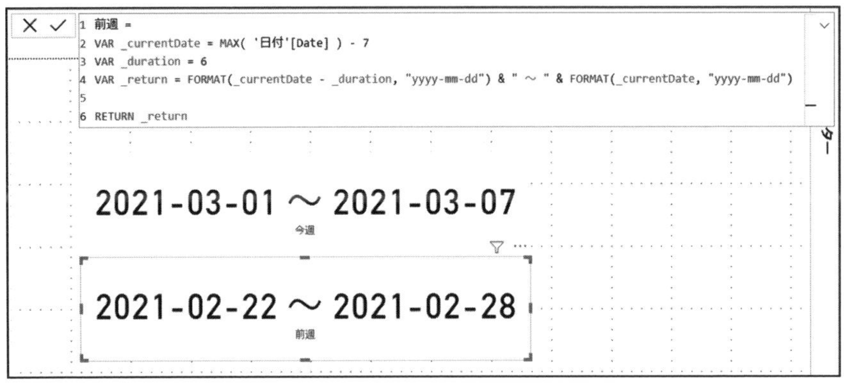

図6.48　前週の期間を取得

```
前週 =
VAR _currentDate = MAX( '日付'[Date] ) - 7
VAR _duration = 6
VAR _return = FORMAT(_currentDate - _duration, "yyyy-mm-dd") & " ～ " & FORMAT(_currentDate, "yyyy-mm-dd")

RETURN _return
```

そう、7を引けばいいのです。画像のようにカードを縦に並べるとわかりやすいかもしれませんね。欲しい日付は2021年2月28日で、元のDAXの最大値は2021年3月7日だから、その差は7ということです。

対象範囲の日付を取得

これで今週と前週の最小値および最大値を取得することができました。次は、これらの日付を使って、対象範囲の日付を取得しましょう。同じくDAXを使用しますが、メジャーではなく、リボンの［モデリング］-［新しいテーブル］で試すことになります。

［新しいテーブル］をクリックして、以下のようにDAXを書きます。［対象範囲］テーブルが新たに追加されたら、ビジュアルのテーブルを配置して、［対象範囲］テーブルの［Date］を表示してください。

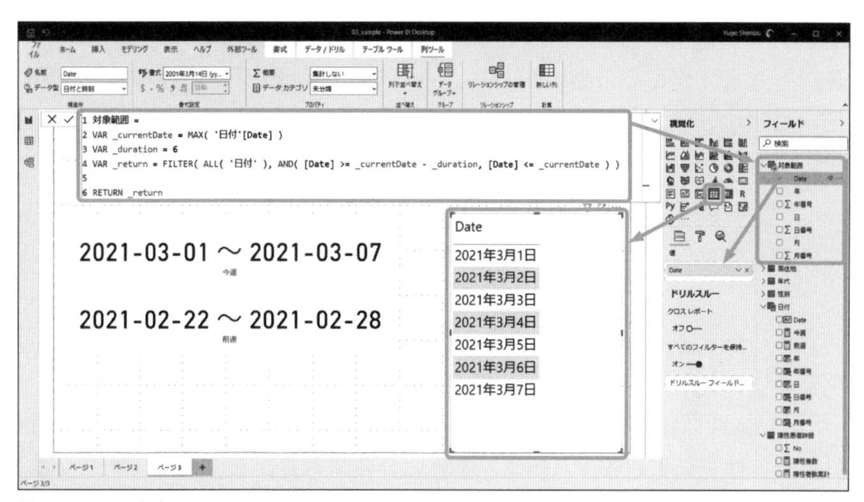

図6.49　Dateを表示

```
対象範囲 =
VAR _currentDate = MAX( '日付'[Date] )
VAR _duration = 6
VAR _return = FILTER( ALL( '日付' ), AND( [Date] >= _
currentDate - _duration, [Date] <= _currentDate ) )

RETURN _return
```

▶ FILTER関数

今週分の対象範囲が取れていることが確認できますね。FILTER関数を使用したわけですが、これはよく誤解される関数の1つです。何が誤解されるのかというと、戻り値です。関数には**それぞれ何を返すのか？　という戻り値**がありますが、その型が勘違いされています。**FILTER関数の戻り値は「テーブル」**です。

- FILTER関数
  https://docs.microsoft.com/ja-jp/dax/filter-function-dax

公式ドキュメントにも「別のテーブルまたは式のサブセットを表すテーブルを返します。」と記載されています。

FILTER関数は第1引数にテーブルを指定し、そのテーブルに対して、第2引数で条件を指定します。結果、条件に合致する行が含まれた「テーブル」が返ってきます。

DAX関数には、テーブルを返す関数とスカラー値と呼ばれるいわゆる「値」を返す関数があります。まずは、これらを意識しましょう。多くの人が**DAXの基本構文や言語仕様を学ばずに、Excelの関数みたいなもんだろうと使い始めてしまいます**。ある程度はそれで使えてしまうのですが、すぐに詰まります。**DAXはれっきとした1つの言語ですから、やはり基本は押**

さえておきたいところです。

DAXリファレンス（https://docs.microsoft.com/ja-jp/dax/）の図で囲んだ部分を一読することをオススメします。

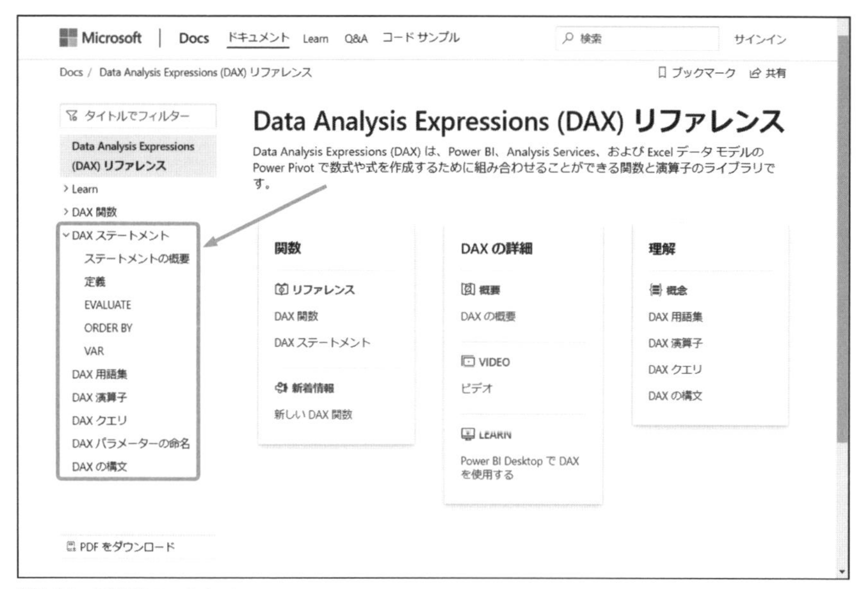

図6.50　DAXリファレンス

平均値を求める

それでは続けましょう。日付テーブルの対象範囲が取れるところまできました。あとはこの対象範囲の日付を条件にして、平均値を求めればいいのです。

一気に行きます。［新しいメジャー］をクリックしてください。

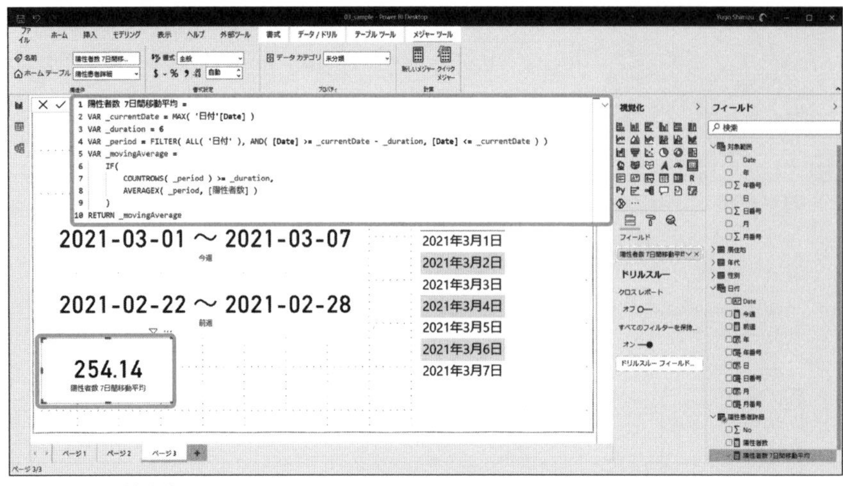

図6.51　平均値を求める

```
陽性者数 7日間移動平均 =
VAR _currentDate = MAX( '日付' [Date] )
VAR _duration = 6
VAR _period = FILTER( ALL( '日付' ), AND( [Date] >= _
currentDate - _duration, [Date] <= _currentDate ) )
VAR _movingAverage =
    IF(
        COUNTROWS( _period ) >= _duration,
        AVERAGEX( _period, [陽性者数] )
    )
RETURN _movingAverage
```

はい、解説です。4行目まではOKですよね。5行目で移動平均を表す変数を用意しています。その中でIF関数を使用しています。`COUNTROWS( _period ) >= _duration`という部分が条件なのですが、これは4行目のFILTER関数で絞り込んだ結果の行数が`_duration`、つまり6行以上かどうかを判定しています。既にデータが溜まっているので、これはなくてもいいのですが、画面のスライサーなどで絞り込んだ結果、例えば5日間しかデータがない場合は、計算をしないようにしているというわけです。

そしてIF関数の第2引数で、いよいよ平均値をAVERAGEX(_period, [陽性者数])で求めています。AVERAGEX関数の第1引数に_periodを指定しています。これは、FILTER関数で絞り込んだ結果ですから、日付テーブルの対象範囲のみ保持するテーブルです。これにより、日付テーブルとのリレーションが働き、対象範囲の陽性者数に絞り込まれます。

column

Iterator関数

集約関数にはXで終わるものがありますが、これらはイテレーター関数(Iterator関数)と呼ばれます。Iteratorとは反復子と訳され、繰り返し処理を実行します。

イテレーター関数は、「指定されたテーブルのすべての行を列挙し、各行に対して特定の式を評価する DAX 関数。これにより、モデルの計算によるデータの要約方法を柔軟に制御できるようになります。」(https://docs.microsoft.com/ja-jp/dax/dax-glossary#iterator-function)と公式ドキュメントに書かれています。

つまり、第1引数で渡されたテーブルの行の1行目をまず取得し、第2引数で指定された計算を実行後、次は2行目を取得して処理を実行し、と繰り返し処理をしていくということです。

AVERAGEX(_period, [陽性者数])を見てみると、第1引数には_periodが指定されています。そして第2引数で[陽性者数]メジャーが指定されているので、その範囲の陽性者数の平均値を返してくれるというわけです。

今週の7日間移動平均ができたら、前週は簡単ですね。先ほど試したように7を引いてしまえばいいわけです。

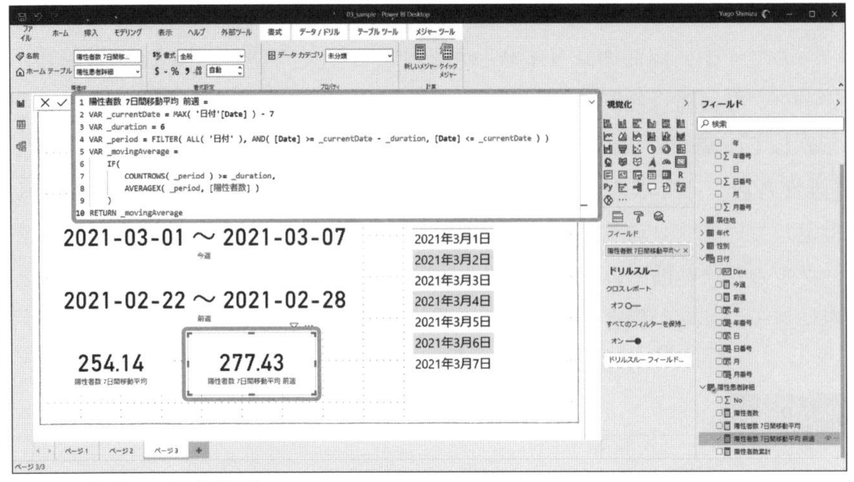

図6.52　前週の7日間移動平均

```
陽性者数 7日間移動平均 前週 =
VAR _currentDate = MAX( '日付'[Date] ) - 7
VAR _duration = 6
VAR _period = FILTER( ALL( '日付' ), AND( [Date] >= _
currentDate - _duration, [Date] <= _currentDate ) )
VAR _movingAverage =
    IF(
        COUNTROWS( _period ) >= _duration,
        AVERAGEX( _period, [陽性者数] )
    )
RETURN _movingAverage
```

これについては、解説は不要ですね。

増加率を求める

さて、今週と前週の7日間移動平均が求められたわけですから、これらを割り算すると対前週比が求められます。いわゆる増加率です。

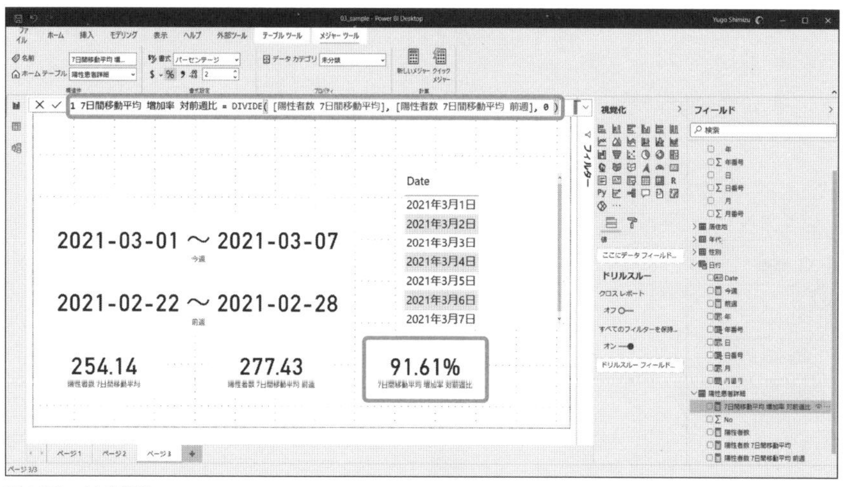

図6.53　対前週比

```
7日間移動平均 増加率 対前週比 = DIVIDE( [陽性者数 7日間移動平均
], [陽性者数 7日間移動平均 前週], 0 )
```

割り算は必ずDIVIDE関数を使用するので、こうなります。ゼロ割を考慮して、第3引数にゼロを指定することをお忘れなく。そして、Power BIではパーセント表示をしたいときは、100をかける必要はありません。小数で求めておいて、リボンの［書式設定］で［%］ボタンをクリックすればよいのです。

後片付け

これでメジャーは揃いました。メジャーを作る際に確認のために作成した以下のメジャーとテーブルは削除しておきましょう。

- 今週
- 前週
- 対象範囲

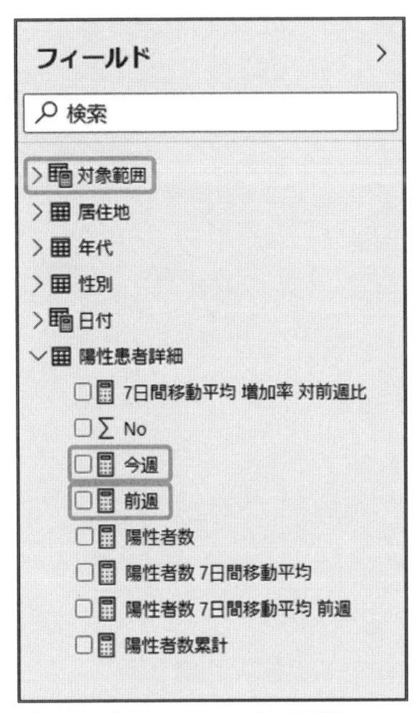

図6.54　メジャーとテーブルを削除

集約と調整

これまでの過程で作成したビジュアルを1つのページにコピーアンドペーストして、集約し、サイズを整えるとこんな感じになります。

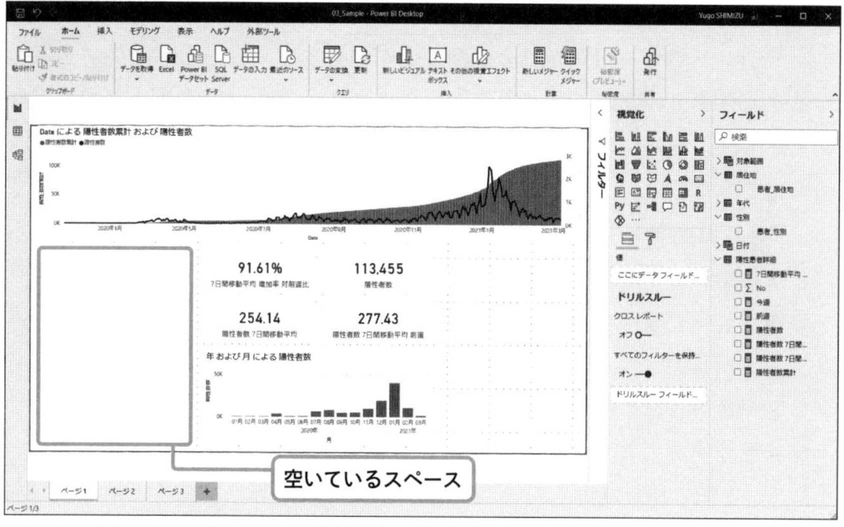

図6.55　ビジュアルを集約してサイズを整えた

左下の空いているスペースに円グラフを2つ置きましょう。両方とも値は[陽性者数]にして、凡例を1つは性別、もう1つは居住地を指定してください。

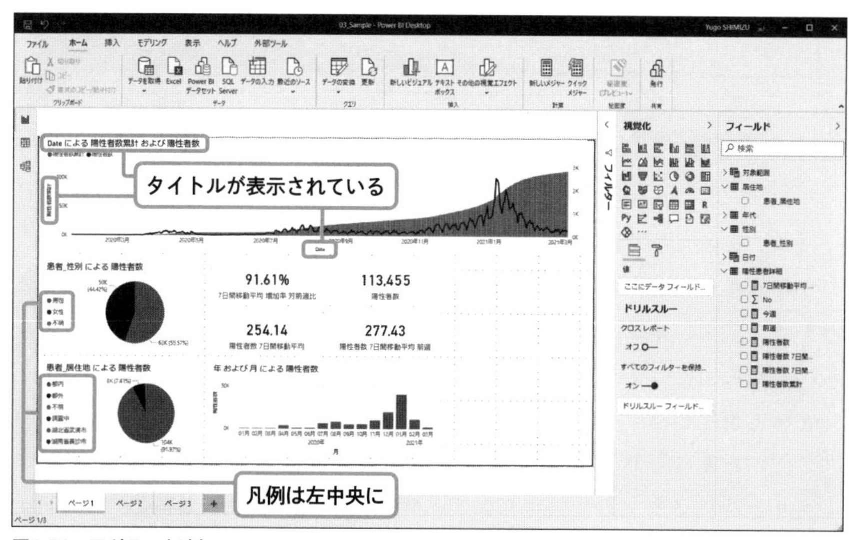

図6.56　円グラフを追加

このように指定した軸で色が分かれます。さてここでビジュアルに関するワンポイントです。円グラフの凡例ですが、デフォルトだと右中央に表示されます。見栄えの問題もありますが、オススメは左中央にすることです。

また上部にある［Dateによる陽性者数累計および陽性者数］のグラフのX軸を見てください。タイトルが表示されています。ご覧になってわかるように、X軸は誰が見ても、日付だとわかります。不要な軸のタイトルは非表示にしましょう。Y軸も同様です。今回は［陽性者数］にフォーカスしてグラフを作成していますので、Y軸に陽性者数と表示しなくてもわかります。次は、左上に注目してください。このグラフにタイトルは必要でしょうか？グラフが陽性者数を表していることはわかりますね。タイトルは非表示にします。そうすると凡例の位置が不自然なので、凡例は下中央にしましょう。そして、Y軸の値に注目してください。累計を表す棒グラフのY軸は値が左に表示されていて、日々の陽性者数を表す折れ線グラフのY軸は値が右に表示されています。累計は右に行くほど積み上げられますから、Y軸の値は反対の方がわかりやすいですよね。これもY軸の設定で変更しましょう。

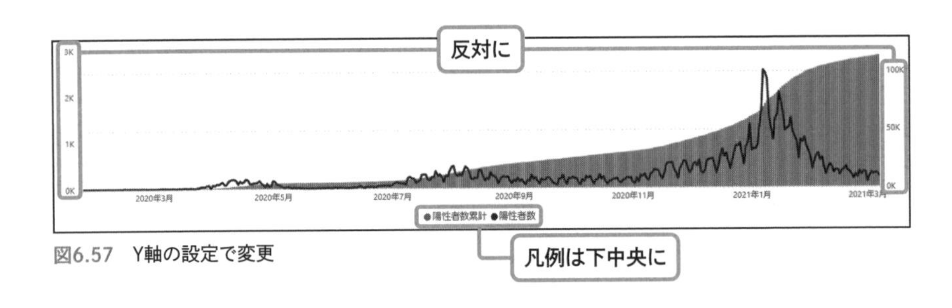

図6.57　Y軸の設定で変更

ほら、スッキリしたでしょう？

タイトルなどのテキストは、なくてもわかるのであれば、非表示にすることをオススメします。人間は文字を目にすると読んでしまうので、文字はなるべく減らしましょう。情報は少ない方がよいのです。見て欲しいのは、データを可視化したチャートのはずですから。

下部にある［年および月による陽性者数］のグラフも同様ですね。グラフのタイトルは必要十分なものに変更し中央に移動します。X軸とY軸のタイトルは不要です。

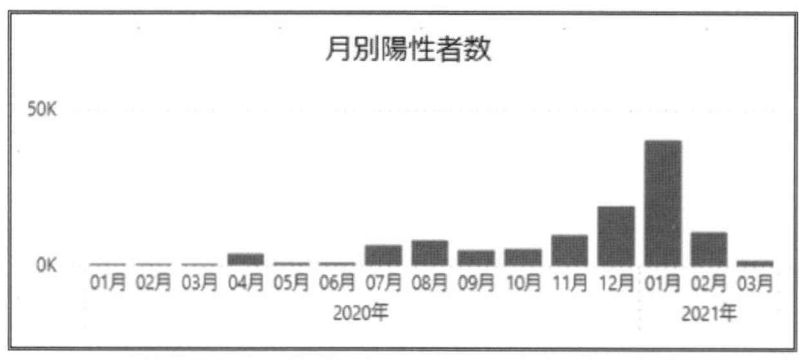

図6.58　同様に変更

ビジュアルに関しては、**情報の取捨選択を厳密にしてください。ノイズになりそうなものはとにかくなくす**ことです。どうしても足し算で考えてしまいがちですが、**引き算で考える**というのがポイントです。

▶ ページ背景

それから、ページ自体の色も検討してください。デフォルトのままだと白いキャンバスにグラフや表を並べていくので、どうしても白が間延びして見えてしまいます。白は目を疲れさせてしまうこともあるので、ページ自体を薄いグレーなどにすると、印象が変わります。

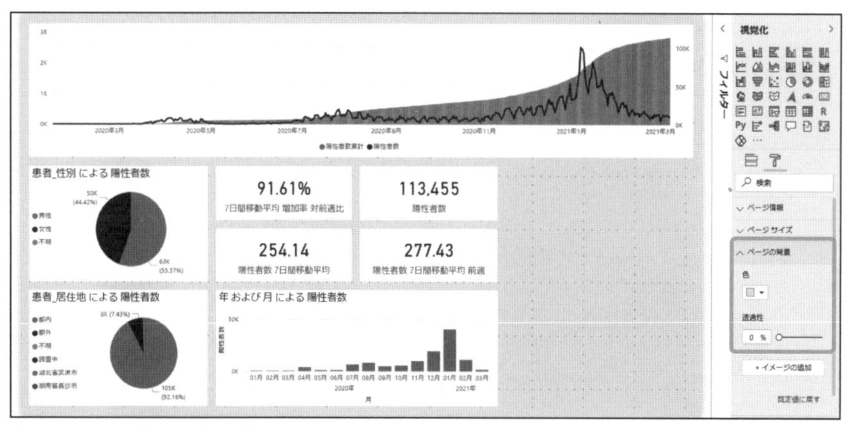

図6.59　ページ自体を薄いグレーに

ページの背景は、ページの何もない箇所をクリックして、書式で［ページの背景］から設定可能です。注意点はデフォルトだと透過性が100%になっているので、0%にしないと色を選択しても変化しないことです。

▶角にRを付ける

ビジュアルをきちんと並べておくと、背景色がビジュアルとビジュアルの境界線のようになり、とても綺麗に見えます。また、これは好みですが、ビジュアルを柔らかい印象にしたい場合は、角にアールを付けます。各ビジュアルの罫線で背景色と同色、またはビジュアルの背景色と同色にして、罫線で［半径］を10pxくらいにしてください。

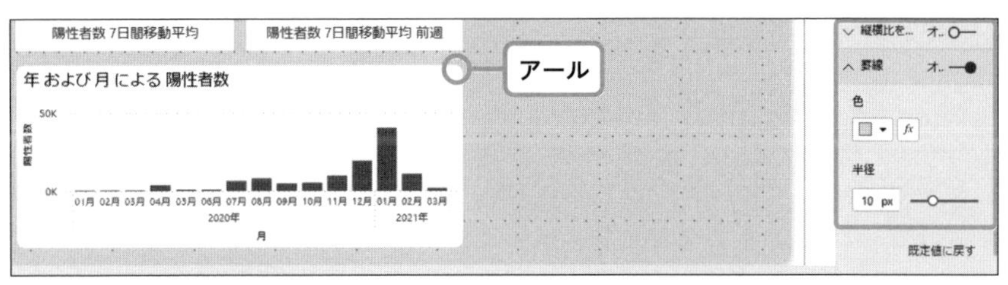

図6.60　角にアールを付ける

そうするとこんな感じで角が丸くなり、柔らかい印象になります。すべてのビジュアルに設定するとこうなります。これは好みですが、こういう方法を知っていると表現の幅が広がります。

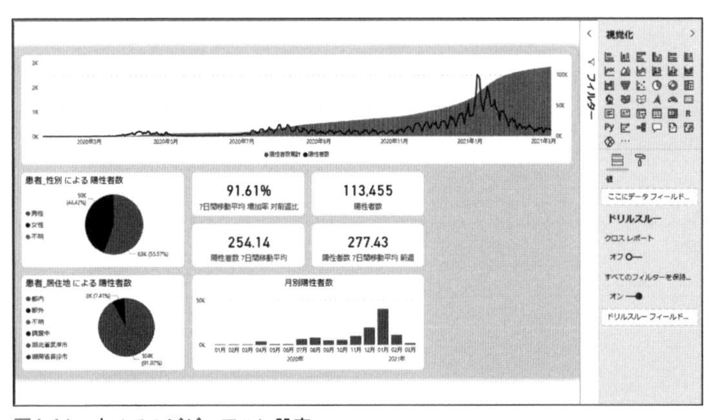

図6.61　すべてのビジュアルに設定

カスタムビジュアルの利用

最後に右下にスペースが空いているのが寂しいので、ここにもビジュアルを置きましょう。せっかくですので、カスタムビジュアルを利用してみましょう。

ビジュアルの最後に［…］があるので、これをクリックしてください。

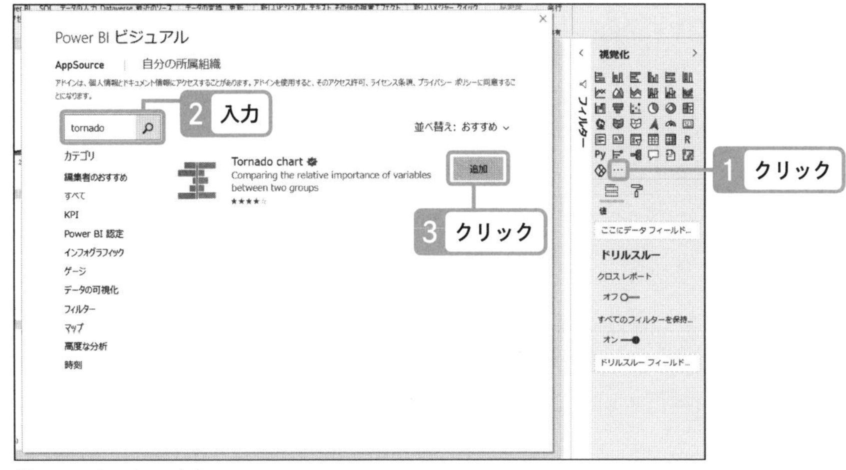

図6.62　カスタムビジュアル

［Power BI ビジュアル］という画面が表示されるので、左側の検索ボックスで“tornado”と入力して検索してください。そうすると“Tornado Chart”が表示されるので、［追加］をクリックしてください。

標準のビジュアルの下に追加されます。

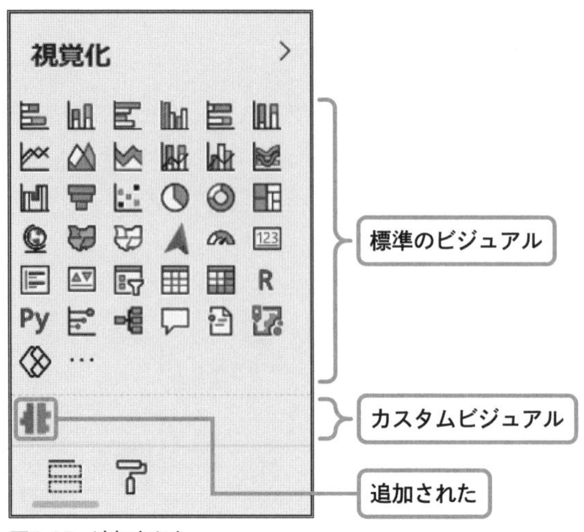

図6.63　追加された

カスタムビジュアルとは、標準のビジュアルでは表現が足りない場合に追加するサードパーティ製のビジュアルです。サードパーティ製といいましたが、Microsoft製のものもあります。Power BI Desktopから追加することもできますし、AppSource（https://appsource.microsoft.com/ja/home）というサイトからダウンロードして追加することも可能です。

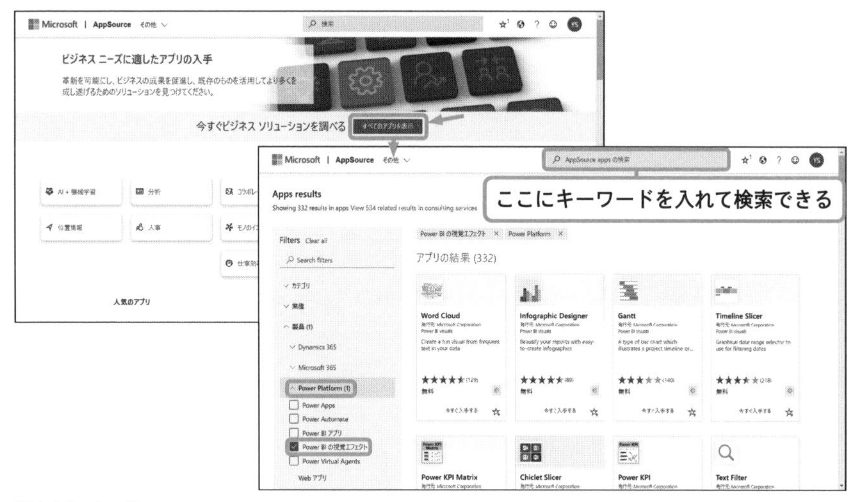

図6.64　AppSource

カスタムビジュアルを使用することで、表現力はグッと増しますが、使い方が難しいものもあります。使い方が知りたい場合は、以下の手順がオススメです。

1. AppSourceで欲しいビジュアルを選択する
2. ［今すぐ入手する］をクリック
3. Power BIアカウント（組織アカウント）でサインイン
4. 表示された画面で［Power BI用にダウンロード］をクリックするのをグッと我慢
5. ［サンプルレポート］リンクをクリック

5.のリンクをクリックすると、pbixファイルがダウンロードできます。これがサンプルレポートで、カスタムビジュアルの開発元による使用例になっています。データも含んでいるので、どういったデータが想定されているかがわかりますので、レポートを開いてください。多くの場合、英語で説明が書かれていますが、英語がわからない場合はGoogle翻訳などに頼りましょう。

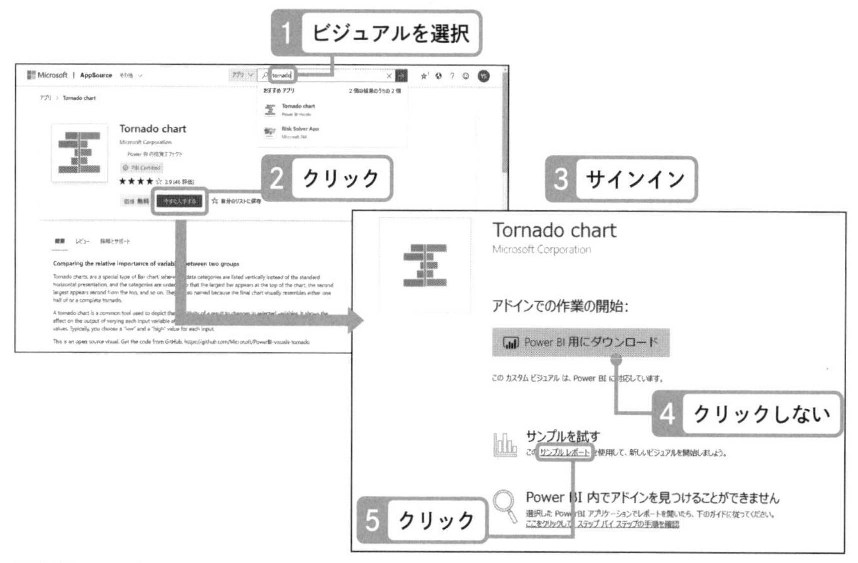

図6.65　sample report

そうして、使い方がわかったら、自身の持つデータが使えそうか判断します。使えそうなら、先ほどグッと我慢した［Download for Power BI］からカスタムビジュアルのファイル（pbiviz）をダウンロードして、先ほどのPower BI Desktopの標準のビジュアルの最後にある［...］-［ビジュアルをファイルからインポート］からインポートします。

▶ Tornado Chart

カスタムビジュアルのインポート方法がわかったところで、Tornado Chartを使用しましょう。

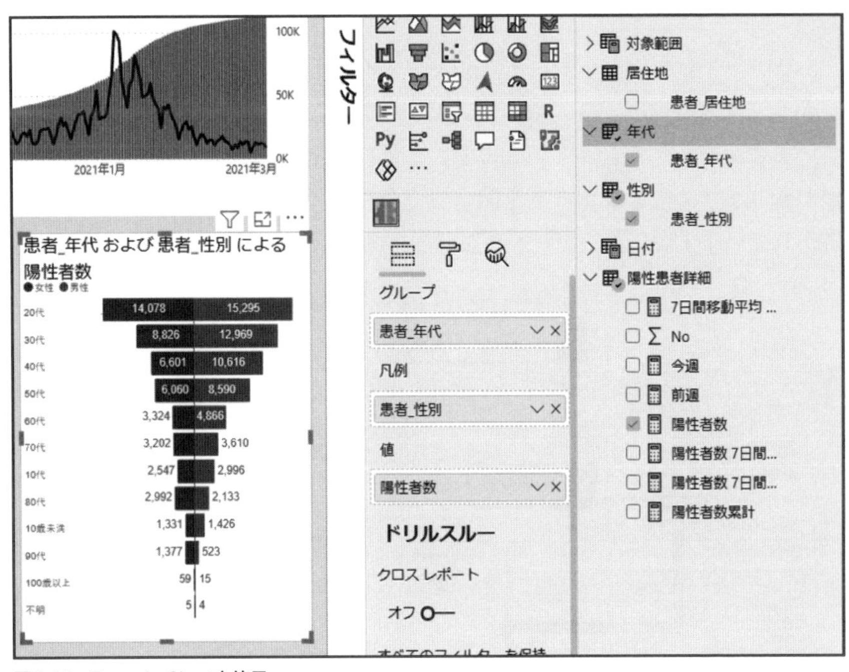

図6.66　Tornado Chartを使用

グループに［患者_年代］、凡例に［患者_性別］、値に［陽性者数］を指定します。そうすると、年代別で性別による色分けをして、陽性者数が表示されるのですが、ちょっと年代の順序と性別の色が不自然ですね。順に修正していきましょう。

年代の順序ですが、これは［データビュー］で修正しますので、［データビュー］を開いてください。［年代］テーブルを開いて、［患者_年代］列をクリック-［列で並べ替え］-［順序］をクリックしてください。こうすることで、［患者_年代］列を［順序］列の番号順で並べることができます。

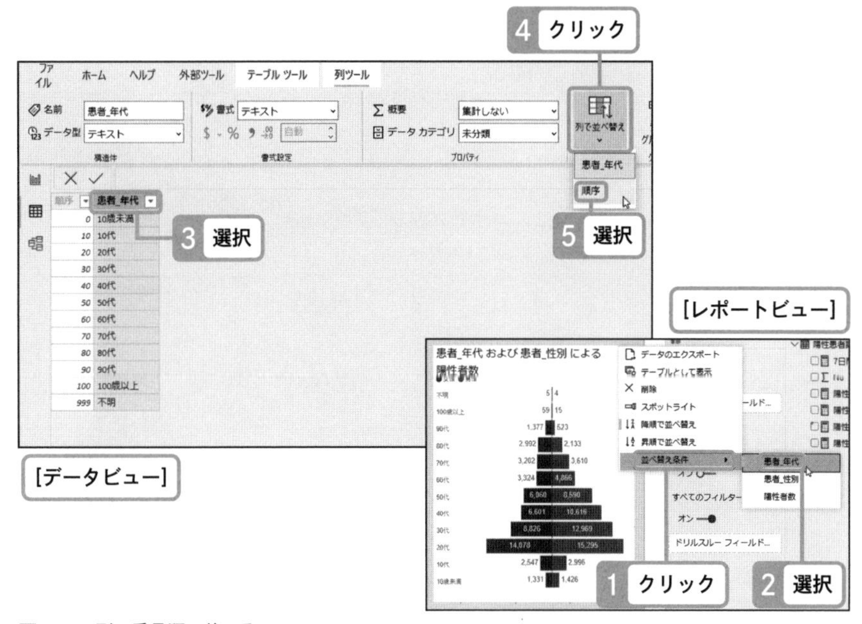

図6.67　列の番号順で並べる

［レポートビュー］に戻り、Tornado Chartを見ると、「あれ？　変わってないじゃん…」と思われた方、大丈夫です。右上の［…］-［並べ替え条件］-［患者_年代］を選択すると、下から上に年代が並んだはずです。

ついでですから、もう一度［データビュー］に戻り、その他のディメンションである［居住地］と［性別］も名称列を順序列で並べ替えるように設定しておきましょう。このためにPower Queryで［順序］列を用意しておいたのですから。

色の調整

さて、もう1つの不自然なところである性別の色を直しましょう。これは簡単ですね。ビジュアルの色の設定を変えればいいのです。そういえば、円グラフも性別を凡例に指定しているので、どうせなら、女性と男性の色を統一しておくと、綺麗ですよね。

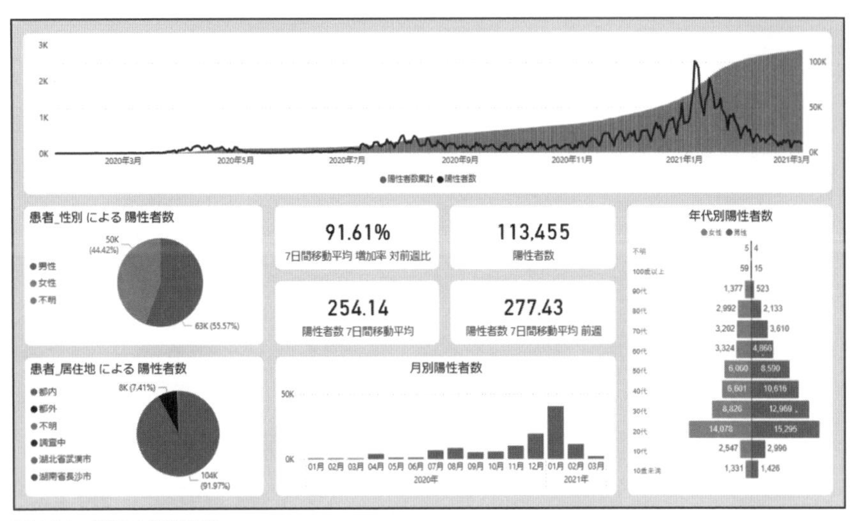

図6.68　性別の色を直す

ディメンション列名の変更

ここまできて、もう1つ気付いてしまいました。ディメンション列名が「患者_」なのは不自然ですね。Power Queryに戻って列名を修正してもいいのですが、これまたご安心ください。テーブルの列名をここで直してしまいましょう。

列を右クリックして［名前の変更］です。3つの列の「患者_」を削除しました。

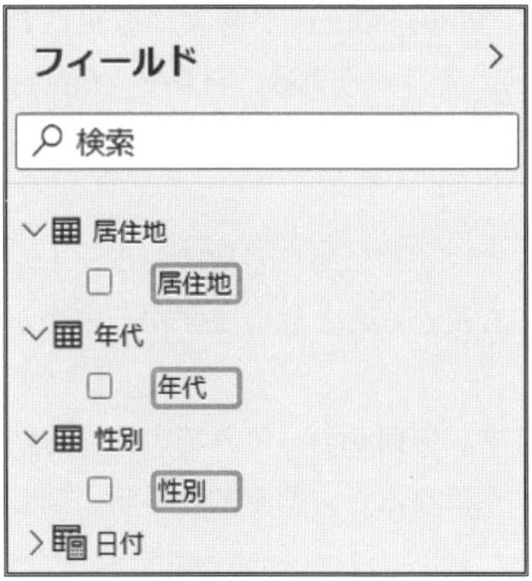

フィールド
検索
居住地
居住地
年代
年代
性別
性別
日付

図6.69　列名の変更

Power Queryを確認

ところでPower Queryではどうなっているのでしょうか？　リボンの［データの変換］をクリックして［Power Queryエディター］を開いて確認してみましょう。

クエリの設定
プロパティ
名前
年代
適用したステップ

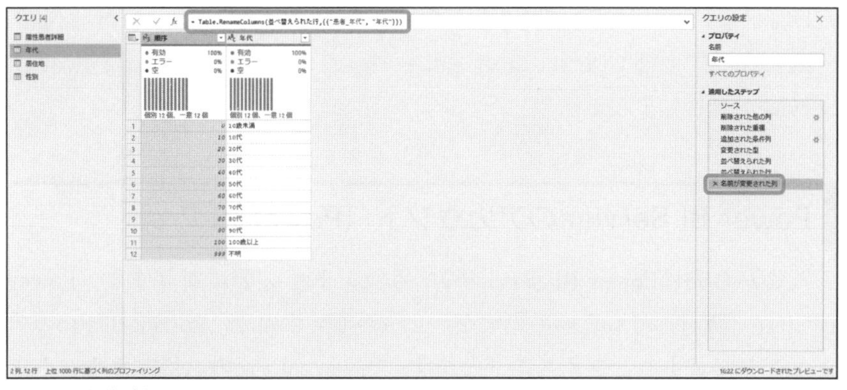

図6.70　名前が変更されている

ご覧になってわかる通り、**Power BI Desktopでテーブルの列名を変更すると、Power Queryでステップが追加され、名前が変更されていること**

がわかります。便利機能でもありますが、Power Queryが勝手に変更されるのが嫌だという人もいらっしゃるでしょう。そういう方は、自身で［Power Queryエディター］で操作をしましょう。

というわけで、これで東京都の新型コロナウイルス陽性者数のレポートが作成できましたね。お疲れ様でした。とても長かったと思いますが、いかがでしたか？

内容はかなり濃いものであったと思います。何回かやってみて、操作方法を覚えながら、本書を見ないでもできるようになると、基本的な事項に関してはもう大丈夫です。

できれば、他のデータでも同様の考え方でできるようになることが望ましいので、お手元の様々なデータにチャレンジしてみてください！

4 レポートができたら発行してみる

さて、前項まででレポートができました。Power BIはPower BI Desktopだけではない！　といっておきながら、ここで終わってしまっては、言動不一致になってしまいます。レポートをいったん作り終えたら、Power BI Serviceへ発行しましょう。

Power BI Serviceのアカウント（Power BI Pro）

ここから先はPower BI Serviceのアカウントが必要になります。Power BI Free（無料）でもよいのですが、せっかくですので、Power BI Proのアカウントで試すことをオススメします。Power BI Proの試用アカウントを最も簡単に無償で手に入れるにはOffice 365 E5の試用版または開発者プログラム（Microsoft 365 Developer Program）に登録することです。

- Office 365 E5無料試用版
  https://www.microsoft.com/ja-jp/microsoft-365/enterprise/office-365-e5?activetab=pivot%3aoverviewtab

この画面の［無料試用版］をクリックすることで30日間無料試用版を手に入れることができます。ライセンスは25個付いてきます。また、無料試用版を製品版にアップグレードすることも可能です。

- Microsoft 365 開発者プログラム
  https://developer.microsoft.com/ja-jp/microsoft-365/dev-program

開発者プログラムは文字通り開発者向けのプログラムです。Microsoft 365 E5のフル機能を使用することが可能ですが、自身のサンドボックス環境になります。あくまでも開発用の目的に提供されるサービスですので、実運用はできません。こちらは90日間となっています。

双方ともに「E5」となっているのがとても好都合です。なぜなら**E5には、Power BI Proライセンスが含まれている**からです。それぞれのライセンスのアクティベート方法は画面の指示に従うか、検索してみてください。いろんな方がブログに書かれているので、ここでは省略します。なお、所属組織がMicrosoft 365を導入していて、普段の仕事で「普通に使ってるよ！」っていう方でも、イチからセットアップしたことはない方が多いのではないでしょうか。Microsoft 365の初期登録からセットアップは一度経験しておいてよいものです。そうすると、様々な仕組みが見えてきます。

「失敗したらどうしよう？」「セットアップできなかったらどうしよう？」大丈夫です。必ずできます。仮に何回か失敗しても、自分以外の誰も困りません。誰にも迷惑をかけないわけですから、思いっきりやりましょう。やり直しは何度でも可能です。

Power BI Proのアカウントが手に入ったら、以降に進んでください。

Power BI Serviceでワークスペースを作る

今回作成したレポートを発行する場所として、専用のワークスペースを作成しましょう。まずはPower BI Service（https://app.powerbi.com）を開いてサインインしてください。

［ワークスペース］という文字をクリックすると、メニューが表れるので［ワークスペースの作成］をクリックします。

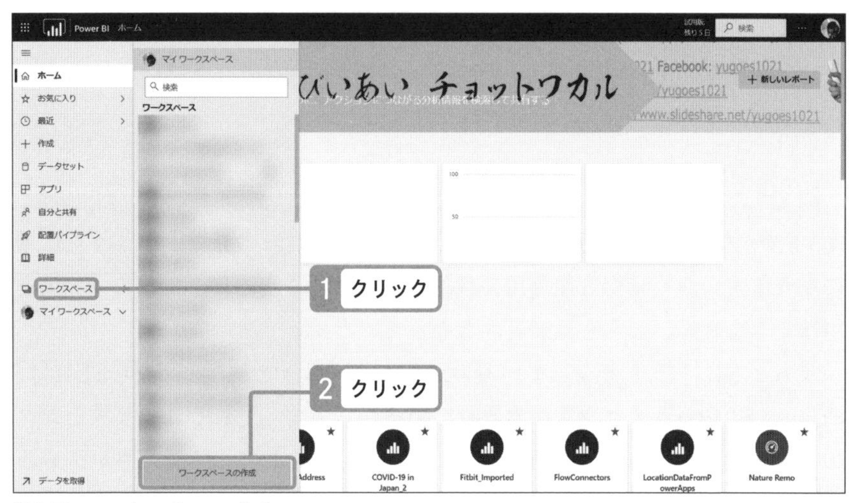

図6.71　ワークスペースの作成

［ワークスペース名］に任意の名称を付けてください。図6.72では「Shoeisha」と入れています。［保存］をクリックします。

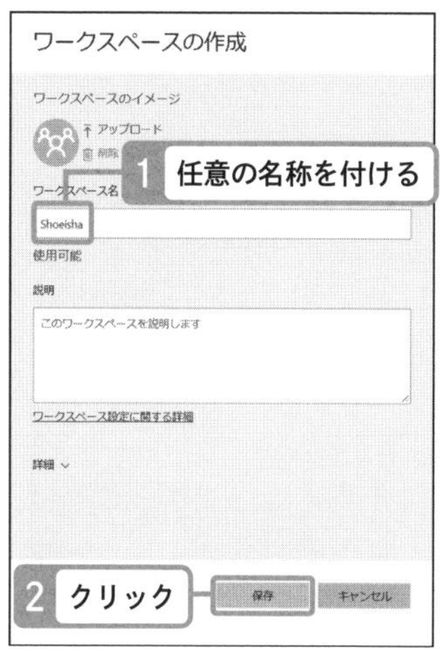

図6.72　ワークスペース名を入力

ワークスペースが作成されました。ワークスペースは単なる作業場所というには、とてもたくさんの機能があります。すべてを紹介することはできませんが、例えば、左上の［+作成］を押すと、図6.73のように、

- レポート
- ページ分割されたレポート
- ダッシュボード
- データセット
- データフロー
- ストリーミングデータセット
- ファイルのアップロード

と、多くのものをここから作成することができます。機能によっては、簡易的なものも存在していて、フル機能はやはり他の場所からやるべきだ、というものもあります。例えば、レポートの作成はその最たる例です。

メニューをご覧になって、「あれ？　ここからでもレポートが作れるじゃん！？」と思われた方がいらっしゃるかもしれません。そうです、レポートの作成はできます。しかし、フル機能ではありません。**レポートの作成に関**

してはやはりPower BI Desktopから行うのが基本です。ここからでないとできないのは、データフロー、ストリーミングデータセット、そしてファイルのアップロードです。

ですが、ファイルのアップロードについてはあまり使わないので、データフローとストリーミングデータセットの作成については、ワークスペースで直接行うと押さえておけば、よいでしょう。

▶ パイプラインの作成

また、[+新規] の右に [パイプラインの作成] が見えています。これは、Power BI Premiumの機能で、ワークスペースを開発用、ステージング用、本番用と指定することで、それぞれの環境になります。Azure DevOpsのパイプラインをイメージしていただけると近いかもしれません。まずは、開発用ワークスペースにレポートを発行し、テストを行う。テストがOKであれば、データセットとレポート、ダッシュボードの3つを選択して、ステージングにコピーする。より実運用のデータに近いものでテストをして、OKであれば、本番用ワークスペースに配置する。こういったことが、このPower BI Serviceからマウス操作のみで行うことが可能な機能です。エンタープライズBIには必須の機能といえるでしょう。

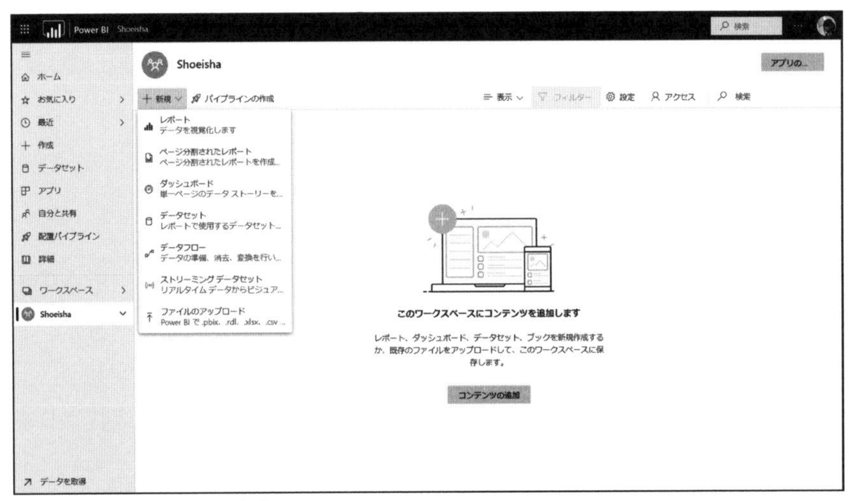

図6.73　ワークスペースで作成できるもの

▶ アクセス権の設定

もちろん、それぞれのワークスペースにアクセス権を設定できます。アクセス権は、画面右上の［アクセス］から設定します。

アクセス
Shoeisha
管理者、メンバー、または共同作成者を追加します。 詳細情報
テスト ユーザー1 ×　メール アドレスを入力してください
メンバー
追加
検索
名前　アクセス許可
Yugo Shimizu　管理者
閉じる

図6.74　アクセス権の設定

メールアドレスを入力して、［追加］をすることで、このワークスペースへのアクセス権が設定できます。ロールとしては、以下が選択できます。

- 管理者
- メンバー
- 共同作成者
- ビューアー

各ロールで何ができるかは、公式ドキュメントを参考にしてください。

- 新しいワークスペースのロール
  https://docs.microsoft.com/ja-jp/power-bi/collaborate-share/service-new-workspaces#roles-in-the-new-workspaces

ワークスペースで他に何ができるのか、ぜひご自身で触ってみてください。

レポートの発行

ワークスペースを作成したら、Power BI Desktopからレポートを発行しましょう。レポートの発行は、［レポートビュー］でリボンの［ホーム］の一番右にある［発行］から行います。

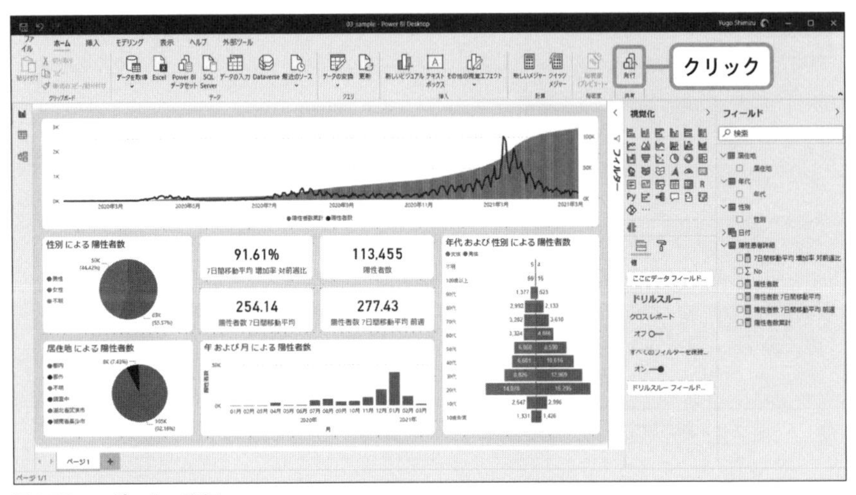

図6.75　レポートの発行

［発行］をクリックした際に、まだPower BIのアカウントでサインインしていない場合は、サインインを求められますので、ご自身のPower BIアカウントでサインインをしましょう。

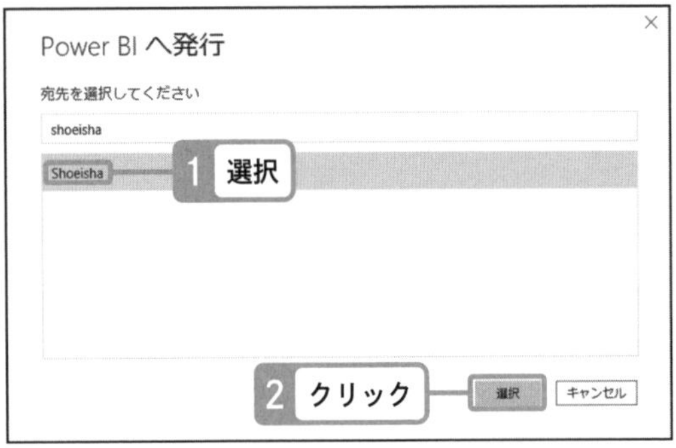

Power BI へ発行
宛先を選択してください
shoeisha
Shoeisha
1 選択
2 クリック
選択
キャンセル

図6.76　Power BIへ発行

サインインをした状態ですと、［Power BI へ発行］画面が表示されます。今回作成したワークスペースを選択した状態で、［選択］をクリックしてください。

「成功しました!」と表示されたら、OKです。ちなみに図6.77の枠で囲った「Power BIで'（レポート名）.pbix'を開く」をクリックすると、ブラウザで該当のレポートを開いてくれます。

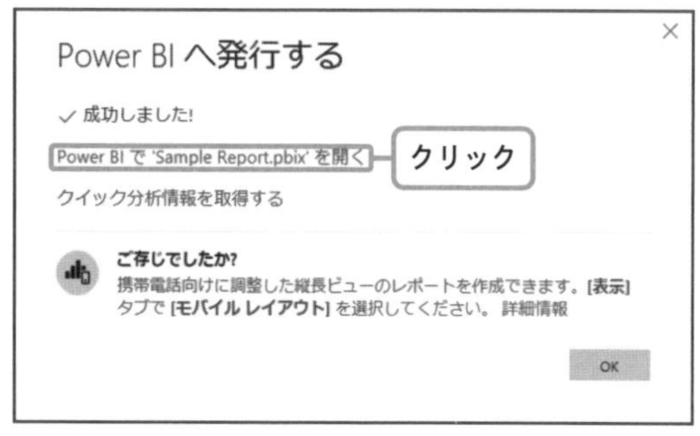

図6.77　レポートを開く

ワークスペースを開きっぱなしにしていると、右上に「データセットの準備ができました。」とメッセージが表示されます。これが表示されたら、発行は完了しています。

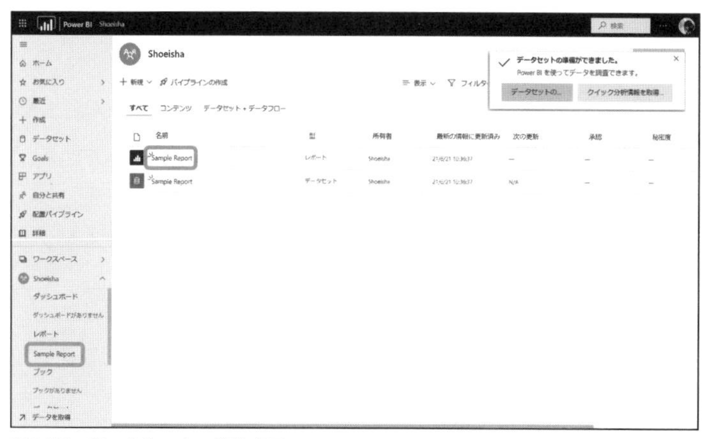

図6.78　データセットの準備完了

▶ レポートの確認

発行すると、レポートとデータセットが作成されますが、レポート名とデータセット名はpbixファイルの名称になります。図6.78の枠で囲ったレポート名のどちらかでも開くことが可能です。

レポートを開くと、Power BI Desktopで作成したままのレポートを確認することが可能です。レポートが複数ページでできていると、左上にページ名が表示され、選択することでページを移動可能です。

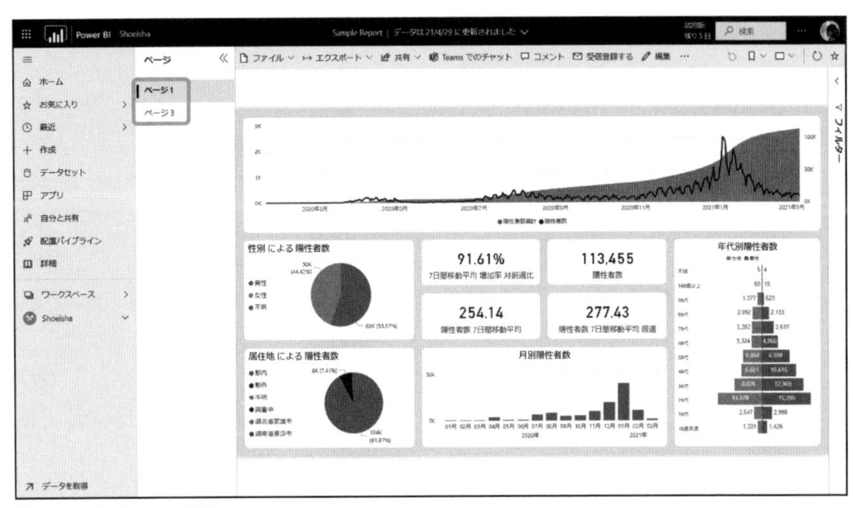

図6.79　レポートを確認

▶ 認証情報の確認

レポートの発行が済んだわけですが、これで終わりではありません。レポートの発行をしたら、必ずやらなければならないことがあります。データソースへの認証情報の入力とスケジュール更新の設定です。

［データセット］の右側の三点リーダーをクリックして、［更新のスケジュール設定］をクリックします。

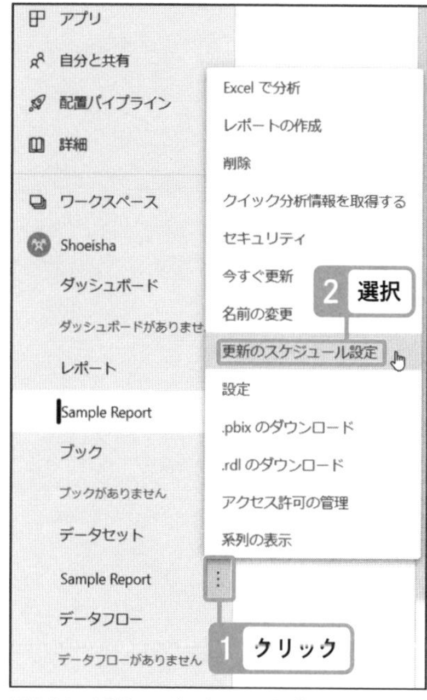

図6.80 更新のスケジュール設定

今回は必要ありませんが、**データベース（DB）やWeb API、サインインを必要とするSaaSなどがデータソースの場合、［データソースの資格情報］を開いて、認証情報を入力する必要があります**。入力が必要な場合には、［資格情報を編集］リンクから入力します。

Power BI Desktopでレポートを作成する際に認証情報を入れているのに、なぜここでもう一度認証情報を入力する必要があるのか、不思議に思う方もいらっしゃるかもしれません。**pbixファイルはどこに接続するのかという接続情報は保持していますが、その認証情報については保持しない**から、というのが答えです。したがって、Power BI Service側で再度認証情報を入力する必要があります。

▶スケジュール更新の設定

そして、**スケジュール更新の設定も必要**です。

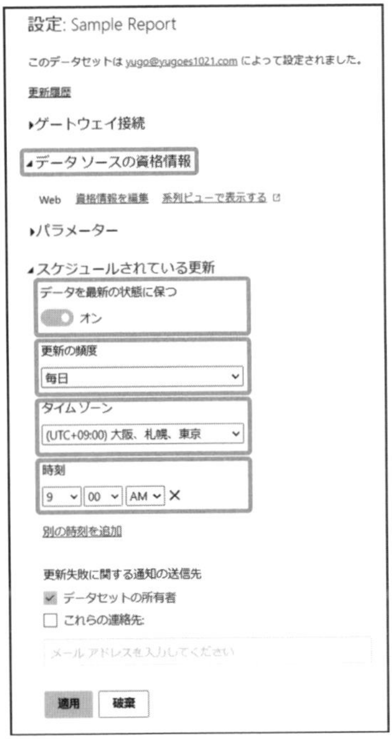

図6.81　資格情報を編集

デフォルトだと、［データを最新の状態に保つ］が「オフ」になっていますので、これを「オン」にします。［更新の頻度］は毎日か毎週から選択します。毎日にすると、［タイムゾーン］を選んで［時刻］を追加していきます。この［時刻］は、Power BI Proの場合は、8回/日が上限なので、8つの時刻を追加することができます。Power BI Premiumの場合は、48回/日が上限となります。なお、**ここで指定する時刻は更新が始まる時刻**です。更新にかかる時間はデータソースからどのくらいのデータを持ってくるかによって変わりますが、数分から数十分かかることがありますので、何度か試してから、**時刻を調整することをオススメ**します。

データセットの更新に何らかの理由で失敗することがあります。その場合に誰にメール通知をするか、設定することができます。［更新失敗に関する通知の送信先］はデフォルトだと［データセットの所有者］になっています。データセットの所有者とは、レポートの発行者です。もし、その他の人にもメールを送信したいという場合には、［これらの連絡先］にメールアドレスを入力してください。

すべて入力を終えたら、[適用] を押します。これで設定は完了です。

組織の中で2カ月間レポートまたはデータセットにアクセスしなかった場合は、スケジュール更新は一時停止されます。一時停止になると、データセットの所有者にメールで通知がされますので、再度レポートまたはデータセットにアクセスすることで、スケジュール更新が再開されます。

これらの [データソースの資格情報] と [スケジュール更新] は、レポートの発行後によく忘れる設定です。私自身もよく忘れていて、翌日になって、データが更新されていないことで気付いたりします。レポートの発行とセットで覚えておくとよいでしょう。

レポートの共有

Power BI Pro以上のライセンスは、共有するためのライセンスともいえます。無償のライセンスでは組織の他の人に共有できないからです。1人で見るためだけなら、Power BI Free（無償）でもいいわけですが、こういってしまうと、**1つの無償アカウントを使いまわせばいいじゃないか？　という声が聞こえてきそうですが、絶対にやめてください。それをやってしまうと、明確にライセンス違反です。ユーザーライセンスといわれているものは、1ライセンス＝1人の人で使うものという定義だからです。**

無償のライセンスではマイワークスペースしか使えないことは既にお話ししました。Power BI Proを持っていれば、新たにワークスペースを作成することができます。つまり、共有する目的で作成したレポートは、マイワークスペースではなく、新たに作成したワークスペースに発行するべきです。したがって、今回はワークスペースを新たに作成したわけです。

さて、そうして発行されたレポートですから、共有しましょう。共有とは、ユーザーを指定して、アクセス権限を付与することです。この定義を知らない人に「共有」という言葉で話してしまうと、話が噛み合わないことがあります。この「共有」という言葉はPower BI用語だと認識しておきましょう。

共有の方法はとても簡単です。レポートを開いてください。画面上部の [共有] をクリックします。

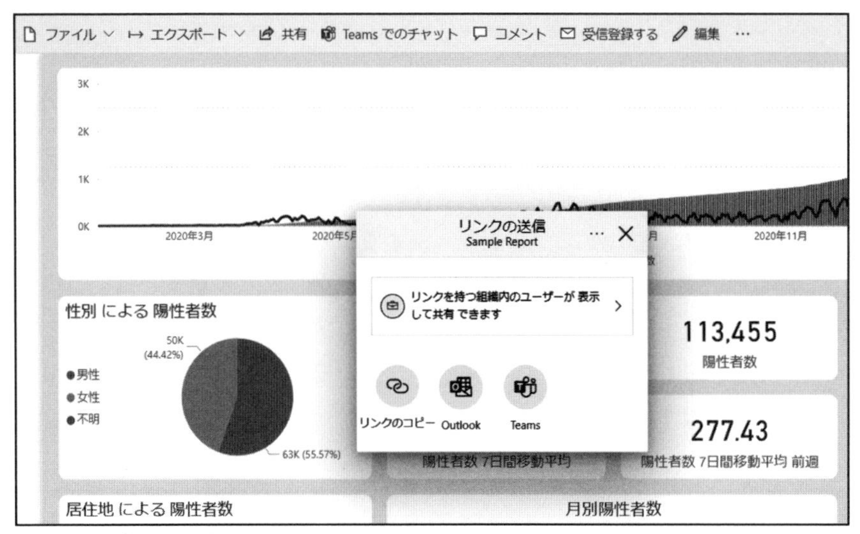

図6.82　レポートの共有

［共有］をクリックすると、［リンクの送信］ダイアログが表示されます。このダイアログでは、

1. 共有対象のユーザー
2. 共有方法

を選択することができます。

1.共有対象のユーザーを選択するには、画面上部の「リンクを持つ組織内のユーザーが表示し共有できます」という部分をクリックします。どのユーザーにレポートを共有するか選ぶことができます。

▶1. 組織内のユーザー

組織内のユーザーに共有する場合に指定します。これを指定して作成されたリンクは外部ユーザーやゲストユーザーがアクセスすることはできません。

▶2. 既存のアクセス権を持つユーザー

これを指定すると、レポートのURLが生成されますが、新たにレポートへのアクセス権は付与されません。つまり既存のアクセス権を持っているユーザーにリンクを送信する際に使用します。

▶3. 特定のユーザー

文字通り、ユーザーかグループを指定します。これによって作成されたリンクは、組織のゲストユーザーはアクセスできますが、組織外のユーザーには機能しません。

1.と3.の場合は新たにアクセス権を付与することになるので、

- 受信者にこのレポートの共有を許可する
- このレポートに関連付けられているデータでのコンテンツのビルドを受信者に許可する

という2つのオプションを選ぶことが可能です。

［受信者にこのレポートの共有を許可する］は再共有の許可です。共有されたユーザーがさらに別の人にレポートを共有することを許可するか？　というオプションです。

［このレポートに関連付けられているデータでのコンテンツのビルドを受信者に許可する］はビルド権限です。レポートを共有するとそのレポートの基になっているデータセットへのアクセス権を付与することになりますが、そのデータセットから別のレポートを作成することを許可するか？　というオプションです。

新たにレポートを作成させたくない場合はチェックを入れないでください。

ユーザーとオプション設定を選んだら、［適用］をクリックします。リンクの送信ダイアログに戻るので、以下の共有方法を選択します。

- リンクのコピー
- Outlook
- Teams

URLをコピーして、自分でメールやTeams、その他の方法で文面を作成して、共有する場合は［リンクのコピー］を選択してください。［Outlook］または［Teams］を選べば、リンクが挿入された状態で、それぞれの画面が起動します。

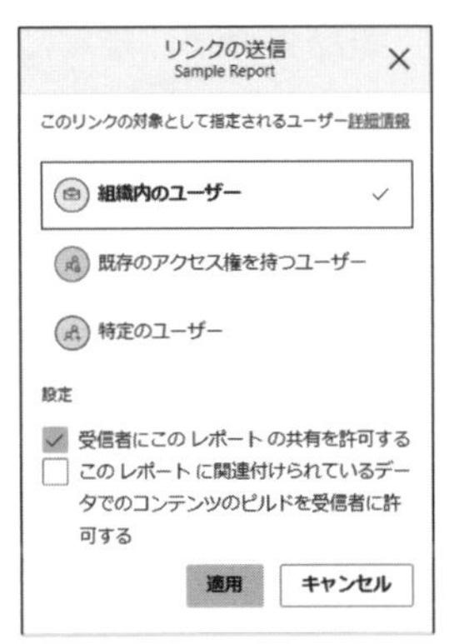

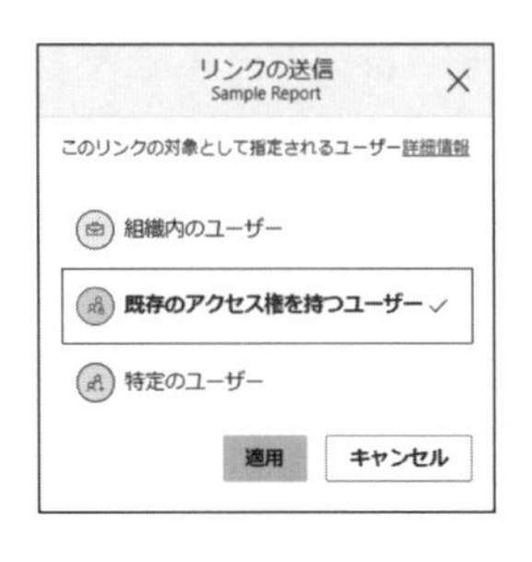

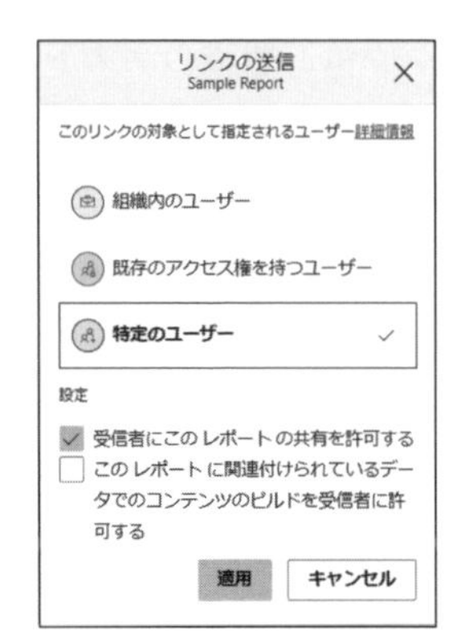

図6.83　リンクの送信対象ユーザーと設定

共有の停止方法や組織外のユーザーとの共有、その他の制限事項などは公式ドキュメントに記載されていますので、URLを載せておきます。

- 同僚や他のユーザーと Power BI ダッシュボードやレポートを共有する
  https://docs.microsoft.com/ja-jp/power-bi/collaborate-share/service-share-dashboards

5　組織外のユーザーに共有する場合

昨今では組織内のメンバーではなく、組織外の人へレポートを共有するケースもあるかもしれません。組織外のユーザーに共有する場合について、補足しておきます。

大前提 そのレポートは社外に共有して大丈夫なデータ？

言わずもがなですが、以下の点を確認してください。

- そのレポートは組織外の人に共有して大丈夫？
- 組織外の人に共有しなければならない正当な理由がある？

Power BIは組織内での利用が基本です。社外に共有する機能は提供されていますが、基本的な考え方は変わりません。ですので、社外に共有する必要があるかどうか、慎重に検討してください。

組織外のユーザーと組織のゲストユーザー

社外の人を以下に分類してください。

- 組織外のユーザー
- 組織のゲストユーザー

上記の違いは自社のAzure ADのゲストユーザーか否かです。Power BIでレポートを共有するには、組織のゲストユーザーである必要があります。また共有対象ですからPower BI Proのライセンスが必要です。ゲストユーザーは自身の組織にてPower BI Proライセンスが割り当てられていてもOKです。組織外のユーザーにレポートを共有する場合は、Power BI Proライセンスの有無を確認し、ゲストユーザーへの招待を検討してください。

ゲストユーザーに共有する

ゲストユーザーにレポートを共有するには、[リンクの送信] ダイアログで、[特定のユーザー] を選択し、ユーザーのメールアドレスを入力します。組織のゲストユーザーなので、候補に表示されるはずです。この方法で共有すると、対象ユーザーにレポートへのリンクが含まれたメールが送信されます。これはレポートにアクセスするための直リンクです。共有されたユーザーがPower BI Service（app.powerbi.com）にアクセスすると、自社のテナントにサインインしてしまうため、組織外から共有されたレポートは表示されません。組織外から共有されたレポートにアクセスするには、メールで共有された直リンクを使用する必要があります。ゲストユーザーの方には直リンクを保存しておくように案内しましょう。

フィードバック

これで発行したレポートを無事に共有することができました。発行されたレポートは、必要なタイミングで見て、必要なアクションを取ることが重要で、最大の目的です。そして、必ずユーザーからフィードバックが届きます。

「こういう風に見れないかな？」「こういう値が欲しい」「ここの色がもう少しわかりやすくならない？」「あのデータも一緒に表示できると嬉しいんだけど…」などなど、必ず何らかの要望が届きます。そんなとき、いわゆるプログラミングを伴う開発で作られたBIのレポートであれば、とても時間がかかりますよね。もしかしたら、イラッとしてしまうかもしれません。でも、皆さんがBIツールに選択したのは、Power BIです。ここまでレポートを作成してみて、最初は大変だったかもしれません。でも、何回かやられた方ならわかるはずです。

「あ、なんだそんなこと。すぐですよ！」そう思えたら、あなたが少なくとも本書の範囲においてはきちんとPower BIを学習できた証拠です。あとはご自身で使って使って使い倒すのみです。そう、BIの道を自走できるスタートラインに立っているわけです。

ユーザーからの声はたとえネガティブなものだったとしても、フィードバックと捉えて、工夫すれば、必ずブラッシュアップできます。共有した時点では、完成形ではありません。ユーザーが正しくネクストアクションを取れることが目的ですから、ユーザーと共に完成させていきましょう。BIのレポートは作成すること自体がフィードバックループでブラッシュアップしていくべきなのです。

第7章

How-toを見たら考えることが大事

ところでこんな経験はないでしょうか？

「セミナーや書籍でハンズオンがあって、手順通りにやったら、そのときはできた。しかし、いざ実業務となると、全く応用できない」

ここでは、いざ実業務となったらなぜできないのかについて考えてみたいと思います。

1 練習ではできたのに本番ではできない！？

誰でも何かを学ぶには、初めてがあります。初めて学ぶときは、不安がありながら、わかろうとするものです。説明を聞いたり、読んだりして、チュートリアルやハンズオンという練習問題に取り掛かります。チュートリアルや練習問題には手順があるので、進めていくうちに、理解をすることではなく最後まで手順通りにやることが目的になってしまいます。

何をやっているかわからないけど、最後まで進めるには必要な手順なのだと自分に言い聞かせて、最後まで頑張るわけです。そうしてできあがって、安心します。

最後までできたのだから、これで自分はできるようになった

翌日、いざ実業務に取り掛かると、何から始めていいかわからない

これは誰にでも起こることです。他の例で例えると、日常では料理で同じことがあります。料理本にはレシピが載っています。最近ではWebで検索すれば、あらゆる料理のレシピが手に入ります。レシピ通りにやれば、とりあえず料理はできあがります。でも、食べてみたらイマイチ美味しくない。プロのレシピのはずなのに、プロのような味にならない。

料理教室で学んだ方は、プロの味に近いものができるかもしれません。だからといって、いざ自宅でやってみると、材料も調味料もガスコンロの火力も調理器具も違うので、自分が持っているもので代用するのですが、あのときの味が出ない。魚料理だった場合は、魚の種類が変わると、どうやって三枚におろしたらいいかわからない。先生に教わったときはさばけたのに。

こういったことは誰でも経験があります。単純にスキルの問題か？　というと、実はそうではないのです。

2 作業の実行とレシピの創造を混同していないか？

レシピ通りに進めることは「作業」です。料理はアナログな作業ですので、レシピ通りにすべての分量をきっちり量ったとしても、プロの味にはなりません。そこには、火加減はもちろん、火を加えるタイミング、材料の切り方、調味料を加えるタイミング、手際の良さ、盛り付けなど、レシピには書くことができないプロの技が存在しています。これらを身に付けるには、長い時間をかけて修行をする必要があるでしょう。目の前の鍋の中で起きている化学変化を完全に操ることができれば、限りなくプロの味になるかもしれませんが、やはりそれをレシピに起こすことはとても難しいでしょう。

一方で、BIはデジタルデータを扱います。デジタルの世界では、ボタンを押すタイミングやボタンを押している長さなどは関係ありません。求められるのはそういった職人的なスキルではありません。アナログと比較して、デジタルの世界は再現性が抜群に高いことが特徴です。コンピュータが得意なのは、データのコピーと保存、そして命令通りに動くことです。デジタルの世界では、この命令がレシピに当たるので、一度正解を求めることができるように確立されたレシピ（＝手順）であれば、誰がいつ実行しても正しい結果を得ることができます。これがいわゆるプログラムであり、それをプロダクトにまとめ上げるとアプリケーションソフトウェアになるわけです。Power BIでいえば、ETLを行うPower QueryとモデリングをDAXがイメージしやすいかと思います。では、**コンピュータへの命令となるレシピを作るのは誰でしょうか？**

どんなにAIが一般化されてきたといっても、まだまだコンピュータが自分で考えて答えを出すことはできません。まして、一連のレシピを作るにはもう少し時間が必要なようです。ですから、当然**デジタルの世界でのレシピを作るのは人間**ということになります。これは料理でも同様です。料理のレシピを考えるのはプロの料理人です。BIの世界では、初見のデータから思い通りのビジュアルを作成するために、**どう料理をするかを考えなくてはいけません。**

私達がBIでレポートを作成する際に必要なのは、必要な手順を作業として実行できることだけではなく、そのレシピを作り上げることなのです。セミナーの中で行われるチュートリアルやハンズオンは、手順を作業として体験することはできますが、そのレシピをどうやって作るのかを学ぶことはできません。どんな世界でも、これを人から教えてもらうには膨大な時間が必要です。そして、経験が必要です。つまり、すべてを教えてもらうよりも、自ら試して理解する方がはるかに早いわけです。

3 データを料理する実例

1つ実例を出しましょう。今ここにコンビニのレシートがあります。

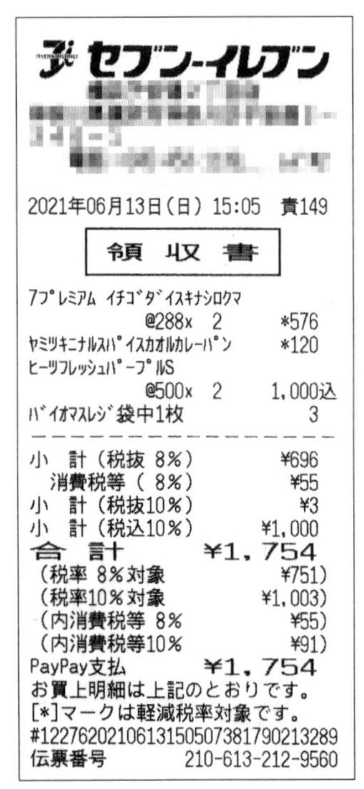

セブン-イレブン

2021年06月13日(日) 15:05 責149

領 収 書

ﾌﾟﾚﾐｱﾑ ｲﾁｺﾞﾀﾞｲｽｷﾅｼﾛｸﾏ
@288x 2 *576
ﾔﾐﾂｷﾆﾅﾙｽﾊﾟｲｽｶｵﾙｶﾚｰﾊﾟﾝ *120
ﾋｰﾂﾌﾚｯｼｭﾊﾟｰﾌﾟﾙS
@500x 2 1,000込
ﾊﾞｲｵﾏｽﾚｼﾞ袋中1枚 3

小 計(税抜 8%)	¥696
消費税等(8%)	¥55
小 計(税抜10%)	¥3
小 計(税込10%)	¥1,000
合 計	¥1,754
(税率 8%対象	¥751)
(税率10%対象	¥1,003)
(内消費税等 8%	¥55)
(内消費税等10%	¥91)
PayPay支払	¥1,754

お買上明細は上記のとおりです。
[*]マークは軽減税率対象です。
#1227620210613150507381790213289
伝票番号 210-613-212-9560

図7.1 レシート

このレシートをデータとして保存するとしたら、どういうテーブルになるか、考えてみてください。ちなみに正解は1つではありません。

レシートというのは、もちろんPOSレジによって、データ化されて保存されています。小売店にとってはとても大切なデータです。もしあなたがレシートのデータを分析しなければならないとしたら、ここにある情報をデータとして保存する必要があります。

どの情報をデータとして保存するか

私ならまず、どの情報をデータとして保存するかを決めます。ポイントはレシート真ん中にある破線以下の情報です。小計と消費税額、合計等があります。

今は軽減税率の対象か否かで税率が変わります。*マークが付いているものは軽減税率の対象なので、税率が8%になります。この辺りとても複雑ですね。それぞれの商品ごとに税率が変わるので、軽減税率の対象か否かがわかれば、計算で求められそうです。

しかし、レシートには計算後の値が記されているので、値としてそのまま保存しておくこともアリです。こういったところは選択になります。

テーブルの数

どの情報をデータとして保存するかを決めたら、次は**テーブルの数**です。具体的には1つのテーブルに保存するのか、それとも複数のテーブルに保存するのか。どちらでも可能です。

ここでは複数のテーブルに保存することを考えてみましょう。

表7.1　伝票ヘッダー

伝票番号	購入日時	合計	税率8%対象	税率10%対象	内消費税等8%	内消費税等10%
2xxxxxxx560	2021-06-13 15:05	1754	751	1003	55	91

表7.2　伝票明細

伝票番号	明細番号	商品名	単価	数量	軽減税率対象フラグ
2xxxxxxx560	1	7プレミアムイチゴダイスキシロクマ	288	2	True
2xxxxxxx560	2	ヤミツキニナルスパイスカオルカレーパン	120	1	True
2xxxxxxx560	3	ヒーツフレッシュパープルS	500	2	False
2xxxxxxx560	4	バイオマスレジ袋中1枚	3	1	False

表7.3　伝票支払種別

伝票番号	明細番号	支払種別	支払金額
2xxxxxxx560	1	PayPay支払	1754

これは3つのテーブルに分けた例です。こういう場合のコツですが、**行数が可変になるところを探すことから始めると考えやすいかもしれません**。

レシートを見ると、「領収書」と書いてある部分から破線までのエリアは各商品とその単価、そして数量が記載され、※マークによって軽減税率の対象かがわかります。この部分は、購入した商品によって、行が可変になりますので、明細テーブルとして1つにしておき、商品1つを1行で保持すると都合がよさそうです。

そうなると、レシートの概要を保存するテーブルが必要になりますので、伝票ヘッダーを用意します。あとは昨今のキャッシュレス化の波を考慮すると、必ず支払種別ごとにデータが見たいといわれることが予想されるので、1つのレシートに対して、複数の支払種別を持てるようにテーブルを分けておきます。

またこのように分けた場合、伝票ヘッダーが親となり、他の2つは子になりますので、伝票番号をそれぞれに持たせてあるということです。

4 BIではデータの料理が繰り返し必要

さて、少し話を戻して、さきほど例に挙げた魚のさばき方は、BIでいうと、データの扱い方と同じです。「初めて見たデータをETLでどう整形するか」「整形して読み込んだ結果をどうモデリングするか」まさに「データをいかに料理するか？」ということです。

「そんなこというのなら、データの調理方法を教えてくれるのか？」と思われた方、ごめんなさい。それをここで記すのは不可能です。一例を示すのは可能ですが、データには無限のパターンがありますので、それらすべてを列挙することはできません。また、あなたが調理をしようとしているデータがどんなデータなのか、そのデータで何がしたいのかわからないからです。あなたが作業をするときにプロが横にいれば、アドバイスはできるでしょう。つまり材料と目的が共有されていて、直にお話しすることができれば、伝えられます。残念ながら、これは書籍ですのでそれが叶わない。でも、この状況でも1つだけお伝えすることがあります。それが、本書で触れている「**スタースキーマ**」にすることです。

5 スタースキーマを理解しないとモデリングはもちろんデータ準備も難しくなる

Power BIは、スタースキーマでモデリングされていることを前提にしています。逆にいうと、スタースキーマを目指してモデリングをすれば、大きく間違えることはありません。それが唯一の方法といっても過言ではありません。スタースキーマを目指すには、スタースキーマを理解しておく必要があります。

繰り返しになりますが、スタースキーマにするには以下が必要です。

- データをディメンションテーブルとファクトテーブルに分ける
- ディメンションはDBでいえばマスターデータに当たり、ユニークなキーとそれに対応する値を持つ（キーが重複してはいけない）
- ファクトはディメンションテーブルのキーを複数保持するが、ディメンションに存在しないキーを持ってはいけない
- ファクトには集計対象の数値を持たせる（集計はSUMのみではなく、

MIN、MAX、AVERAGEなどを含む）
- 集計対象の値はメジャーで表し、素の列はビジュアルで使用しないので非表示にする
- ディメンションとファクトのリレーションシップは、1:多にする（基本的に多:多はNG）
- リレーションシップはテーブル間で1つにする
- カレンダーテーブル（日付テーブル）はディメンションの1つとして、必ず1つ用意する
- ディメンションとファクトのキーはビジュアルで使用しないので非表示にする

これらを意識して、モデリングをします。これらを理解していると、そのためのデータ準備をすることができます。例えば、「**データをディメンションテーブルとファクトテーブルに分ける**」というのは、Power Queryによって取得したデータを見て、**このデータはディメンション、このデータはファクトと自分で決める**ことです。データを読み込むと、1つのクエリが1つのテーブルになるからです。モデリングのためにデータを準備するので、「データ準備（Data preparation）」と呼ばれるのです。いい換えると、ETLに当たります。ETLとは、**Extract（データを抽出）、Transform（データを整形・変形）、Load（その定義でデータを読み込む）**を表します。データ準備で意識をすることは、次の通りです。

- ディメンションとファクトに分ける
- 不要なものは削除する

ディメンションとファクトに分けるのは、何回か実践すると慣れることができるのですが、「**不要なものは削除する**」というのは、苦手な人が多いようです。例えば、使わない列は削除する必要があるのですが、これを伝えると多くの方が「いや、後で使うかもしれないから残しておいた」といいます。気持ちはとてもわかります。ですが、やはり**使わないものは不要**なのです。また、データ準備の時点で使うかどうか判断が付かないといわれる方もいま

す。これまた非常によくわかります。データ準備の時点で、この判断が付かない原因は、

1. 何をビジュアライズするか決まってない
2. Power BIレポートを見て何を判断するか（＝ネクストアクション）が明確でない
3. ビジュアライズに慣れていない
4. モデリングに慣れてない
5. Power BIに慣れてない

が考えられます。最初は誰でもそうなので、これはもう慣れるしかありません。慣れてないうちからできると思わず、何度も繰り返しやってみましょう。

6 データ準備とモデリングは何度も繰り返す

データ準備とモデリングは、何度も何度もやり直します。スタースキーマを意識してデータ準備をしても、モデリングをする際に「あ、あれが足りなかった」となることはしばしばあります。気付いたら、Power Query エディターに戻って、データ準備に処理を追加して、再度読み込んで、モデリングを再開する。プロでもこの繰り返しです。**データ準備⇒モデリングが、一発で終わることはまずありません**。場合によっては、モデリングが終わったと思って、表やグラフを作るビジュアライズを始めてから、「あ、これが足りない」と気付いて、データ準備に戻ることもあります。

Power BIが優れているのは、料理よりもやり直しが簡単にできるということです。料理であれば、一度材料を包丁で切ってしまったり、火を通してしまったら、やり直しができません。Power BIが扱っているのは、デジタルデータですから、何度やり直しても、データが壊れることはありません。恐れずにやりたいことが実現できるまで、何度でもやり直してください。

ここまで読まれてきて、もうおわかりかと思いますが、**データを料理する**

のはとても泥臭い作業です。どんなデータでも料理ができる方程式はありません。ですが、ゴールは常に明確です。スタースキーマを目指しましょう。これが唯一の方法です。

7 覚えること ＜ 考えること

唯一の方法ですといい切った後で、恐縮なのですが、ここでお伝えしたいのは、「**How-toそれ自体ではなく、考えることが大事だよ**」ということです。

技術ブログにありがちなチュートリアルや手順、Tipsは基本的にHow-to（方法）を伝えています。方法を伝えてしまうと、読者は覚えようとしてしまいます。人は忘れる生き物ですから、覚えようとすることは危険です。忘れたらできないからです。方法ではなく、「**なぜそれをやらなければいけないのか？**」が大事です。

何のためにそれをやるのかを押さえておけば、忘れることはありません。仮に手順を忘れても、理解していれば、すぐに思い出せますし、Webで検索すれば、方法はでてきます。

最低限覚えておかなければいけないのは、キーワードです。機能名や一般的に何と呼ばれる処理なのか等を覚えておけば、方法は調べられるのです。その証拠に中学生の頃を思い出してください。数学の教科書に方程式が出てきますが、必ず方程式の証明から記載されていたはずです。方程式の証明は、考察の経緯に当たります。証明とはロジックです。証明の方法を覚えてしまうと本末転倒なのですが、ロジックを押さえている人は、たとえ方程式を忘れても導くことができるのです。これと同様に、なぜそれが必要なのかを理解していれば、今目の前にあるデータをどう調理するか、あなたの方法を導くことができます。How-toを見たら、考えることをオススメします。

- 「この手順は何をしているのか？」
- 「この手順は何のために必要なのか？」

●「自分がやろうとしていることに応用するなら、どうするべきか？」

方法を目にしたら覚えるのではなく、これらを考えることができれば、自分なりの理解につながり、応用力が飛躍的に向上します。

8 BIはどうしても概念的だが、現実との行き来がモノをいう

とても概念的なお話をしてきましたが、BIは概念的なのです。データという現実世界の記録を扱うからです。モデリングの結果、**できあがるデータモデルは、そのデータのビジネスを表しています**。ということは、データモデリングをする人は、そのビジネスを理解している必要があります。そうでなければ、目の前のデータを理解できないからです。

● 目の前にあるテーブルのデータの1行は何を表しているのか？
● ビジネス上の何のイベントが発生すると、データが1行増えるのか？

最低限、これらを理解していないと、データを扱うことはできません。データモデリングはエンジニアの仕事と思われている方によく出会いますが、厳密にいうと違います。

そのエンジニアが該当のビジネスを理解しているのであれば可能でしょうが、多くの場合、エンジニアは該当のビジネスの当事者ではありません。したがって、ビジネスモデルを理解していないことが多いのです。ビジネスモデルがわからなければ、少なくともその結果発生するデータをモデリングすることはできません。

その意味では**データモデリングは、ビジネスアナリストやビジネスユーザーの仕事**です。もちろん、ビジネスを理解している人とDAXを理解している人が共同でデータモデリングをするのであれば、問題ありません。データ準備はエンジニアの方が得意な傾向があります。

これが、BIの難しさなのかもしれません。経営手法の1つであるビジネスインテリジェンスといいながら、そのツールを扱うには、ビジネスも技術も把握している必要があります。とても範囲の広いものです。もしかしたら、アプリケーションを1つ作り上げるよりも、難易度が高いかもしれません。また難易度の質が異なることもあります。アプリケーションは、正常に稼働するようにデータを自由に定義することができます。データベースの設計から必要ですが、自由に設計できるわけです。一方、BIは、そのアプリケーションから発生するデータを材料にします。つまり、**データが既に存在している**わけです。既に存在しているデータには定義がありますので、それを理解しないと料理できません。

また、専用のデータを1つだけ扱うのでは、現代のビジネスは回りません。当事者ではない人にしたら全く関係のない複数のデータを紐付けて、分析しなければ、適切なインサイトが得られない時代になっています。あるお店の売上と天気予報に相関がありそうだといわれたら、誰でも納得するでしょうが、では、あのお店の売上どうなるかな？　と思って、明日の天気予報を見る人はまずいないわけです。

時事ネタでいえば、緊急事態宣言は多くの人にとっては、お店でお酒が呑めない、旅行に行けないという個人的な行動を制限されるものですが、客商売をしている人にとっては、明日の生活に影響がある制限です。しかし医療従事者の方にとっては、ようやく新規感染者に歯止めがかかるかもしれないと、宣言が喜ばしいことかもしれません。これは関心の問題ともいえます。ビジネス＝関心だといい切れる所以です。

ここでは、概念的な話を中心に、私が最も伝えたいことを記載させていただきました。そう、これが本書で最も伝えたかったことの1つなのです。なぜなら、ここでお話ししたのはPower BIに限らないからです。この「**覚えるのではなく、考える**」というスタンスはあらゆることに応用できます。特にITというもともと実体のないものに関わる人にはとても推奨します。概念と現実は切っても切り離せないものですが、それらを頭の中で行ったり来たりすることができる人は、どんなことにも対応できるでしょう。

第8章

Appendix —— おまけ

さて、ここまで読んでいただきありがとうございます。以上で、本書のメインは終了です。ここからは、これまでの解説に入れられなかった内容をトピックとして、取り扱っていこうと思います。

1 タイムインテリジェンスとは

第6章の3節で日付テーブルを作成し、ファクトテーブルと紐付けたことで「これでタイムインテリジェンス関数が使えるようになりました」と書きましたが、実際にはタイムインテリジェンス関数は使用していませんでした。

タイムインテリジェンス関数は、そもそも**タイムインテリジェンスという概念が先に存在しており、その概念の上に成り立っています**。よく勘違いされるのですが、タイムインテリジェンス関数とは、基になる日付を与えて、何日前を求めるといった日付や時刻の計算を行うものではありません。概念なので伝えるのがとても難しく、本書に載せるかどうか悩みました。しかし、伝えづらいということはわかりにくいのだから、載せようと思った次第です。

まず、DAXには様々な種類の関数がカテゴリーで区分けされています。その中に**日付と時刻の関数**と**タイムインテリジェンス関数**があります。

- 日付と時刻関数
  https://docs.microsoft.com/ja-jp/dax/date-and-time-functions-dax
- タイムインテリジェンス関数
  https://docs.microsoft.com/ja-jp/dax/time-intelligence-functions-dax

本書で出てきたCALENDAR関数は、日付と時刻の関数に分類されています。その他、年月日を整数で渡しdatetime形式で返す**DATE関数**や、2つの日付の差を返す**DATEDIFF関数**、テキスト形式の日付文字列をdatetime形式に変換する**DATEVALUE関数**、現在日時を返す**NOW**や**UTCNOW**、現在の日付を返す**TODAY**や**UTCTODAY**などが**日付と時刻の関数**です。

通常日付や時刻の計算を行う場合はこの日付と時刻の関数を使用して行います。一方でタイムインテリジェンス関数はこれらとは別に存在しています。公式ドキュメントの説明には、

Data Analysis Expressions (DAX) には、タイムインテリジェンス関数が用意されています。これを使用すると、期間 (日、月、四半期、年など) を使用してデータを操作した後、その期間に対して計算を作成して比較することができます。

と書かれています。人は、日付があれば年、四半期、月、日に無意識に分けて認識できますよね。これを実現してくれる機能です。

日付 (date型) あるいは日時 (datetime型) の列があった場合に、日 (day)、月 (month)、四半期 (quarter)、年 (year) を認識して内部的に分けて保持してくれます。そして大事なのは、それら4つを認識しているからこそ、例えば、2021年3月18日の1カ月前の日付は？ と聞かれたら、即座に求められるというわけです。図で表すと以下のような感じです。

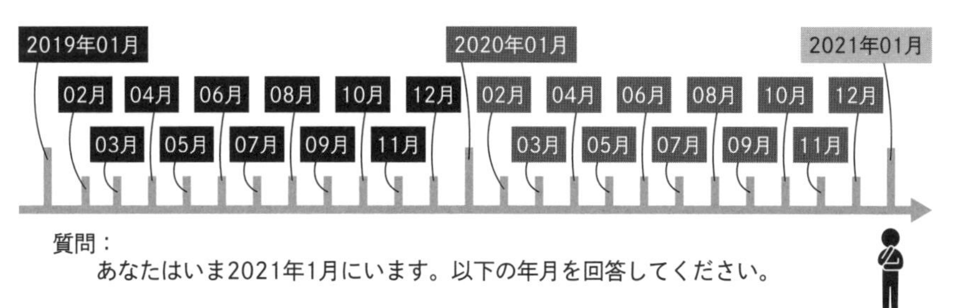

図8.1 人の時間感覚

人であれば、図8.1のような質問は即座に回答できます。ですが、これをコンピュータ言語によって、計算して求めるのはなかなかに大変です。日時の計算を経験されたことがある方ならわかると思いますが、年は10進数、月は12進数、日は28～31と月ごとに変動します。こんなにややこしいものを日常的に使用している私達は、コンピュータからすると、とてもすごいのかもしれません。日常的に使用しているから、人は平気で、前年比、前四半期比、前月比、前日比が見たいといいます。

日付と時刻の関数を使用して、メジャーにDAXを書いてそれらを求めることももちろんできます。第6章で東京都の新型コロナウイルスのレポートを作成した際は、7日間移動平均のメジャーは計算して求めました。

ただ、BIでよく出てくる、前年比、前四半期比、前月比、前日比などは、自分で計算しなくても、タイムインテリジェンスという概念に基づいたタイムインテリジェンス関数を使用することでとても簡単に求めることが可能です。

PREVIOUSMONTH関数

実際にやってみましょう。第6章で使用した東京都の新型コロナウイルスのレポートを使用します。別ページを用意して、マトリックスを置き、[行]に日付テーブルの[年]と[月]を指定してください。そして[値]に[陽性者数]を指定しましょう。行ヘッダーを展開すると図8.2のようになるはずです。

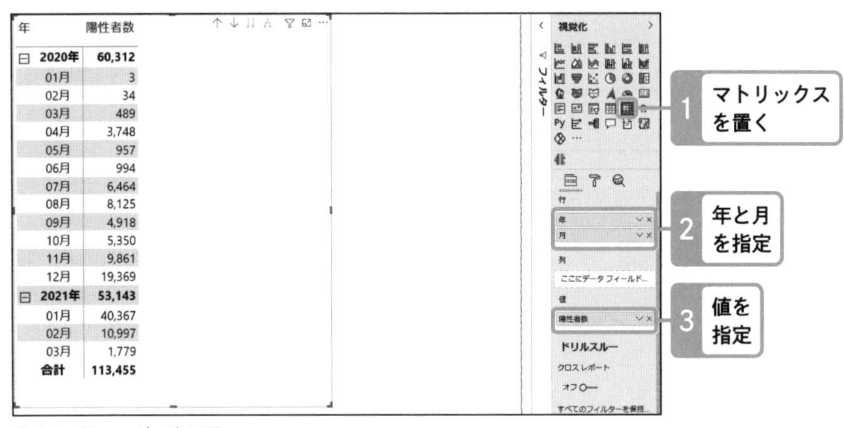

図8.2　行ヘッダーを展開

このマトリックスの陽性者数の横に、前月の陽性者数を表示してみましょう。まずは、前月の陽性者数を求めるメジャーを作ります。

```
陽性者数前月 = CALCULATE( [陽性者数], PREVIOUSMONTH( '日付
'[Date] ) )
```

CALCULATE関数を使用して、第1引数に［陽性者数］メジャー、第2引数にPREVIOUSMONTH関数を使用します。PREVIOUSMONTH関数の引数には日付テーブルの［Date］を指定します。このPREVIOUSMONTH関数がタイムインテリジェンス関数です。公式のドキュメントはこちらです。

- PREVIOUSMONTH関数
  https://docs.microsoft.com/ja-jp/dax/previousmonth-function-dax

現在のコンテキスト

その説明には「**現在のコンテキストで、dates 列内の最初の日付に基づいて、前の月のすべての日付の列を含むテーブルを返します。**」とあります。

“現在のコンテキストで”と始まっていますが、現在のコンテキストとは何でしょうか？　図8.2を見てください。年月ごとの陽性者数が表示されていますね。第6章でも説明しましたが、［陽性者数］メジャーは1行でCOUNTROWSをしているだけのとても単純なものでした。

```
陽性者数 = COUNTROWS( '陽性患者詳細' )
```

にもかかわらず、年と月が行ヘッダーに指定されているだけで、年月ごとの陽性者数を求めて表示してくれます。これがコンテキストです。例えば、2020年12月の陽性者数には19,369という数字が表示されています。この値を求める際には、現在のコンテキストは「2020年12月」ということになります。

そうなると［陽性者数］のメジャーには条件が指定されていないのですが、実行される際に現在のコンテキストがフィルターとしてかかり、2020年12月の陽性者数を求めてくれるのです。

先ほどの説明に戻ると、次には「dates 列内の最初の日付に基づいて」とあります。現在のコンテキストは2020年12月で、その最初の日付ですから、2020年12月1日になります。続きには「前の月のすべての日付の列を含むテーブルを返します」とあります。2020年12月1日の前の月は2020年11月で、11月のすべての日付の列を含むということは、2020年11月1日から2020年11月30日ということになります。つまり2020年11月1日から30日までの日付を含むテーブルを返してくれるということになります。

前月の1日から末日までの日付がCALCULATE関数の第2引数に指定されると、それが条件として絞り込まれます。結果として、前月の陽性者数が求められます。

では、作成した［陽性者数前月］メジャーをマトリックスの値に指定してみてください。

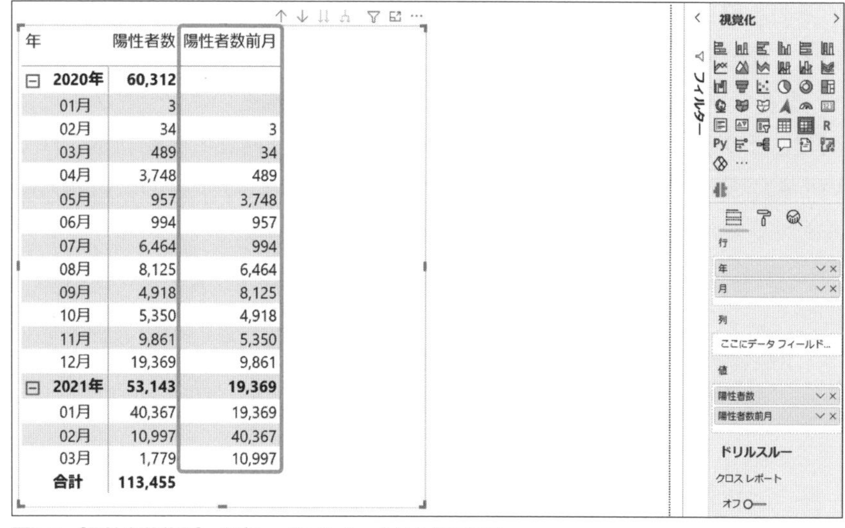

図8.3 ［陽性者数前月］メジャーをマトリックスの値に指定

なるほど、たしかに前月の数値が表示されていますね。ちょうど1つズレて表示されているはずです。ただ1つ気になるのが、2021年に表示されている値が19,369と2020年12月の値になっていることです。ここは年単位の合計値ですが、［陽性者数前月］はあくまでも月単位ですから、何も表示しないのが正しいですよね。こういう場合はどうにもならないのでしょうか？

ISINSCOPE関数

ご安心ください。タイムインテリジェンス関数ではありませんが、便利な関数が用意されています。ISINSCOPE関数です。

- ISINSCOPE関数
  https://docs.microsoft.com/ja-jp/dax/isinscope-function-dax

説明には「指定した列がレベルの階層においてそのレベルである場合はTrue を返します。」とあります。説明するより、見てもらった方がわかりやすいと思うので、メジャーを以下のように修正してください。

```
陽性者数前月 = IF( ISINSCOPE( '日付'[月] ), CALCULATE( [陽性
者数], PREVIOUSMONTH( '日付'[Date] ) ) )
```

IF関数を使用して、ISINSCOPE関数を条件で指定し、Trueなら前月の陽性者数を計算しています。

年	陽性者数	陽性者数前月
⊟ 2020年	**60,312**	
01月	3	
02月	34	3
03月	489	34
04月	3,748	489
05月	957	3,748
06月	994	957
07月	6,464	994
08月	8,125	6,464
09月	4,918	8,125
10月	5,350	4,918
11月	9,861	5,350
12月	19,369	9,861
⊟ 2021年	**53,143**	
01月	40,367	19,369
02月	10,997	40,367
03月	1,779	10,997
合計	**113,455**	

値が表示されない

図8.4　年の行には値が表示されない

こうすることで、年の行には値が表示されなくなりました。ISINSCOPE関数の引数で日付テーブルの［月］列を指定することで、この2021年の行ではスコープが異なることになり、計算されなくなったのです。

前月の陽性者数が求められたので、前月比が欲しくなりますよね。簡単です。［陽性者数］メジャーを［陽性者数前月］メジャーで割ればよいのです。

```
陽性者数前月比 = IF( ISINSCOPE( '日付' [月] ), DIVIDE( [陽性
者数], [陽性者数前月], 0 ) )
```

書式設定で［%］にすることを忘れないでくださいね。ほら、とても簡単でしょ？　概念を理解して、やってみると意外と簡単にできてしまうものです。

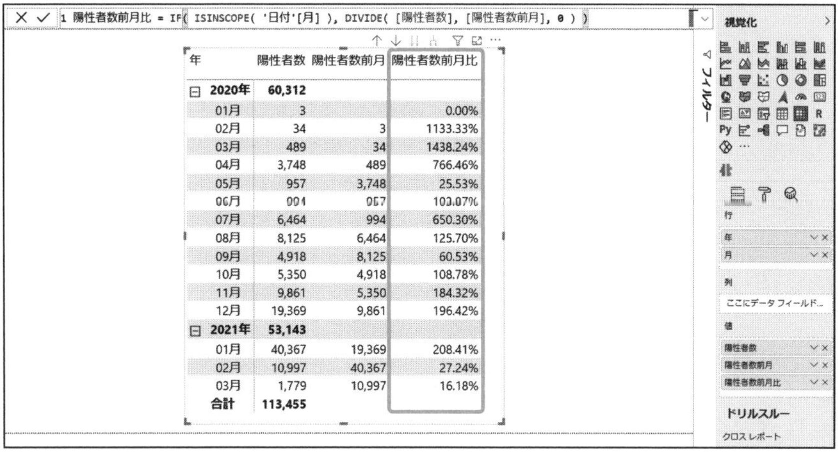

```
1 陽性者数前月比 = IF( ISINSCOPE( '日付'[月] ), DIVIDE( [陽性者数], [陽性者数前月], 0 ) )
```

年	陽性者数	陽性者数前月	陽性者数前月比
2020年	**60,312**		
01月	3		0.00%
02月	34	3	1133.33%
03月	489	34	1438.24%
04月	3,748	489	766.46%
05月	957	3,748	25.53%
06月	994	957	103.87%
07月	6,464	994	650.30%
08月	8,125	6,464	125.70%
09月	4,918	8,125	60.53%
10月	5,350	4,918	108.78%
11月	9,861	5,350	184.32%
12月	19,369	9,861	196.42%
2021年	**53,143**		
01月	40,367	19,369	208.41%
02月	10,997	40,367	27.24%
03月	1,779	10,997	16.18%
合計	**113,455**		

視覚化
フィルター
行
年
月
列
ここにデータ フィールド...
値
陽性者数
陽性者数前月
陽性者数前月比
ドリルスルー
クロス レポート

図8.5　前月比

こんな感じで、同じように年、四半期、月、日レベルで求めたい値が計算できるのがタイムインテリジェンス関数です。これら4つのレベル以外で計算したい場合は、第6章の7日間移動平均のようにロジックを考えて、計算する必要があります。適宜、求めたいものに応じて、使い分けてください。

2 レポートキャンバスは分割して使うべし

Power BI Desktopでレポートを作成していると、キャンバスにどうやってチャート（グラフや表）を並べようか？　と悩みます。キャンバスは決して広くないので、情報を整理しないと、ユーザーが必要で知りたいことを示すことができません。いわゆる**情報設計**ということになるのですが、多くの方が専門知識を持っていないのが実情です。ビジュアルデザインの専門知識を持っていないとレポートが作れないということになると、とても狭き門になってしまいます。

もちろん組織内にプロのデザイナーがいる場合は、任せるべきですし、Azure Power BI Embeddedを使用して、自社サービスに組み込んで、インターネット上にレポートを公開するということであれば、プロのデザインが必要となるでしょう。ですが、多くの組織がプロに任せるアプローチができないのが現状だと思います。かく言う私も、プロフェッショナルなビジュアルデザインの知識やスキルは持っていません。

Data Stories Gallery

そんな私が工夫していることがあります。Power BI CommunityのData Stories Galleryです。

- Data Stories Gallery
  https://community.powerbi.com/t5/Data-Stories-Gallery/bd-p/DataStoriesGallery

世界各国の方が、レポートを公開していて、そのレイアウトはとても参考になります。英語のページですが、見ているだけで、「なるほど、こんなレイアウトもアリだ！」と気付かされます。

ビジュアルを分割

ここでは、デザインのプロではない私が、プロでなくともなんとなく綺麗に見えるビジュアルの配置方法と考え方をお伝えします。

第6章で作成したレポートを参考にしましょう。わかりやすく、ビジュアルとビジュアルの間に線を引いておきました。

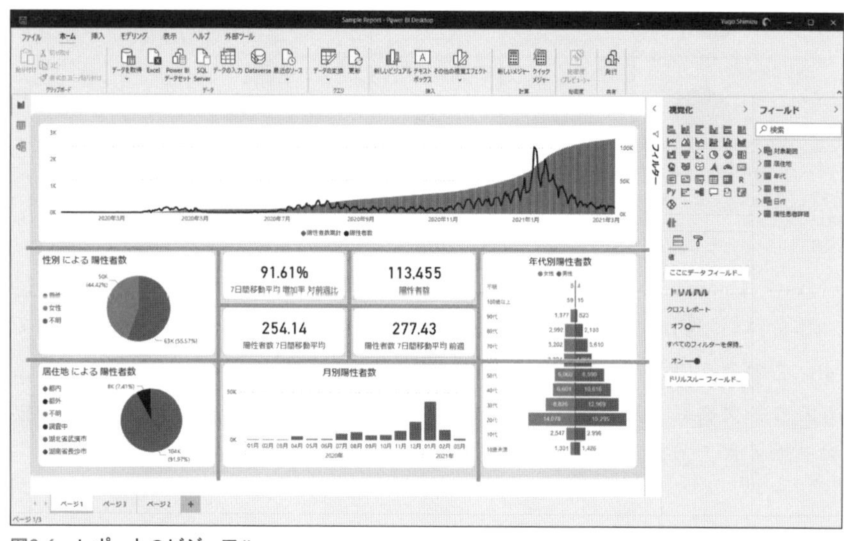

図8.6　レポートのビジュアル

ご覧になっていただけるとわかる通り、このレポートは、

① 上下に3分割
② 縦に3分割
③ 真ん中のエリアを4等分

されてできています。決して、等分しているわけではありません。[居住地による陽性者数]と[性別による陽性者数]は横幅が同じですが、[年代別陽性者数]とは横幅は異なります。

よりわかりやすくすると、こうなります。

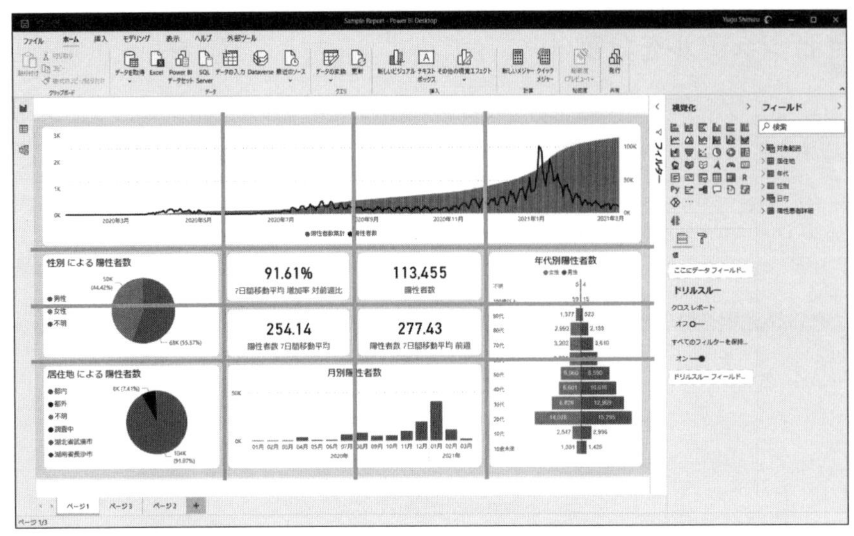

図8.7　レポートの分割

線を貫いて引いてみました。なんとなく整って見えるのは、これが理由です。このようにグリッドで配置をすると、誰でも整えることができます。よりバランスを考えると、黄金比を意識するとよいかもしれません。自然の摂理ですから、これを使わない手はないでしょう。

背景画像を指定

他にもこんな方法があります。PowerPointなどで背景画像を好きなように事前に作成しておき、それを画像として保存し、Power BIのページの背景に指定してしまう方法です。こうすることで、複数のページがあっても、基本レイアウトをイチから作る必要はなく、背景を適用していくだけで量産できます。また、ヘッダーやフッターはすべてのページで共通になりますから、統一感が出ることにもなります。

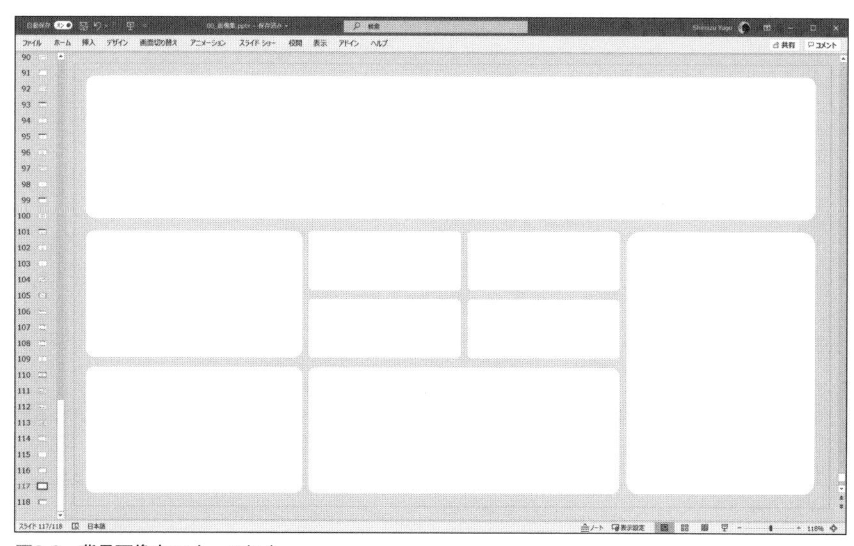

図8.8　背景画像をつくっておく

背景画像をPowerPointで作成して、そのスライドを画像として保存します。Power BI Desktopで新たにページを作成し、保存した画像をページの背景に設定します。[ページの背景] を開いて、[透過性] がデフォルトで100%になっているので、0%にしてください。[イメージの追加] をクリックして、PowerPointで作成した画像を指定します。

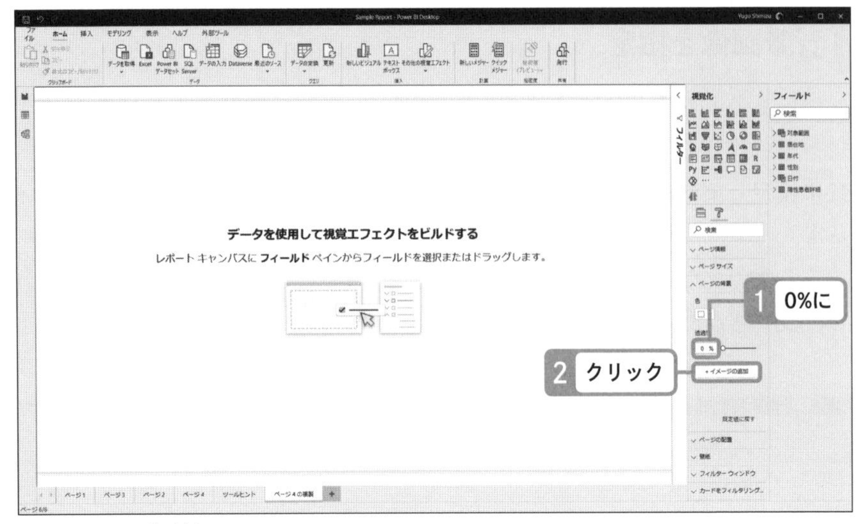

図8.9　イメージの追加

画像を指定すると、このようになります。PowerPointで作成した画像がページの背景になりました。あとはそれぞれの領域にビジュアルを置いていくだけです。

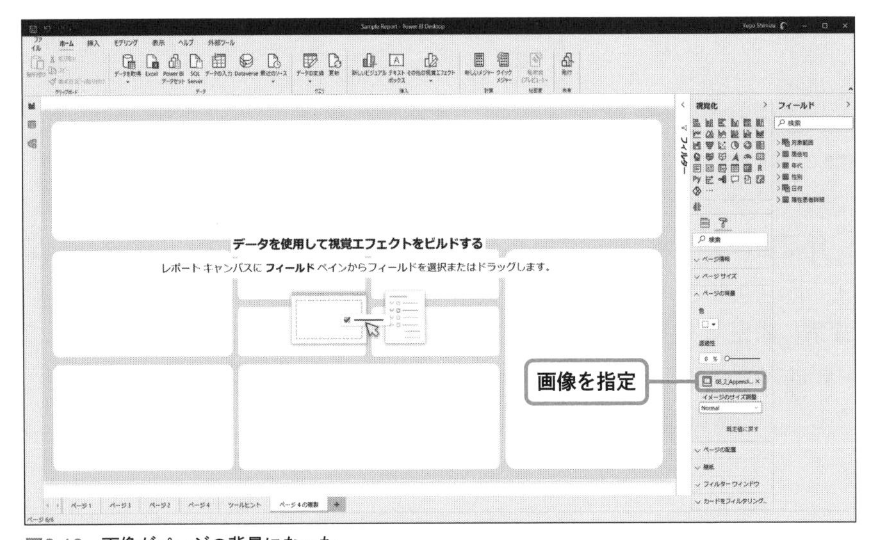

図8.10　画像がページの背景になった

既に出来上がっていたビジュアルをまとめて、このページにコピーして貼り付け、各ビジュアルの背景と罫線をオフにすることで、元通りに綺麗に配置されます。

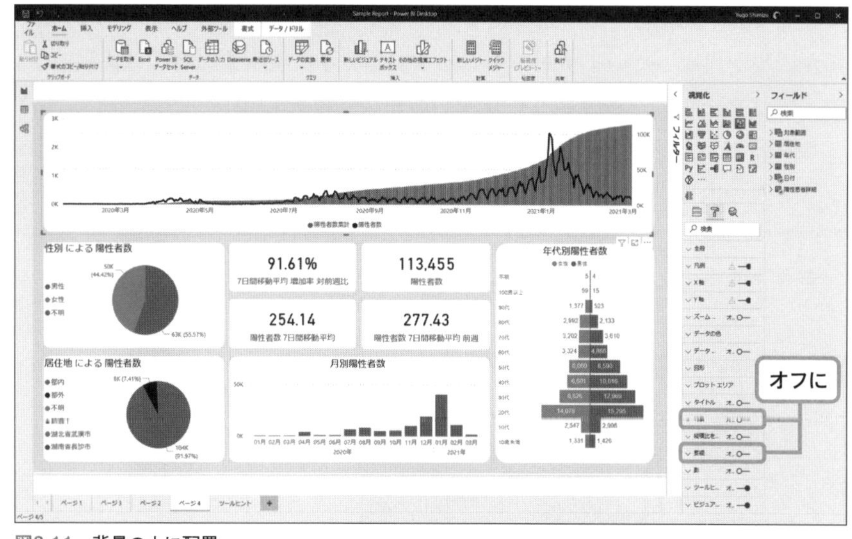

図8.11　背景の上に配置

Microsoftが公式で提供しているサンプルレポートでも使用されている方法です。少々URLが長いですが、以下のGitHubからpbixをダウンロードして開いてみてください。

- https://github.com/microsoft/powerbi-desktop-samples/blob/main/Monthly%20Desktop%20Blog%20Samples/2020/2020SU11%20Blog%20Demo%20-%20November.pbix

PowerPointであれば、誰でも好きなように画像を作ることができますよね？　もちろん他のツールの方が慣れているという方は、好きなツールで作ってしまいましょう。

これもまた工夫の1つですね。

3 Tooltip —— ツールヒント

英語では**Tooltip**、日本語では**ツールヒント**という機能があります。なぜだか表現が異なっていますが、両方知っておくと、検索するときに便利です。ここではツールヒントという表現でいきます。

これは、キャンバスの面積の制限を克服する1つの方法でもあります。ビジュアルの上にマウスオーバーした際に、紐付くデータを表示させるというものです。

デフォルトだと図のように黒いツールヒントが表示されます。

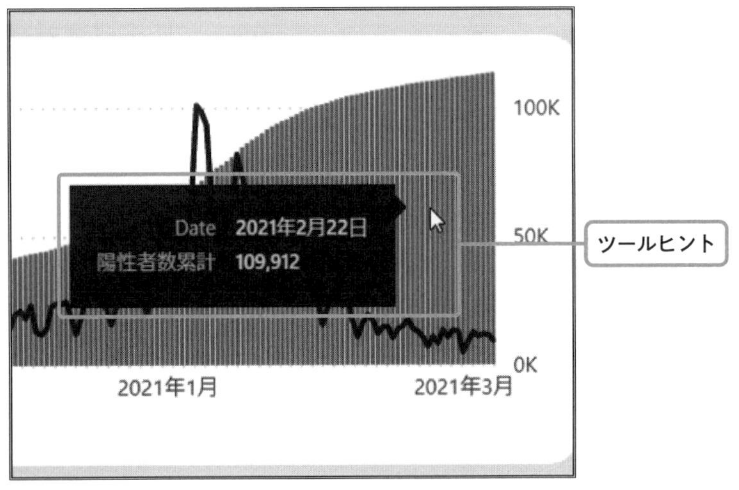

図8.12 黒いツールヒント

これを任意の表現に変えることが可能です。任意の表現といいましたが、手順はこうなります。

1. ツールヒント用のページを別途作成する
2. そのページを指定する

ツールヒントを設定

東京都の新型コロナウイルスのレポートで実際に見てみましょう。画面上部の複合グラフにツールヒントを設定し、その日までの陽性者数の累計と、その日の陽性者数を表示してみましょう。まずは新しいページを作成します。

ページを作成したら、[ページサイズ] で型を [ツールヒント] にします。そうするとキャンバスの内容が拡大されます。実際にはページサイズが小さくなるので、ページが拡大されたように見えます。うっすらと見えているのですが、[幅] が320ピクセル、[高さ] が240ピクセルと設定されています。これが [型] をツールヒントにした場合のサイズです。なお、この型を [カスタム] にすることで、幅と高さは自由に設定が可能です。ツールヒントにしておかなければ、ツールヒントとして使えないわけではありません。

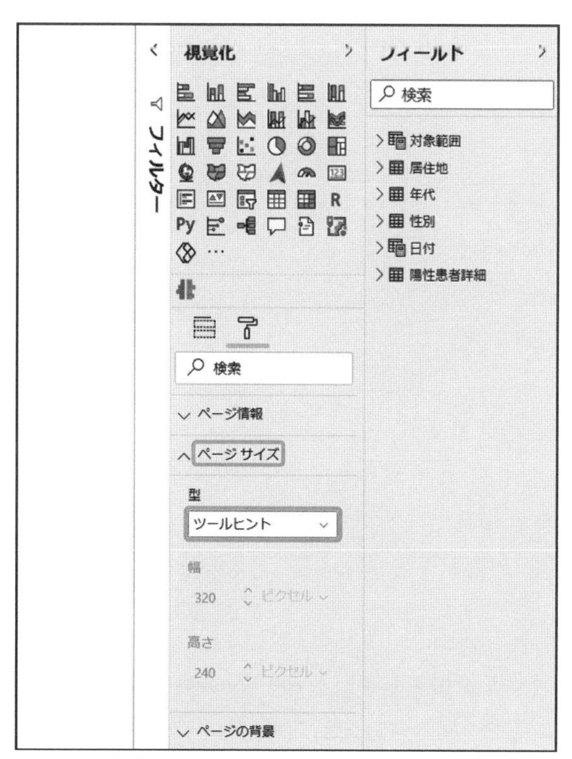

図8.13 型を [ツールヒント] に

このページがツールヒントとして使用できるようにするためのスイッチは、［ページ情報］にあります。［ページ情報］を開くと、［ツールヒント］という項目があるので、ここをオンにしてください。これで、ビジュアルからツールヒントとして、このページを設定することができます。

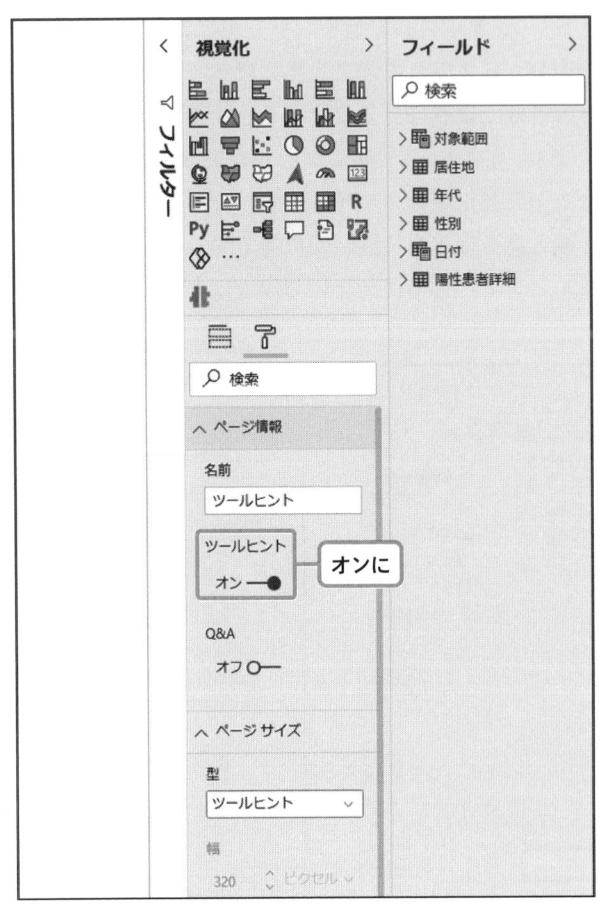

図8.14 ［ツールヒント］をオンに

さて、このページにビジュアルを用意しましょう。元のページにあった陽性者数のカードをコピーして、2つ貼り付けてください。上下に並べて、上はそのままで、下のカードの値を［陽性者数累計］に変更しましょう。

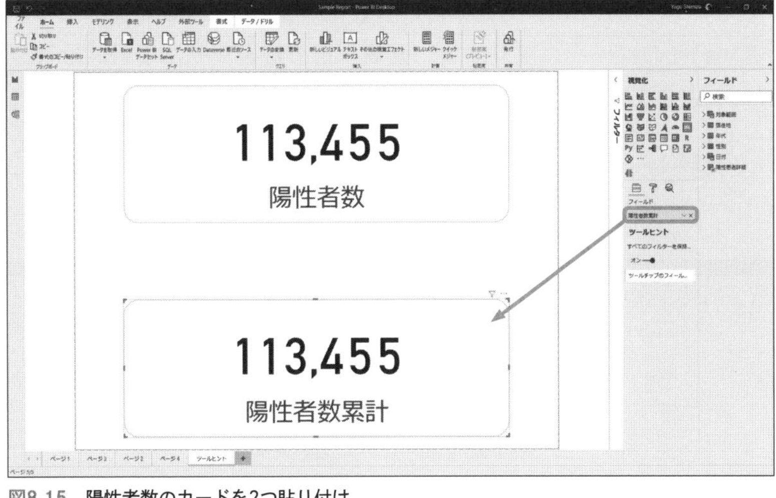

図8.15　陽性者数のカードを2つ貼り付け

2つのカードの高さをちょっと小さくして、上部にスペースを作ります。そこに新たにカードを置いて、日付テーブルの［Date］を指定してください。［データラベル］の［テキストサイズ］を20ポイントにして、［カテゴリラベル］をオフにします。

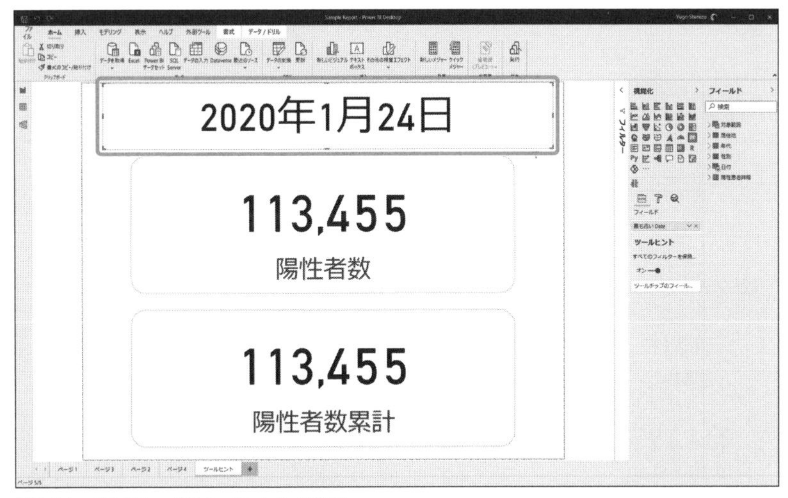

図8.16　日付テーブルの［Date］を指定

この時点で陽性者数と陽性者数累計の値が一致していますが、気にしないでください。元のページに戻ります。画面上部の混合グラフで書式を開き［ツールヒント］をオンにし、［型］を［レポートページ］にします。［ページ］でツールヒントのページ名を指定します。画面では「ツールヒント」というページ名ですので、それを指定しています。

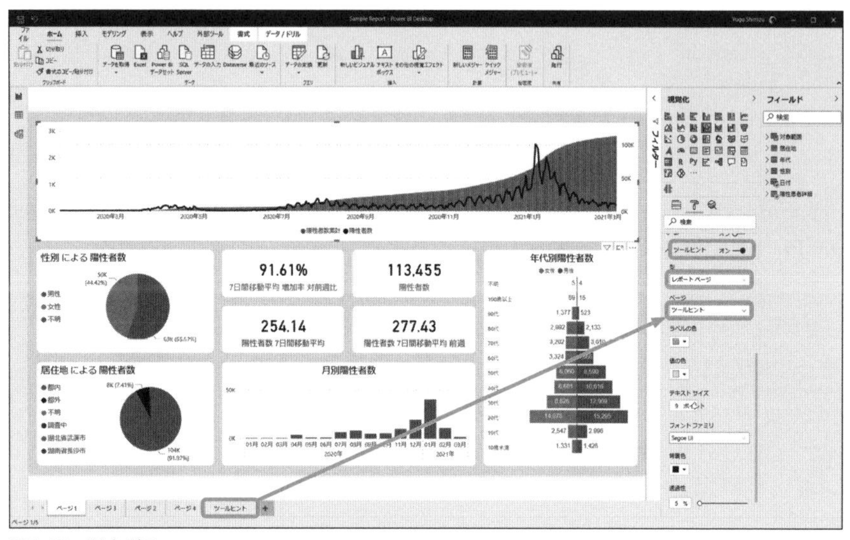

図8.17　混合グラフ

これで設定は終わりです。混合グラフにマウスを乗っけてみてください。

図8.18　ツールヒントが表示された

無事にツールヒントが表示されましたね。このように、既存のグラフのツールヒントを自由に変えることが可能です。別ページを指定して表示させているだけですので、ページで表現できれば、ツールヒントで表示できることになります。なお、ツールヒントがこのようにデフォルトのものから変更できるビジュアルはすべてではありません。ビジュアルにツールヒントの設定があるもののみになりますので、使用する場合は必ず確認してからにしましょう。また、ツールヒント内にはマウスを持って行くことができないため、スクロールやグラフをクリックすることはできません。

マウスを操作すると、該当の日の日付、陽性者数、陽性者数累計が表示されることを不思議に思われた方もいらっしゃるかもしれませんが、これはリレーションが作成されているからです。モデリングの賜物ということになります。**元のグラフに表示しているデータとリレーションがないデータを適切に表示することはできない**ということも理解しておきましょう。

4 どうしてもDAXが複雑になってしまう方へ ―― データモデリングのコツはExcel脳からの脱却

私は、Facebook上でJapan Power BI User Groupというコミュニティの管理者をしています。

- Japan Power BI User Group
  https://www.facebook.com/groups/JapanPBUG

2018年7月26日に思い付きで立ち上げて、2021年5月現在でメンバー数は1,760名です。

こんなにも多くの方が参加されているのは、Power BIの注目度の高さを表していると思います。日本語を理解できる方であれば、どなたでもご参加いただけるコミュニティになっています。Power BIの最新情報やPower BIに関する質問など、Power BIに関することなら何でも投稿できるグループになっています。

売上高比率を求めるには

さて、グループの宣伝が終わったところで、先日1つの質問が投稿されました。ここでは、その内容を基にお話を進めます。いただいた質問は以下です。

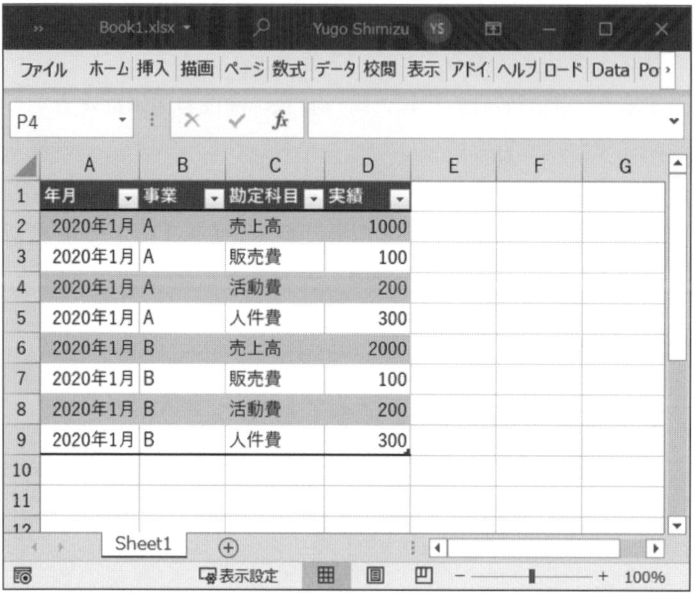

年月	事業	勘定科目	実績
2020年1月	A	売上高	1000
2020年1月	A	販売費	100
2020年1月	A	活動費	200
2020年1月	A	人件費	300
2020年1月	B	売上高	2000
2020年1月	B	販売費	100
2020年1月	B	活動費	200
2020年1月	B	人件費	300

図8.19　Excelのデータ

図のようなExcelのデータがあります。おそらく会計データの一部なのだと思います。業務でこういった表をグラフにしたい、というのはよくある要望ですよね。

このデータを使って、以下のような計算がしたいという要望でした。

年月	事業	勘定科目	経費	売上高比率
2020年01月	A	活動費	¥200	20%
2020年01月	A	人件費	¥300	30%
2020年01月	A	販売費	¥100	10%
2020年01月	B	活動費	¥200	10%
2020年01月	B	人件費	¥300	15%
2020年01月	B	販売費	¥100	5%
合計			**¥1,200**	**40%**

図8.20　要望の計算

つまり、**一番右の［売上高比率］を表の中で計算したい**ということです。1行ずつ見ていくと、［事業］の［勘定科目］ごとに売上高に対する比率が出したいということです。

少しわかりやすくするために売上を列に追加しておきましょう。

年月	事業	勘定科目	経費	売上	売上高比率
2020年01月	A	活動費	¥200	¥1,000	20%
2020年01月	A	人件費	¥300	¥1,000	30%
2020年01月	A	販売費	¥100	¥1,000	10%
2020年01月	B	活動費	¥200	¥2,000	10%
2020年01月	B	人件費	¥300	¥2,000	15%
2020年01月	B	販売費	¥100	¥2,000	5%
合計			**¥1,200**	**¥3,000**	**40%**

図8.21　売上を列に追加

こう表示すると、イメージが湧きやすいと思います。［年月］はすべて2020年01月で同一ですので、横に置いておいて、［売上高］を見てみると、事業Aは1,000円、事業Bは2,000円です。経費÷売上をすると売上高比率が出るということです。

セルという考え方は捨てる

Excelでやるのであれば、とても簡単です。値をコピーして、売上列を作って、売上高比率の列に経費÷売上の式を入れればおしまいですね。しかし、**そう考えているうちは、絶対にPower BIでこの計算はできません**。たとえできたとしても、とても複雑なDAXになります。それはこの表以外では使えない、再利用不可なメジャーになるでしょう。

なぜか？　Excelのワークシート上で値を入力して隣の列に計算結果を出す場合、セルという番地で考えますよね。[テーブルとして書式設定] している場合であれば、[@経費] ÷ [@売上] のように列を指定しますね。いずれにしても、セルベースの考え方で計算をします。なぜなら、Excelはセルに実数が入っているからです。そしてそれが目に見えているから、A1やB2といったように指定ができます。

ですが、Power BIの場合は、Power Queryエディターやデータペイン、またはビジュアルのテーブルなど、どの画面であっても、**データが見えている際にセルという考え方はありません**。まずは**セルという考え方を捨ててください**。Power BIではデータはデータセット内のテーブルに存在し、セルという番地は存在しません。存在しないのですから、指定はできないのです。セルという番地を使わずに、常に実行したい計算を実施するためにDAXで式を書くのがPower BIです。

例えるなら、地球上と宇宙空間の違いです。地球上にいれば、人は上下左右、東西南北など、一定の基準に従った方向を認識できますが、宇宙に行くと、その概念はありません。宇宙には重力という基準に応じた上下左右や東西南北など、方向そのものが存在しないからです。

方向や番地がわからなくても、データを特定し自由に計算できるようにデータ間の関係を定義することがデータモデリングだと考えられます。

表であってデータではない

もう1つ、とても大事なことがあります。最初のExcelの表をご覧ください。この表を見て、違和感を覚えませんか？　この違和感に気付かれた方は、それを解消するようにモデリングをすれば、目的を達成できます。

さて、違和感とは何か？　よく表を見てください。データには年月、事業、勘定科目、実績があります。言葉で説明すると、「**事業別に特定の年月の実績を勘定科目ごとに記録した表**」ということになります。注目するべきは勘定科目です。もしこれらの実績を計算する場合、売上高以外の値は、経費に分類されます。つまり、売上高のみプラスの値で扱う必要があり、経費は売上から引く必要があります。性質の異なる値が、1つの表に入っているが故に、このままデータとして使用するのはオススメできません。

そう、**これはあくまでも「表」であって、「データ」ではない**のです。言い換えると、「表」であるということは、これは情報だということです。データに意味を付けたものが情報だと、一般的にいわれています。わかりやすいか？　といわれると、わかりやすいとはいえないので、わかりにくい情報ということになっています。

適切なデータモデリング

データモデリングとは、データでビジネスモデルを表現することを指し、実業務をモデル化することです。優れたアーキテクトはデータモデルを見ると、そのビジネスモデルが理解できるといいます。**データモデルはビジネスモデルそのものを具現化したものにする必要があります**。この観点から考えても、この表のまま、データとして使うのはオススメできません。ということで、適切なデータモデリングから実施しましょう。

ここでいう適切なデータモデリングとはどうすればいいのか？　本書でも何度も出てきていますが、スタースキーマにしましょう。Power BIにおけるスタースキーマに関する公式ドキュメントを記しておきます。

- スタースキーマとPower BIでの重要性を理解する
  https://docs.microsoft.com/ja-jp/power-bi/guidance/star-schema
- Power BI でデータ モデルを設計する
  https://docs.microsoft.com/ja-jp/learn/modules/design-

model-power-bi

- Power BI でデータをモデル化する
  https://docs.microsoft.com/ja-jp/learn/modules/model-data-power-bi

スタースキーマにする

このExcelを、とりあえずPower BIで読み込んで最初にすることは、テーブルを売上と経費に分けることです。

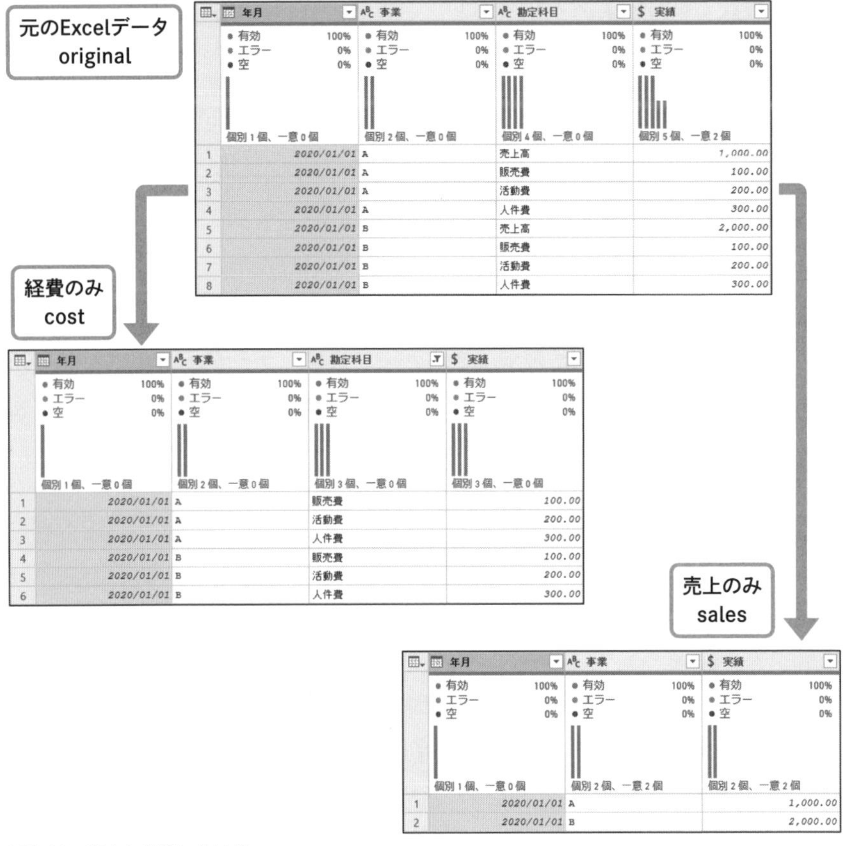

図8.22　売上と経費に分ける

詳細な操作は示しませんが、ここまで読み進めてきた皆さんなら、できるはずです。元のExcelデータ（original）を読み込んで、クエリを参照して、新たなクエリを2つ作成し、一方は経費のみ（cost）、他方は売上のみ（sales）にしてください。

ディメンションとして使用するクエリを追加

また、ディメンションとして使用するために、事業だけのクエリも作成しておきましょう。元のExcelデータ（original）を参照して、クエリを増やし、［事業］以外の列を削除後、重複を削除してください。そうすると、事業を一意の値にすることができ、ディメンションとして使用できます。

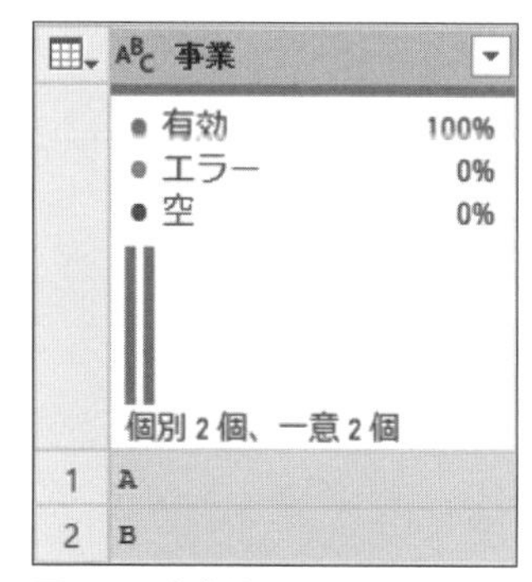

図8.23　事業だけのクエリ

［閉じて適用］をし、Power BI Desktopに戻ったら、日付テーブル（date）を作成してください。

リレーションシップを作成

そうして、リレーションシップをこのように作成します。

表8.1　日付テーブル（date）

No.	元	方向	先
1	date［Date］	⇒	cost［年月］
2	date［Date］	⇒	sales［年月］
3	事業［事業］	⇒	cost［事業］
4	事業［事業］	⇒	sales［事業］

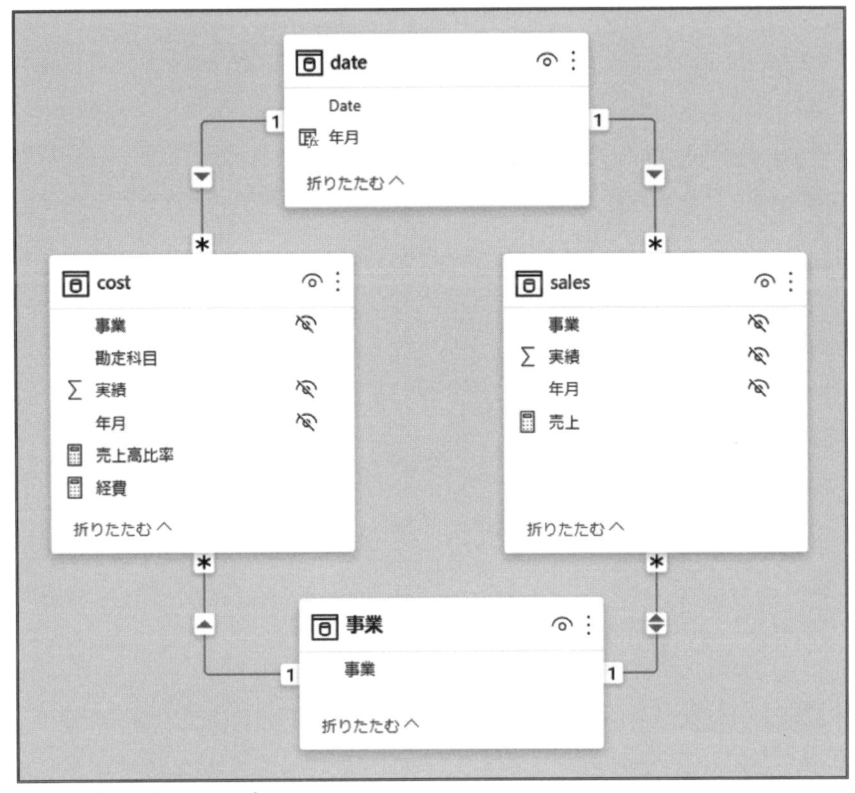

図8.24　リレーションシップ

メジャーを作成

これで売上高比率を計算するメジャーを作る準備ができました。あとは3つのメジャーを作ります。

```
売上 = SUM( sales[実績] )
経費 = SUM( cost[実績] )
売上高比率 = DIVIDE( [経費], [売上], 0 )
```

とても単純ですね。salesテーブルの［実績］は売上のみですから、SUMで合計を求めてしまえばよいですね。costテーブルの［実績］は経費のみですから、こちらもSUMで合計を求めてしまえばよいです。売上メジャーと経費メジャーができたので、経費を売上で割れば、売上高比率が求められます。割り算をするときはDIVIDE関数でしたね。ゼロ割を防ぐためです。

レポートペインに戻って、ビジュアルでテーブルを配置して、列を以下のように指定すると、冒頭にお見せした表が出来上がります。

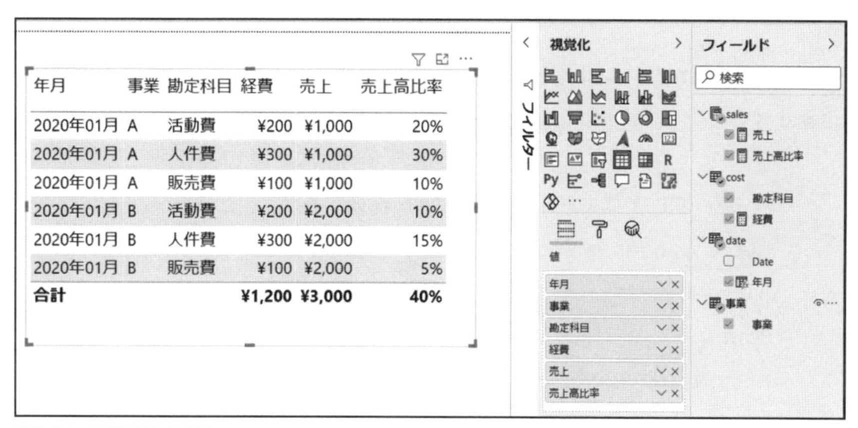

図8.25　表が出来上がる

メジャーをこのように作成しておくことで、DAX自体がとてもシンプルですし、何より他のビジュアルでも、そのまま使用することができます。以下は、縦棒グラフでスモールマルチプルに事業を指定した場合の例です。事業ごとの売上高比率が視覚的にわかりやすくなりますね。

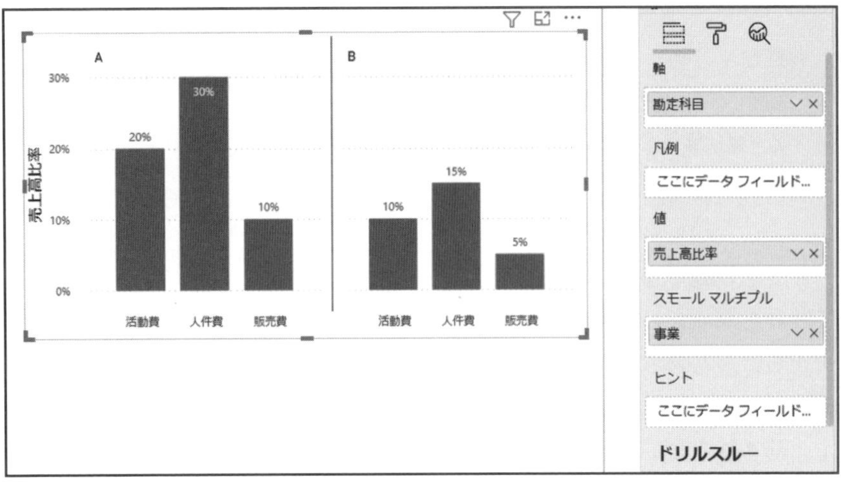

図8.26　縦棒グラフでスモールマルチプルに事業を指定

スモールマルチプル

スモールマルチプルは比較的新しい機能です。公式ドキュメントを記しておきます。

- Power BI でスモール マルチプルを作成する（プレビュー）
  https://docs.microsoft.com/ja-jp/power-bi/visuals/power-bi-visualization-small-multiples
- Power BI でスモール マルチプルと対話する（プレビュー）
  https://docs.microsoft.com/ja-jp/power-bi/visuals/power-bi-visualization-small-multiples-interact

適切なモデリングをすることで、必要なメジャーはとても単純なDAXで書くことができるようになるのです。

5 接続モードについて ―― インポートとDirectQuery

Power BIには3つの接続モードがあります。

1. インポート
2. DirectQuery
3. ライブ接続

インポート

基本となる接続モードは、**インポート**です。**インポートモード**とも呼ばれますが、これはデータソースに接続して、データのコピーをPower BIにインポートするので、そう呼ばれます。ある時点のデータのスナップショットを保持するということです。Power BI Serviceに発行すると、スケジュール更新によって、指定された時刻にデータを取得しますが、インポートモードで作成されたレポートは、その時点のデータをインポートするということになります。データソースの種類に依存せず、データベース、Excel、APIなど、ごく一部を除いたどんなデータソースでも、インポートモードがサポートされています。

DirectQuery

SQLでデータを取得できる一部のデータソースには、**DirectQuery**というモードでも接続することができます。これは、Power BIにデータをインポートして保持するのではなく、ビジュアルを表示または操作するたびに、データソースに問合せを行い、データを取得します。常に**現在のデータを表示する場合に使用するもの**です。

ライブ接続

ライブ接続は、データソースがSQL Server Analysis Services、またはAzure Analysis Services、およびPower BIデータセットの場合に選択できる接続モードです。これらはDAXを解釈できるデータソースなので、ビジュアルで操作された処理がDAXでそのままデータソースに送信されて実行されます。ライブ接続の場合、Power BIは**データを保持しません**。DirectQueryと同様、常に**現在のデータを表示する**ことになります。

インポートモードとの違い

DirectQueryとライブ接続では、**データソース側でデータの整形が終わっていることが前提**とされています。つまりデータ準備が終わっていることが求められるので、ここはインポートモードと大きく考え方が異なるところです。

DirectQueryに関する注意事項

多くの方が「**常に現在のデータが見たいから、DirectQueryで行こう**」といわれるのですが、これには注意が必要です。

まず、Power Queryでクエリが複雑すぎるとエラーが発生します。また、DAXで使える関数に制限があります。これは、ビジュアルで操作がされた際に、そのとき必要なデータを取得しに行くからです。具体的には、ビジュアルでスライサーによってあるデータで絞り込もうとした場合、選択された値をSQLのWhere句に変換します。DAXで指定された値をWhere句に渡すのですが、その際、Power QueryもSQLに変換されます。つまりDAXで指定された値がPower Queryに渡されて、SQLに変換されて、データソースに送信されます。このとき、DirectQueryで作成されたレポートで使用可能なDAX関数に制限があるのはこのためです。またSQLに変換することができないくらい複雑なPower Queryを書いてしまうと、これもDirectQueryでは実行できないということになります。

DirectQueryは、Power BIの機能に対して、制限があるモードだと認識をしてください。そういうわけで、インポートモードが基本ということになります。

▶パフォーマンス

他にも、ビジュアルで操作が行われた結果、データを取得しに行くので、パフォーマンスにも注意が必要です。

1. ビジュアルで操作が行われる
2. データソースにデータを取りに行く
3. データソースがデータを返す
4. 返されたデータを受け取ってPower BIがビジュアルを表示する

簡単にいうとこういう順序になるのですが、この際、トータルのレスポンスタイムを意識しておく必要があります。例えば、データソースにデータが100万行あった場合に、そのうちの何件を集計対象にする問合せが行われるのか、意識をしておく必要があります。SQL Serverがデータソースであれば、ご自身のPCからSQL Server Management StudioでSQLを実行してみて、何秒でデータが取得できるか試しておく必要があります。データを取得するのに5秒かかるのであれば、DirectQueryのPower BIレポートでデータが表示されるまでのレスポンスタイムは5秒以上かかることが予想されます。

データをデータソースから取得するというのは相応のコストがかかる処理です。

DirectQueryを使用する場合は、必ずデータベースエンジニアの方と一緒に適切な対応を心掛けるようにしてください。

そうはいっても「常に最新のデータが必要」だといわれることがあります。**ユーザー層の方にぜひとも検討していただきたいのが、「最新」の定義**です。これまでの私の経験で例を挙げると、ユーザーにとって「**最新**」とは

- 昨日までのデータ
- 直近8時間のデータ

- 直近1時間のデータ
- アクセスした際のデータ

と、実に様々です。上記でいうと、DirectQueryは、最後のケースのみ使用を検討する必要があります。その際には、**データソース側で可能な限りデータ準備を終えておく**必要があります。データソースでデータ準備が終わっていれば、Power Queryで複雑な処理をする必要がなく、データを取得するだけで処理が終わるからです。

▶ DirectQueryの最新情報

現在もその仕様が更新されているので、最新情報については、必ず公式ドキュメントを読んでください。

- Power BI DesktopのDirectQuery
  https://docs.microsoft.com/ja-jp/power-bi/connect-data/desktop-use-directquery

6 Q&Aからビジュアルを作成する

Power BI Q&Aという機能について、紹介します。実にMicrosoftらしい機能です。Power BI DesktopとPower BI Serviceでそれぞれ使用可能なのですが、ここではPower BI Desktop上での使用方法を紹介します。公式ドキュメントを記載しておきますので、詳細は公式ドキュメントでご確認ください。

- Power BI で Q&A ビジュアルを作成する
  https://docs.microsoft.com/ja-jp/power-bi/visuals/power-bi-visualization-q-and-a

Q&Aビジュアル

さて、第6章で作成した東京都の新型コロナウイルスのレポートを開いてください。画面下の+ボタンでページを増やします。空白のページが開いたら、キャンバスのどこでもいいので、ダブルクリックをしてください

図8.27　空白ページのキャンバスをダブルクリック

ダブルクリックをした場所に何やらビジュアルが表示されたはずです。これが**Q&Aビジュアル**です。折れ線グラフや棒グラフと同様、これもビジュアルの1つです。上部にテキストボックスがあり、そこに自然言語を入力することで、欲しいビジュアルを作成してくれるという一種のAIを利用したビジュアルです。私達日本人に残念なのは、理解できる自然言語が英語という点ですが、それほど難しいものではないので、使ってみましょう。

▶ 構文の入力

既に候補が表示されているのでそれらをクリックして始めてもいいのですが、ここは自ら入力してみましょう。先に基本構文を示しておきます。

```
show [列名 or メジャー] (,[列名 or メジャー]...) where [列名]
is <時制> by [列名] as <グラフ種類>
```

まずshow 陽性者数と入力してください。ここでいう陽性者数は、メジャーを指しています。そうすると、カードで陽性者数が表示されたはずです。続けてby dateと入れましょう。

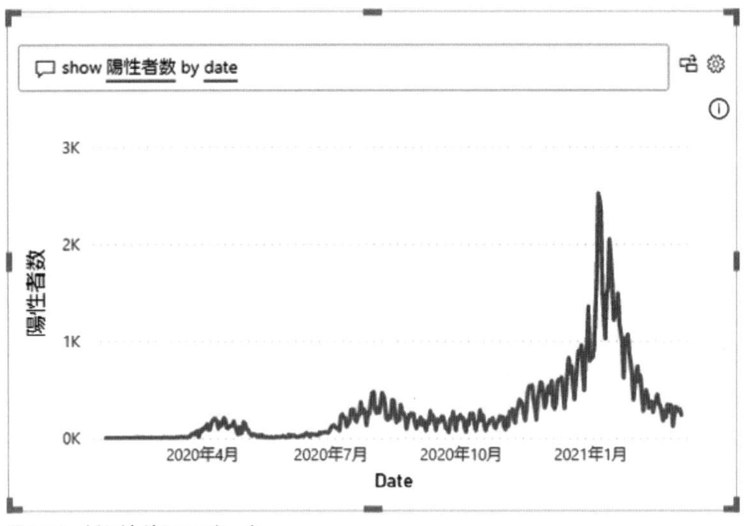

図8.28　折れ線グラフになった

そうすると折れ線グラフになりましたね。このように自然言語で「列やメジャーを見せて」と伝えると最適なグラフにして表示してくれます。**表示されたチャートをそのままビジュアルとして使いたい場合には、Q&Aビジュアルの右上にある歯車マークの左にあるアイコンをクリック**します。そうすると、ビジュアルがそのまま適用され、画面上で使用することができます。

▶時制

他にも、基本構文で示したようにいつ時点の値が見たいという場合には、`where [列名] is` <時制>という形で指定ができます。この場合に指定する[列名]は、通常日付テーブルの[`date`]です。日付テーブルとしてマークしている場合は、何も考えずに[`date`]と指定することで、自動的に理解をしてくれます。**<時制>とは、today, this month, thisweekなど時を表す言葉**です。面倒な場合は、`where [列名] is`を省略し、<時制>を表す言葉だけでも理解してくれます。試しに続けて、this weekと入力してください。

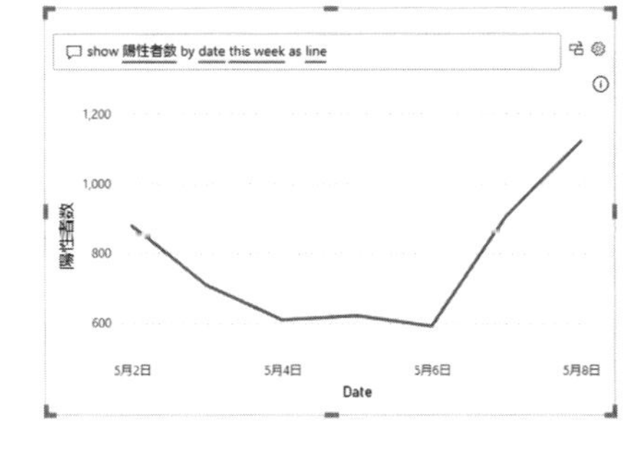

図8.29　今週のデータ

そうすると、今週のデータが複数の行カードで表示されました。これを折れ線グラフにするには`as line`と続けてください。いかがでしょうか。図8.29の右のように折れ線グラフになりましたね。

▶構文の意味

一度ここまで入力した文を整理しておきましょう。

```
show 陽性者数 by date this week as line
```

今こうなっているはずです。これは「今週分の陽性者数を日付ごとに折れ線グラフで見せてください」と伝えていることになります。

表8.2　入力した文と意味

元		意味
this week	⇒	今週分の
陽性者数	⇒	陽性者数を
by date	⇒	日付ごとに
as line	⇒	折れ線グラフで
show	⇒	見せてください

ということです。ちなみに、showはなくても問題ありませんが、最初にshowと入力すると候補を示してくれるので、showで始めるようにしておくと非常に便利です。

つまり、showの後に表示したい値を指定して、チャートで凡例に指定するカテゴリーや軸をbyで指定する。複数の値や軸を指定する場合はカンマで続けると複数の指定が可能です。時制を表す言葉でその時点や範囲を理解してくれて、グラフの種類はasで指定する。まとめるとこんな感じです。

日本語を母国語とする私達には、コマンドに見えるかもしれませんが、英語を母国語とする人たちには、まさしく自然言語で指定していることになり、とてもAI的な機能ということになります。

そして、より便利な使い方があります。正直ここまでなら、「**自然言語で指定できるのはすごいけど、Q&Aを使わなければいけない理由にはならないよね。マウスでやればいいわけだから**」と思われるかもしれません。

ただ、**時制を表す言葉はQ&Aでしか指定ができない**ので、既にその恩恵を受けていることになります。今週を表すthis weekという言葉は、常に今週になります。例えばこれをlast weekとすると、常にその時点から先週を、next weekとすれば来週を指してくれます。このように**相対的な時制を指定できるのはとても便利**で、これをDAXによって指定してくださいといわれたら、すぐできませんよね？　タイムインテリジェンス関数を使えば可能なのですが、それが人間にとってよりわかりやすい自然言語で指定ができるというのは、非常に直感的でわかりやすく実にMicrosoftらしい機能といえます。

他にも上位5件を表示したいといった場合、DAXで表現する方法はわかりませんという方が多いのではないでしょうか。Q&Aを使えばとても簡単で、値の前にtop 5と指定するだけです。

試しにtop 5 陽性者数 by date as tableと入力してください。そうすると、日付ごとに陽性者数の多い日を示してくれたはずです。

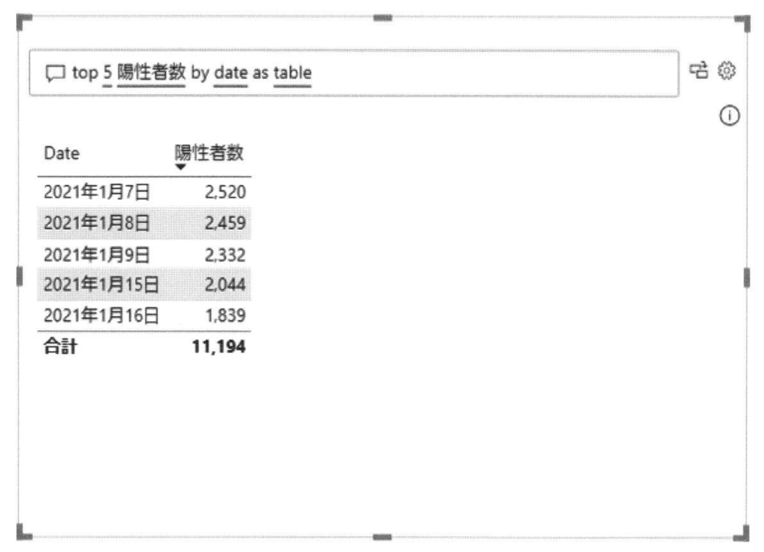

Date	陽性者数
2021年1月7日	2,520
2021年1月8日	2,459
2021年1月9日	2,332
2021年1月15日	2,044
2021年1月16日	1,839
合計	11,194

図8.30　陽性者数の多い日上位5件

ちなみにtopをbottomに変えると、下位を示してくれます。これもまたDAXでやろうとすると、すぐにはできない例の1つです。

▶インテリセンス

Power BI Q&Aは、なんとなく基本構文を押さえておけば使えてしまうものですが、英語が得意ではない方にとっては、コンピュータ言語を覚えるようなものかもしれません。幸いなことに、いくつか文字を入力するとインテリセンスと呼ばれる機能によって、候補が表示されます。唯一覚えておいた方がいいのは先ほどのtopやbottomといったキーワードの他にチャート（グラフ）の種類があります。

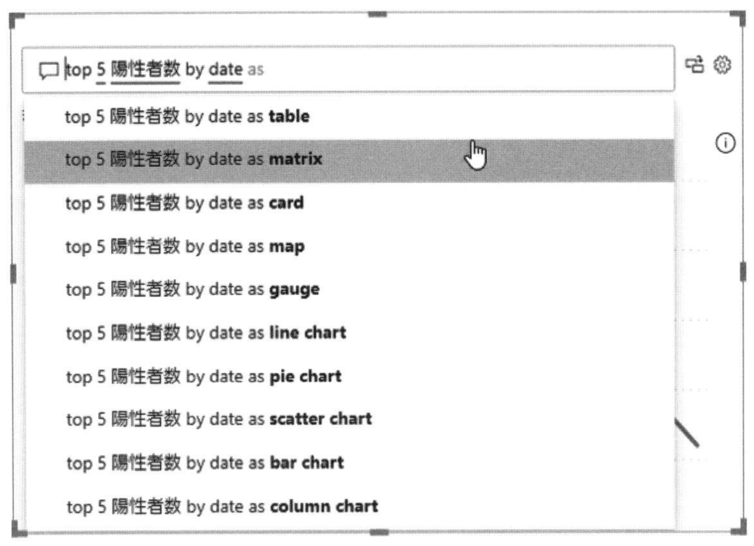

図8.31　チャートの種類

asと入力すると、これだけの候補がインテリセンスによって表示されます。チャートは英語名で指定しなければならないので慣れていないと困惑するかもしれません。tableやmatrixなど、日本語と同じ表現で通じるものもありますが、表現が異なるものは知らないと使えません。折れ線グラフがline chartなのはまだいいかもしれませんが、円グラフがpie chart、散布図がscatter chart、横棒グラフがbar chart、縦棒グラフがcolumn chartといったように、知らないと使えないものがあります。この辺りは試しに使ってみて、慣れておきましょう。

▶2通りの使い方

Power BI Q&Aは、2通りの使い方があります。

1. Power BI Q&Aのまま使う
2. ビジュアルに変換する

Power BI Q&Aのままでも立派に1つのビジュアルです。**Q&Aビジュアルのまま、Power BI Serviceに発行することで、ユーザーに任意にデータを探索してもらうことが可能**です。日本では、どうやって問合せを行うか事前に知らせておかないと、ユーザーが使い方がわからなくて困惑してしまう可能性があるところだけ注意が必要ですが、自由探索が行えるというのはとてもリッチな体験になります。

2.の使い方はレポートを作成する補助としての使い方です。ある程度まで自然言語で指定して、表現ができたら、右上の歯車マークの左にあるアイコンを押して、ビジュアルにしてしまいます。そこからは通常のビジュアルと同様、マウス操作で設定をすることが可能ですので、自然言語ですべて指定する必要はありません。ある程度までできたら、そこから先はマウスで操作した方が簡単だったりします。色や文字の大きさ、タイトルを付けるなどの書式設定はその後やりましょう。

その他、Power BI Q&AはPower BI Serviceでもレポートを作る際に利用でき、ダッシュボードでも動作します。また、Power BI Desktop上でより高度な使い方として、自身のレポート内で用語を学習させたり、オススメの質問を登録しておいたりすることも可能です。

▶注意点

最後にPower BI Q&Aを使用するための注意点を記しておきます。Q&Aは一種のAIなので、適切な結果を返してもらうためには、準備が必要です。

1. テーブルと列の名前を適切な英語にしておく
2. 列のデータ型と既定の概要（既定の集計）を適切に設定しておく
3. 適切なリレーションシップを設定しておく

1.は日本語をベースにする私達には残念なのですが、**Q&Aは質問を英語で解釈します**。したがって、指定されるテーブル名や列名は可能な限り、英語でわかるような名前にしておくと、適切に解釈してくれます。その際、1つの単語で表しておくと解釈されやすいです。

例えば、製品一覧を表すProduct Listや顧客一覧を表すCustomer Listというテーブルがある場合、ProductsやCustomersと複数形にしておくことで単純に1単語で表現できます。こうすることでQ&Aは解釈しやすくなるということです。どうしても2つ以上の単語で表現しなければならない場合は、単語をくっつけるのではなく、半角スペースを単語と単語の間に入れておいてください。

ちなみに本書では、わかりやすさを優先して、すべて日本語でテーブル名や列名、メジャー名を付けています。この1.を考慮した名称にはなっていませんので、ご注意ください。

次に2.のデータ型の話です。**特に日付や数値に気を付けてください**。データを読み込んだ際、日付が文字列になっていると、日付として解釈できません。つまりQ&Aで時制を表す語句を入れても、日付が文字列になっていると、その列によって評価をしてくれないことになります。数値も同様です。値としてすべて数字が入っていても、文字列になっていると、集計対象の列になりません。データ型は適切に設定しておきましょう。

そうしてデータ型を適切に設定できたら、[既定の概要]にも注意が必要です。特に日付テーブルの年、月、日やKeyとなるID列などに多いのですが、これらは数値なのですが、通常集計はしません。年は4桁の数値ですが、2020と2021を合計しても何も意味を成しません。IDも同様ですよね。ユニークな値として数値になっているだけであって、それらを合計してもやはり意味がありません。その他、年齢や身長などは合計には意味がないですが、平均を求めたいことはあります。こういった場合、**[既定の概要]できちんと[集計しない]または[平均]に設定しておくことで、Q&Aが誤って集計してしまうことを避けることができます**。画像は日付テーブルの[年番号]の例です。リボンの[列ツール]を見ると、[概要]のところが[集計しない]になっています。こうすることで、Q&Aはこの列をデフォルトでは集計対象にはしません。

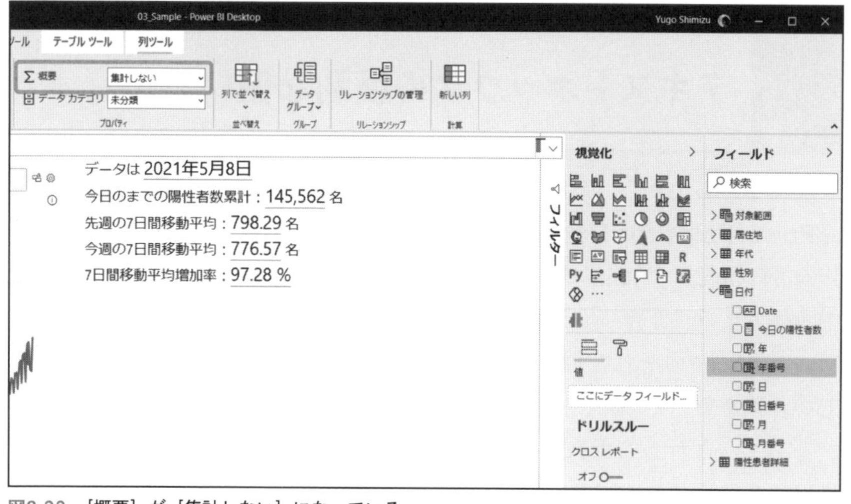

図8.32 ［概要］が［集計しない］になっている

そして何よりも大事なのが3です。Q&Aは入力された質問を解釈して、DAXによって計算が実行されます。その際、**適切にリレーションシップが設定されていると、テーブル間のリレーションシップを辿って、意味を解釈してくれます**。リレーションシップがなければ、テーブル間の関係性がわからないので、解釈できなくなります。これは言い換えると、適切にモデリングがされていることがQ&Aにとって重要な準備となるということです。いくらAIだからといっても、示されていない関係性は追うことができません。ファクトとディメンションに適切に分けられていれば、基本的に問題ありません。

Q&Aを適切に使うためのベストプラクティスは公式ドキュメントに記載されていますので、詳細はぜひそちらで確認してみてください。

- Power BI の Q&A を最適化するためのベスト プラクティス
  https://docs.microsoft.com/ja-jp/power-bi/natural-language/q-and-a-best-practices

7 テキストボックスの便利な使い方

2020年くらいから、Microsoftは年次イベントのセッション等でPower BIを**PowerPoint for Data**と表現しています。文字通り、データのためのPowerPointということで、データを扱うのに、まるでPowerPointでスライドを作るようにレポートが作成できることを意味しています。事実、リボンはPowerPointのそれと似たようなボタンになっていたり、ビジュアルどうしの位置を整えるのに、ガイドラインが表示されたりします。

そして、これもまたPowerPointと同じように、ビジュアル以外のオブジェクトを扱うこともできます。

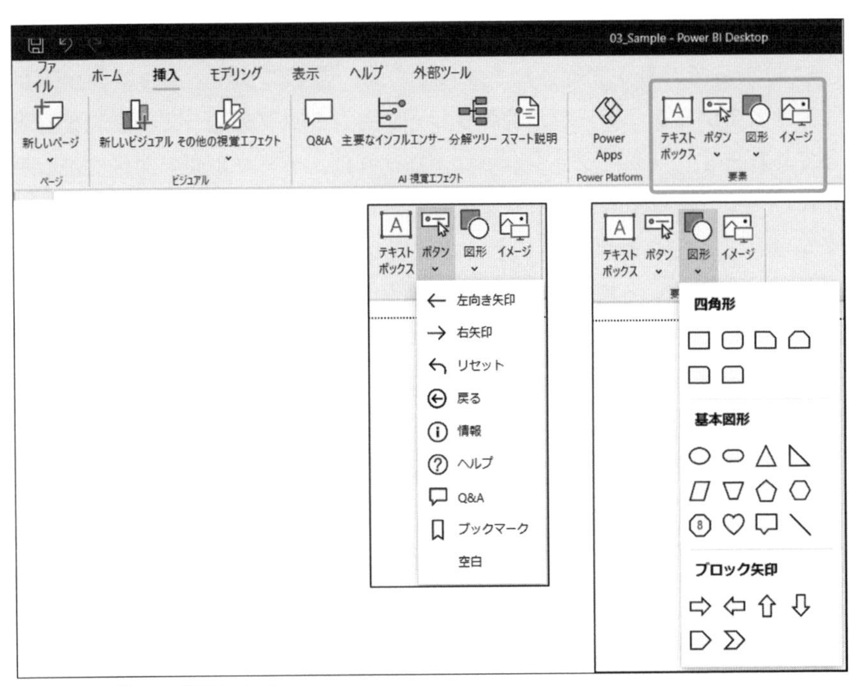

図8.33 リボンの［挿入］タブ

このようにリボンの［挿入］タブを見ると、一番右端に

- テキストボックス
- ボタン
- 図形
- イメージ

があります。**テキストボックス**はその名の通り、任意の文字列を表示しておきたい場合に使用します。書式設定も可能です。**ボタン**はPower BIレポートで、別のページに移動するナビゲーションやブックマークの切替えといったアクションを指定することで、レポートに動きを付け、まるでアプリケーションのようにリッチなUIに仕立てることができます。**図形**は、文字通り単なるオブジェクトなのですが、これもレポートのUIをデザインする際に使用できるのと、ボタンと同様のアクションを指定可能です。**イメージ**は、任意の画像ファイルを指定することで、レポート内に含めることが可能です。これもまた、アクションを設定可能です。

これらを使用することで、非常にリッチなUIをデザインすることができます。

この項では、その中でもテキストボックスの便利な使い方について取り上げたいと思います。「え？　テキストボックスって、テキストが表示できるだけでしょ？」って思われた方、鋭いです。その通りです。ですが、Power BIはデータを表示するBI製品です。したがって、**Power BIにおいて、テキストが表示できるということは、それはデータを表示できるということを意味する**のです。おそらく、予想よりもリッチな機能だと思います。

質問を入力

それではさっそく使ってみましょう。まずはテキストボックスを任意の場所に置いてください。次に「データは」と入力します。テキストボックスの欄外に表示されているUIに［+値］というボタンがありますので、それをクリックします。次の図をご覧ください。［この値の計算方法］というところに本章の第6節でご紹介したPower BI Q&Aと同じ要領で質問を入力します。ここでは、次のように入力してください。

```
show max 日付 date
```

そして、一番下の［値に名前を付ける］に「日付最大値」と付けておきましょう。ここで付けた名前は以降、テキストボックス内で呼び出すことができます。

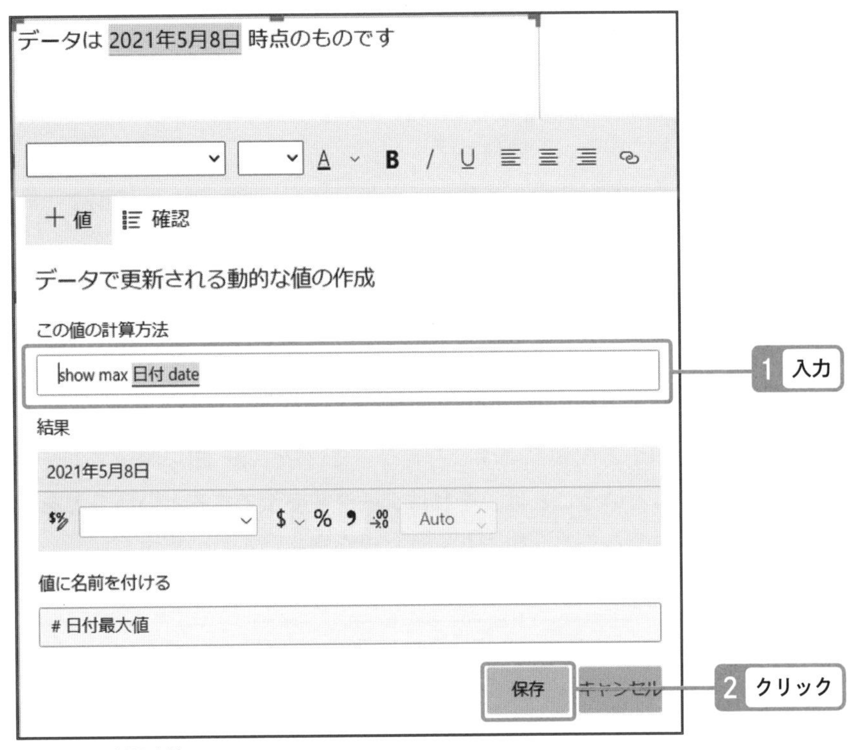

図8.34　日付最大値

［保存］ボタンをクリックすると、データが持っている日付の最大値が表示されていることが確認できると思います。ここでは、日付テーブルの最大値が表示されていて、日付テーブルは作成するときに、陽性者数詳細テーブルの公表_年月日の最大値を指定しているので、結果として、データが保持

する日付の最大値が表示されているということになります。

それでは、テキストボックスに戻って続きの文章を書きましょう。ここでは、既に作成しているメジャーも指定ができますので、[陽性者数累計]を指定します。

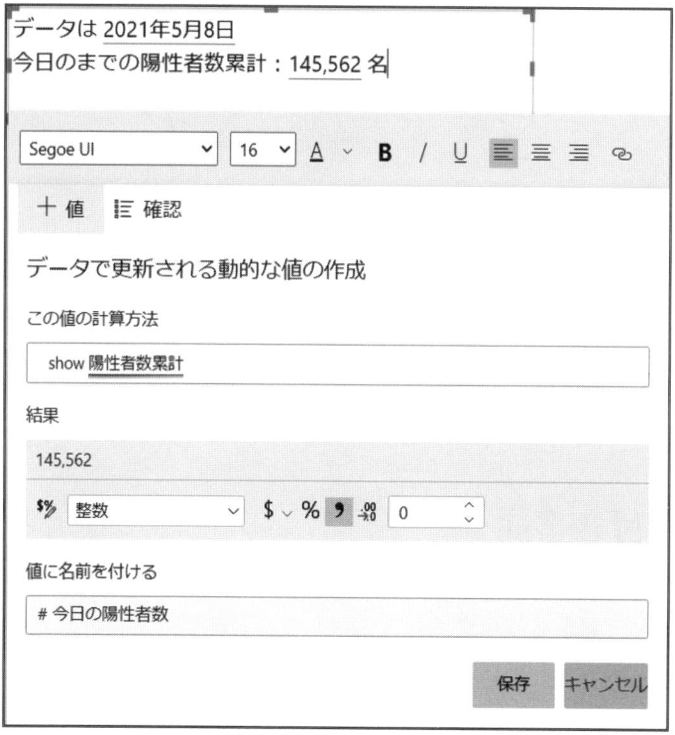

図8.35 ［陽性者数類計］を指定

同様に、先週と今週の陽性者数7日間移動平均と増加率を指定することで、このように文章の中で値を示すことができます。場合によっては、チャートで示すよりも直感的でわかりやすくなる場合があります。

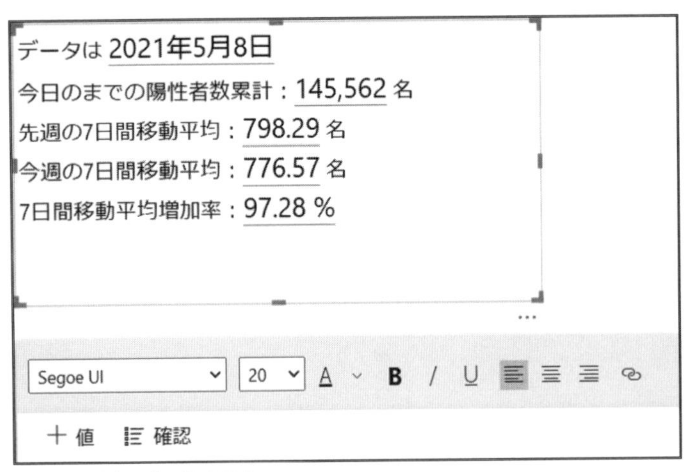

図8.36　文章の中で値を示す

テキストボックスですので、フォントサイズや色も自由に設定が可能です。より効果的に設定するとユーザーに優しくなるかもしれません。

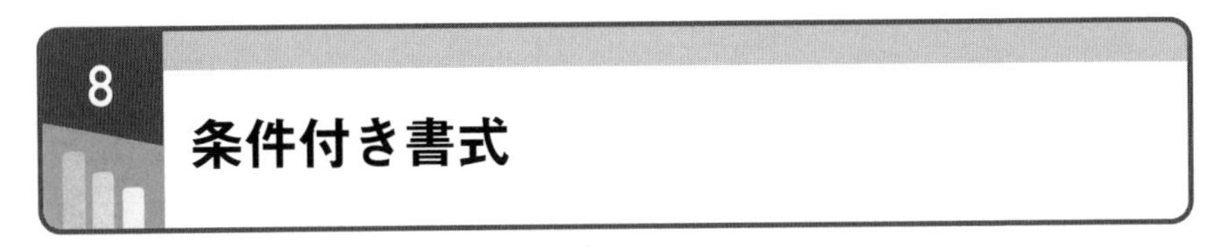

8 条件付き書式

Power BIでレポートをある程度作れるようになると、次のレベルに進みたくなります。よりリッチでわかりやすいビジュアルや、UIの表現を気にし始めるはずです。その際にとても便利な機能が、**条件付き書式**です。ちなみに条件付き書式は、英語で**Conditional Formatting**と呼ばれていますので、併せて覚えておきましょう。

本書でレポート作成のサンプルとして東京都の新型コロナウイルス感染者数を取り扱いましたが、私が公開しているレポートでも条件付き書式は使用しています。

- 私が公開しているレポート
  `https://bit.ly/PBI-Tokyo-Covid19`

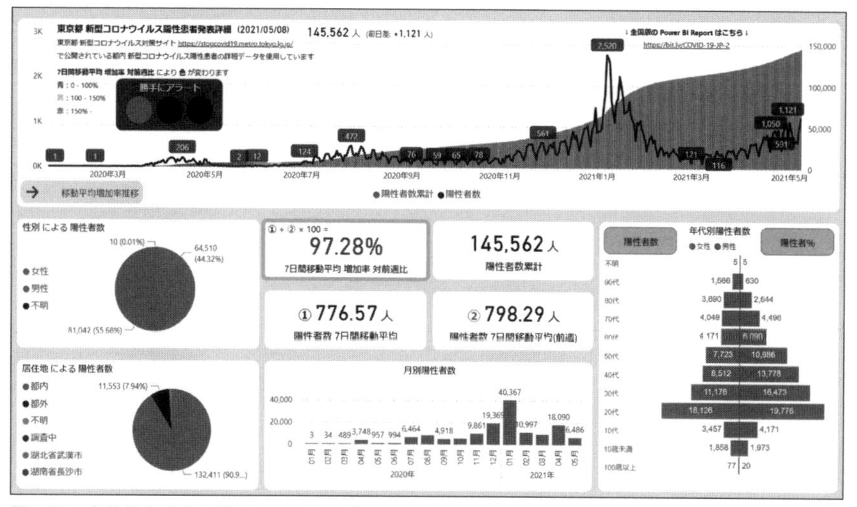

図8.37　条件付き書式を使用しているレポート

このレポートで条件付き書式を使用しているのは、真ん中の「7日間移動平均 増加率 対前週比」です。画像では「97.28%」と青字になっています。この青は条件によって、自動的に色が変わるようになっています。

色の設定

第6章で作成したレポートを開いて、画面中央に置いた「7日間移動平均 増加率 対前週比」のカードを選択します。書式設定で［データラベル］を開くと、［色］という項目が一番上にあり、色が選択できるようにカラーピッカーがありますが、その右にある［fx］ボタンをクリックします（図8.38）。

［fx］ボタンを押すと、条件付き書式が設定できます。これはこのデータラベルに限らず、他のビジュアルや項目でも［fx］ボタンがあるところは条件付き書式が設定できることを意味していますので、覚えておいてください。

表示された画面で図8.39のように設定します。［書式設定基準］をルールに、［フィールドに基づく］で［7日間移動平均 増加率 対前週比］メジャーを選択します。こうすることで、このカードビジュアルの文字色をこのメジャーに基づいて、以下のルールによって設定します、ということになります。

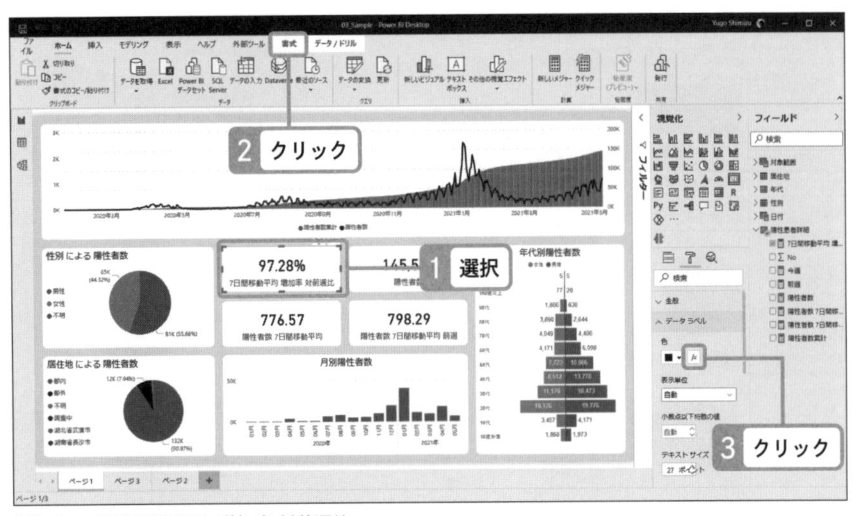

図8.38　7日間移動平均 増加率 対前週比

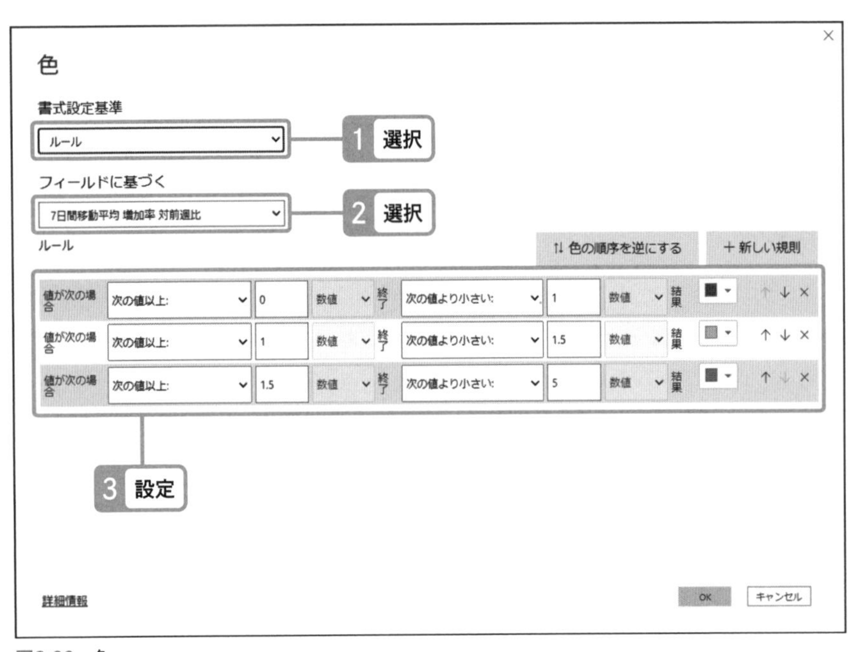

図8.39　色

では、ここからルールを作成しましょう。ここでは、いわゆる信号をイメージして、値に応じて3色設定します。

- 0%以上100%未満 ⇒ 青（#0D6ABF）
- 100%以上150%未満 ⇒ 黄（#FFB300）
- 150%以上500%未満 ⇒ 赤（#FF0006）

という設定です。ここで指定したメジャーは対前週比ですので、表示上はパーセント表示にしていますが、実数は小数点以下の値を持ちます。私もよく間違えてしまうのですが、パーセントで考えてしまうと、実数と合わないことになってしまうので、注意しましょう。

色の指定は右側のカラーピッカーをクリックすることで設定できます。デフォルトで用意されている色から選択してもOKですし、Webカラーの16進数で指定することもできます。

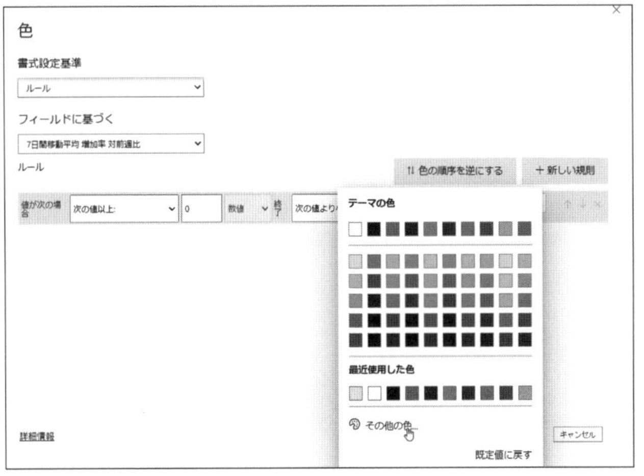

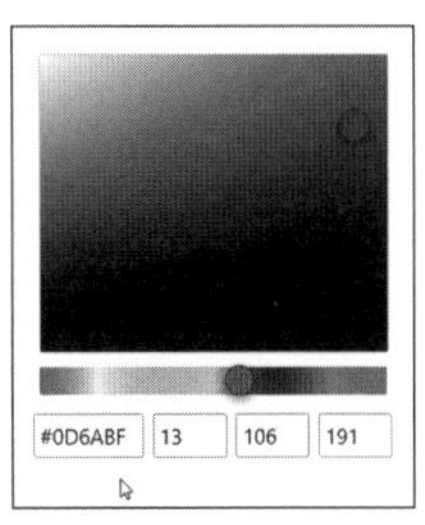

図8.40　テーマの色とカラーピッカー

この色ですが、16進数のカラーコードを覚える必要などありません。色を指定すると16進数のカラーコードに変換してくれる便利なWebサービスもあります。私の場合は、PowerPointのスポイトで色を抽出して、カラーコードを確認して色を作成しています。

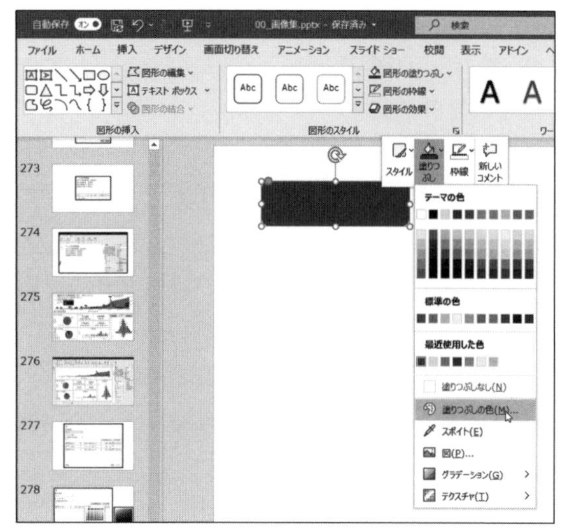

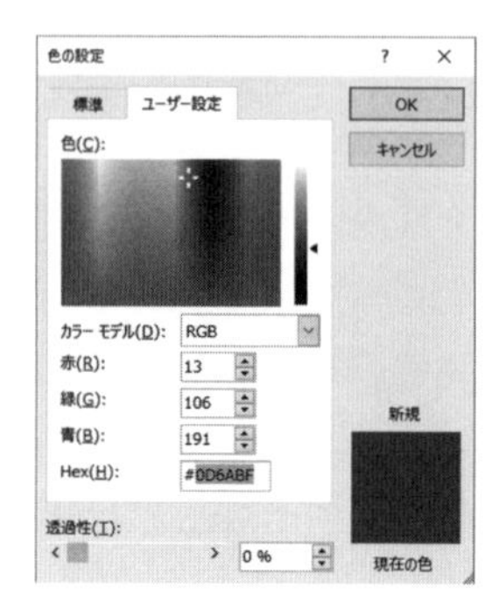

図8.41　色を指定

設定が終わったら［OK］をクリックしてキャンバスに戻ると、現在の値に応じて、値が変わっているはずです。

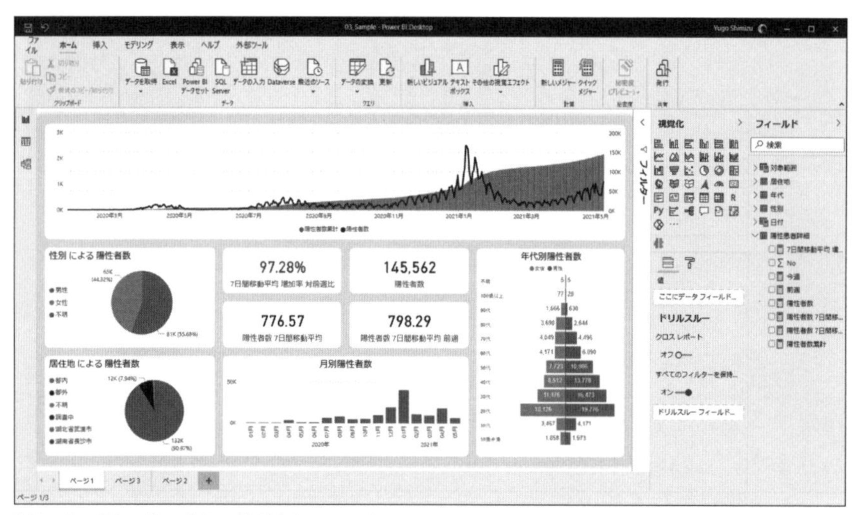

図8.42　現在の値に応じて値が変わっている

条件付き書式でメジャーを作成する方法-SWITCH関数

条件付き書式には他にも方法があります。条件に応じた色を変換するようにメジャーを作成する方法です。上記の方法をこのメジャーの方法に置き換えてみましょう。まず、以下のメジャーを作成してください。

```
Alert =
SWITCH(
    TRUE(),
    [7日間移動平均 増加率 対前週比] <= 1, "#0F80E7",
    [7日間移動平均 増加率 対前週比] <= 1.5, "#FFB300",
    [7日間移動平均 増加率 対前週比] > 1.5, "#FF0006",
    "#000000"
)
```

とても単純なDAX式ですが、**SWITCH関数**に慣れていないと難しく見えるかもしれません。SWITCH関数は、第1引数が式、第2引数が第1引数と比較される値、第3引数が第1引数と第2引数が一致した場合に返す結果となっています。以降、第4引数と第5引数、第6引数と第7引数、第n引数と第n+1引数がペアになります。最後にelseとして、いずれにも合致しなかった場合として、式を指定することができます。

と、言葉で説明するととても複雑に見えるので、上記のDAX式を見てください。まず、第1引数には`TRUE()`を指定しています。これはTRUE関数を使用して、常に論理値TRUEを返しています。次に第2引数、上記でいうと`[7日間移動平均 増加率 対前週比] <= 1`ですが、これは条件式になっており、`[7日間移動平均 増加率 対前週比]`が1以下であればTRUEを返します。この結果と第1引数、つまりTRUE関数の結果TRUEが比較され、もし一致していれば、第3引数`"#0F80E7"`が結果として返却されます。

第2引数と一致しなかった、つまり`[7日間移動平均 増加率 対前週比]`が

1以下でない場合は、次の条件式である[7日間移動平均 増加率 対前週比] <= 1.5の結果と第1引数が比較されます。これが一致するということは[7日間移動平均 増加率 対前週比]が1.5以下ということになりますので、その場合は第5引数で指定している"#FFB300"が返却されます。いずれの条件にも一致しない場合はelseとして指定している、第8引数"#000000"が返却されます。

このように、SWITCH関数は第2引数以降、条件と結果をペアにして場合分けを指定することが可能です。**上から順に評価されるので、値の範囲指定をしたい場合でも、上限のみを指定しておけば、このように意図した通りに評価されます**。これはIF関数を使うよりはるかに直感的でわかりやすいものです。条件が2つ以上になる場合はIF関数のネストではなく、SWITCH関数の使用をオススメします。

条件付き書式でメジャーを指定するのはとても簡単です。[fx] ボタンをクリックして、[書式設定基準] で [フィールド値] を選択して、[フィールドに基づく] で作成したメジャーを指定してください。

これだけで、作成したメジャーに従って、色が設定されます。

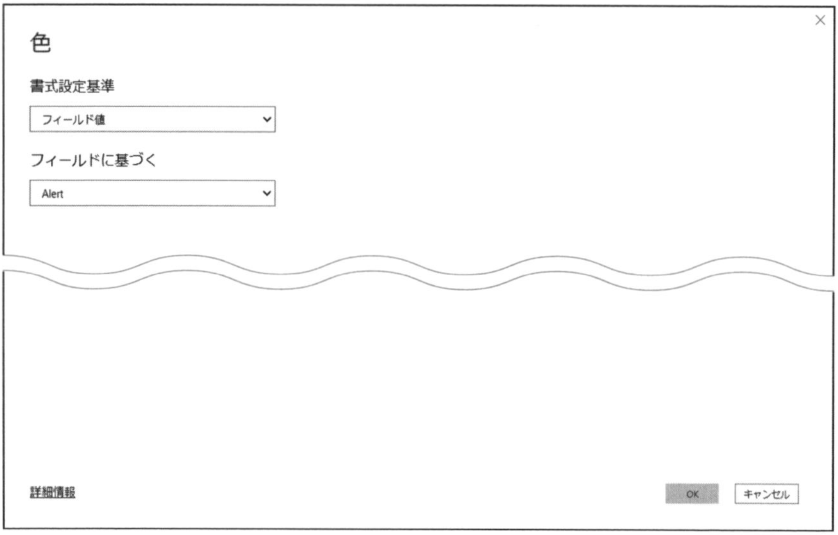

図8.43 [フィールドに基づく] で作成したメジャーを指定

タイトルで条件付き書式を使う

また、条件付き書式は、色を設定するだけではなく条件に応じたあらゆる値を返すことが可能です。メジャーを作成して指定するので、当然といえば当然なのですが、なかなかにイメージが湧かないと思いますので、もう1つ例を見せましょう。ビジュアルのタイトルでも条件付き書式が使えるので、試してみましょう。

次に示すDAX式でメジャーを作成してください。どこのテーブルでもOKです。

```
今日の日付 =
VAR MaxDate = MAX( '日付'[Date] )
RETURN "今日は " & FORMAT(MaxDate, "yyyy/MM/dd" ) & " で
す"
```

画面上部の複合グラフを選択し、書式設定で［タイトル］をオンにして、［タイトルテキスト］で［fx］をクリックします。

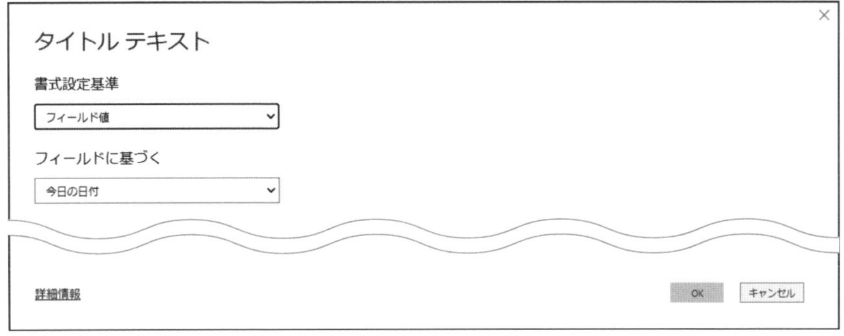

図8.44　メジャー［今日の日付］を選択

［書式設定基準］で［フィールド値］、［フィールドに基づく］で作成したメジャー［今日の日付］を選択します。

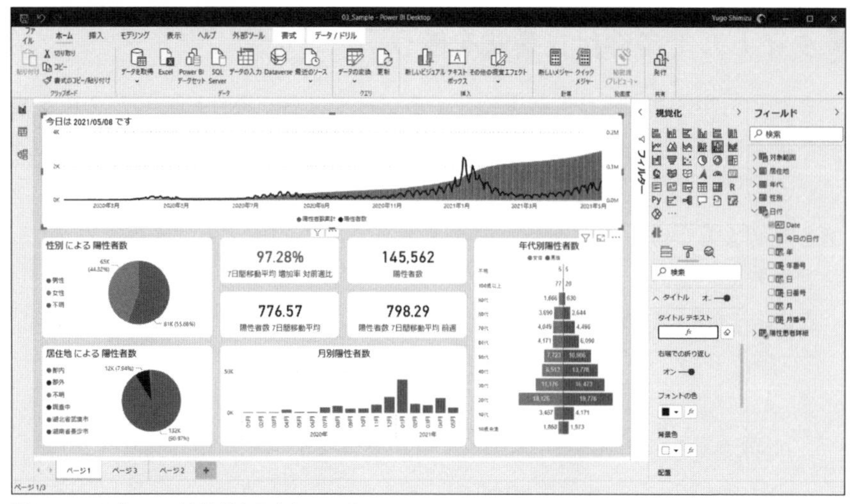

図8.45　メジャーの結果が表示されている

すると、上部の複合グラフのタイトルにメジャーの結果が表示されているはずです。条件付き書式といいながら、今回は条件なしの動的な値を含む文字列を単純に返却しているだけですので、データの最大日付が常に表示されます。画面上で何かが選択されたら、そのときの値を表示する、ということも可能です。メジャーでどういうときにどんな値を返却するか、これをコントロールするのです。

テーブルに条件付き書式を使う

条件付き書式をよく使うのは、テーブルやマトリックスの特定の列です。Excelでもよく使われますが、Power BIでも使うことができます。

試しに使ってみましょう。新しいページにテーブルを置いて、日付テーブルの［年］と［月］、陽性患者詳細テーブルの［陽性者数］メジャーを指定してください。

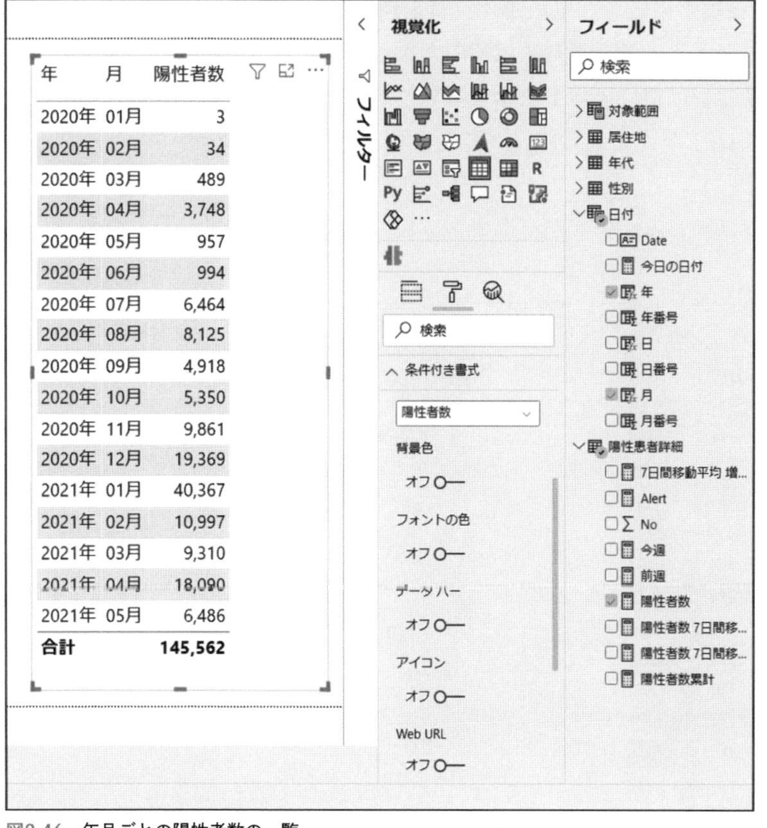

図8.46　年月ごとの陽性者数の一覧

年月ごとの陽性者数の一覧ができましたね。テーブルには、書式設定に［条件付き書式］があります。ここでは、一番上のドロップダウンで列を選択できます。選択された列に対して、条件付き書式が設定できるというわけです。

- 背景色
- フォントの色
- データバー
- アイコン
- Web URL

と5つの種類が用意されています。**背景色**、**フォントの色**は条件によって色を指定できます。**データバー**は値の大きさをデータバーによって表示できます。**アイコン**は値によって表示するアイコンを指定できます。**Web URL**はデータにURLが含まれる際に、特定の列をリンクとして動作させることができます。

ここでは試しにデータバーをオンにしてみましょう。

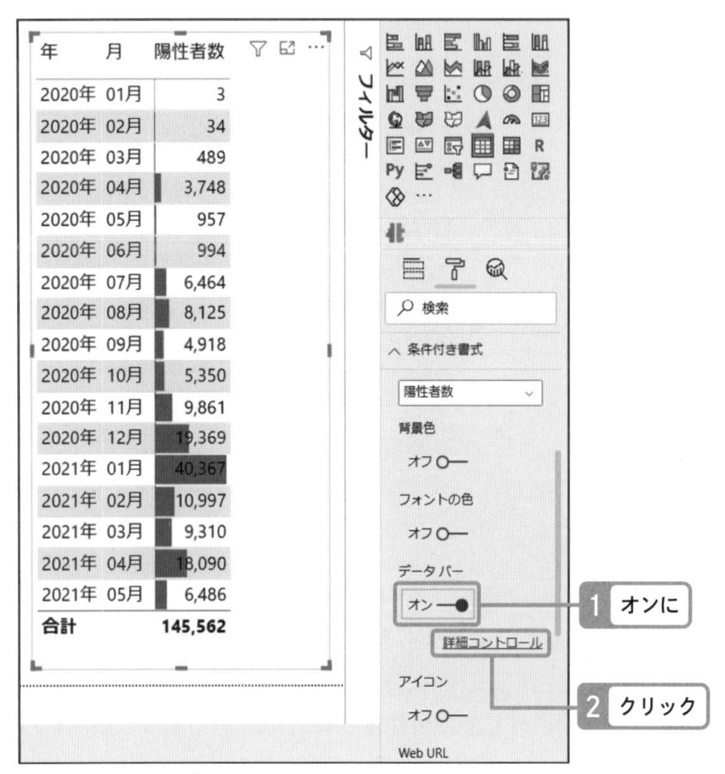

図8.47　データバーをオンに

デフォルトだと、バーは左から右に設定され、データ中の最小値と最大値を見て、バーの幅を決めてくれます。これはこれでわかりやすいですよね。では、［詳細コントロール］を開いてみましょう。

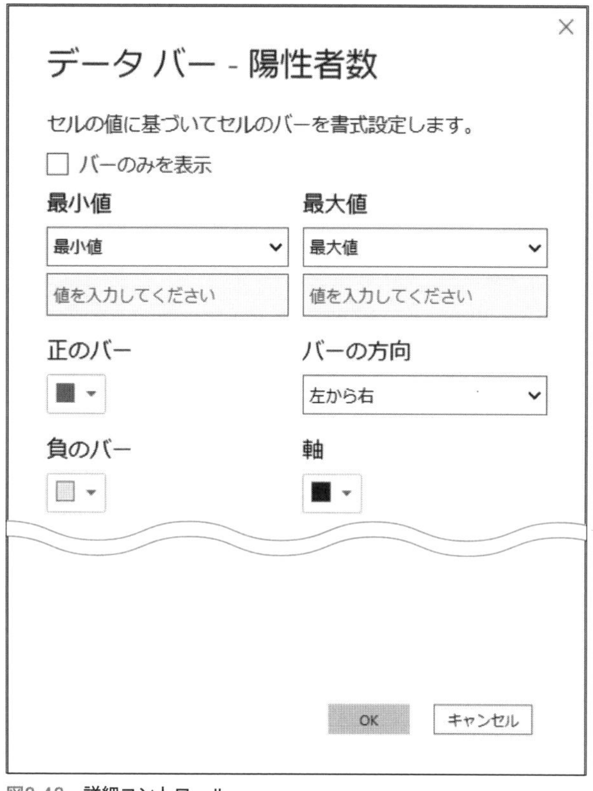

図8.48　詳細コントロール

詳細コントロールでは様々な設定が可能です。最小値と最大値に基づいてバーの幅を決めることも可能ですし、カスタムにすると固定値を最小値と最大値に指定することも可能です。また、今回は正の値しかないですが、負の値の場合は色を分けることができます。バーの方向を右から左にすることもできます。軸では、正負両方の値が存在している場合、その境目に表示される点線の色を設定することができます。

カスタムを設定するメジャー

データバーで最小値と最大値にカスタムを設定するために1つメジャーを作成しましょう。

```
陽性者数% =
VAR total = CALCULATE( '陽性患者詳細'[陽性者数],
ALLSELECTED( '日付'[年] ), ALLSELECTED( '日付'[月] ) )
RETURN
    DIVIDE( '陽性患者詳細'[陽性者数], total )
```

このメジャーは全陽性者数に対して、年月ごとの陽性者数の割合を計算します。このメジャーを、先ほどのテーブルに追加するとこうなります。

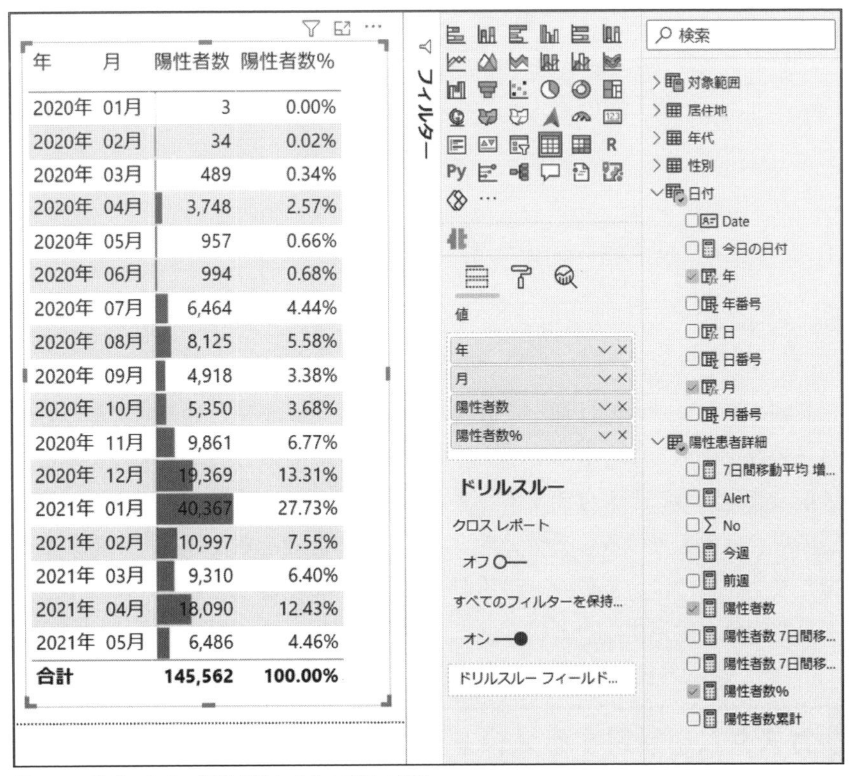

図8.49 該当の年月の陽性者数と全体の総数の割合

該当の年月の陽性者数が、全体の総数に対して何%かがわかりますね。さて、この［陽性者数%］列に対して、データバーを設定しましょう。データバーをオンにして、［詳細コントロール］を開いてください。

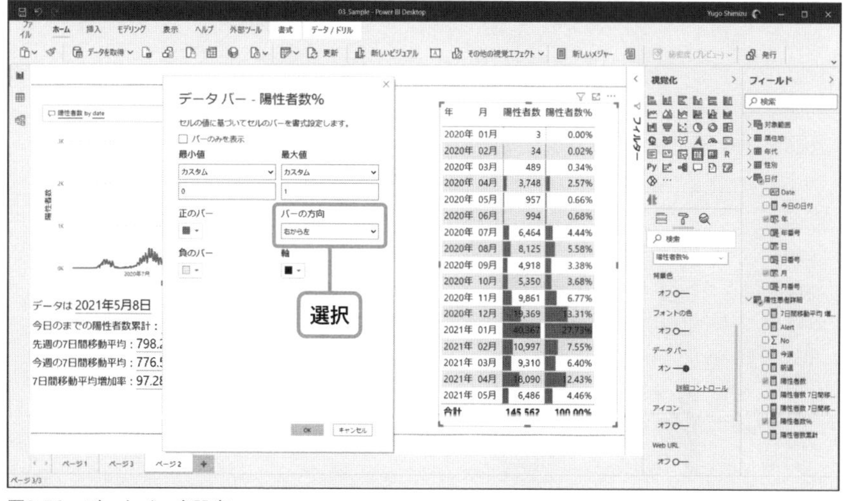

図8.50　データバーを設定

最小値と最大値の両方ともカスタムにして、最小値は0、最大値は1にしてください。ついでに、バーの方向を［右から左］にしておきましょう。

年	月	陽性者数	陽性者数%
2020年	01月	3	0.00%
2020年	02月	34	0.02%
2020年	03月	489	0.34%
2020年	04月	3,748	2.57%
2020年	05月	957	0.66%
2020年	06月	994	0.68%
2020年	07月	6,464	4.44%
2020年	08月	8,125	5.58%
2020年	09月	4,918	3.38%
2020年	10月	5,350	3.68%
2020年	11月	9,861	6.77%
2020年	12月	19,369	13.31%
2021年	01月	40,367	27.73%
2021年	02月	10,997	7.55%
2021年	03月	9,310	6.40%
2021年	04月	18,090	12.43%
2021年	05月	6,486	4.46%
合計		**145,562**	**100.00%**

図8.51　向きと幅が変わる

そうすると［陽性者数%］はバーが右から左に表示され、データバーの幅の最大値が100%になります。こうすることで、より直感的でわかりやすく表示ができます。

このように、**条件付き書式は、テーブルやマトリックスにおいてとても効果的に表示を助けてくれます**。ここで紹介したのは、ほんの一部ですので、様々なビジュアルで条件付き書式を試してみてください。とても幅広く使えます。探すのは［fx］ボタンです。［fx］ボタンがあれば、条件付き書式が使えます。

9 Power BIに関する最新情報の追い方

Power BIはSaaS（Software as a Service）です。**Power BI DesktopだけがPower BIではないよ**というのは、既に述べている通りです。つまりレポートが作れるようになることは、絶対必要なことですが、Power BIを理解する最初の一歩に過ぎないのです。作成したレポートをPower BI Serviceに発行して、様々な機能を使って初めて、その恩恵を受けることができます。

そんなSaaSであるPower BIは、ひと月に1回アップデートがあります。実際には1カ月の間に、複数のタイミングで新たな機能が使えるようになっていきます。そうなると、**最新情報はどうやって追えばいいのか？** と思いますよね。

本節では、最新情報の追い方を紹介していきます。

まずは公式の情報は必ず追いましょう。Microsoftが公式に出す情報には複数のソースがありますが、なんといっても**Power BI Blog**は絶対に追うべきものです。

- Power BI Blog
  https://powerbi.microsoft.com/ja-jp/blog/

もちろん英語で記述されていますが、最近のブラウザは右クリックして［日本語に翻訳］を選択するだけで、日本語になります。英語だから読まない、そっ閉じすることは、とてももったいないのです。情報弱者になってしまいますので、自身にとってわかる方法で読めるように工夫をしましょう。

Power BI Blogには［購読］ボタンがあります。いわゆるRSSなのですが、クリックすると、XMLというデータの形式でブログ記事のデータが表示されます。これだけだと何もわからないのですが、大事なのはそのURLです。

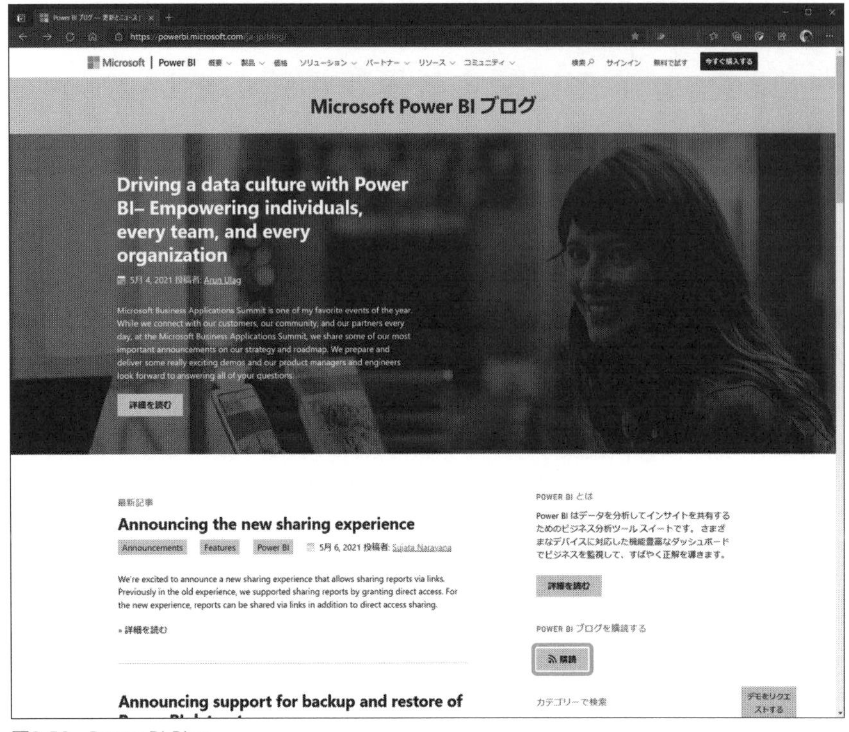

図8.52　Power BI Blog

　このURLがRSSのURLなのですが、RSSを購読するにはツールが必要です。スマホのアプリもありますし、例えばOutlookでも購読可能です。検索すると、いろんな方法が出てくるので、ご自身に合った方法を探してみてください。

● RSSフィードのURL
https://powerbi.microsoft.com/ja-jp/blog/feed/

Power Platform Weekly Newsのレポート

　なお、私自身はどうしているかというと、Power Automateを使用して、定期的にRSSを取得して、それをOneDrive上のExcelにデータとして溜めて、そのExcelファイルをデータソースにして、Power BI レポートにしています。作成したレポートは公開していますので、もしよかったら、ご自由にご利用ください。

●Power Platform Weekly Newsのレポート
https://bit.ly/PP-WeeklyNews

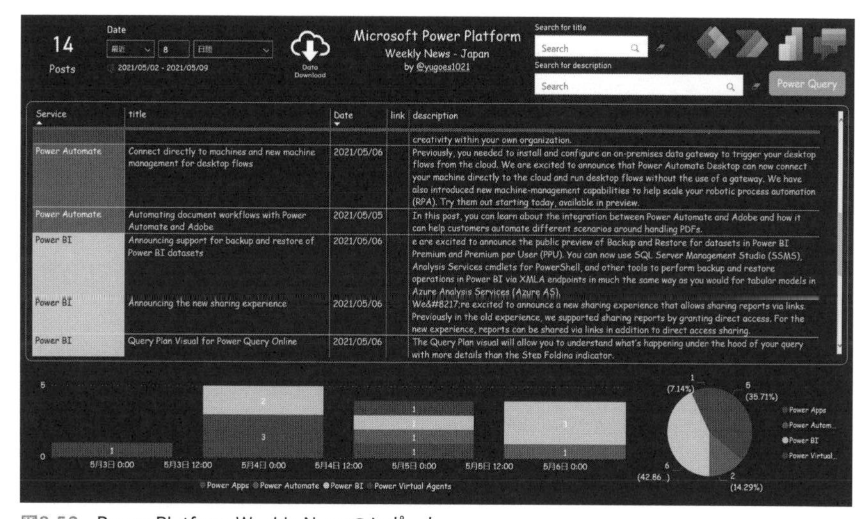

図8.53　Power Platform Weekly Newsのレポート

このレポートの上部にある［Data Download］というアイコンをクリックすると、このレポートのデータソースであるExcelファイルがダウンロードできます。

ご覧になってわかるかと思いますが、このレポートはPower BI Blogだけではなく、Power Platformの他のサービス（Power Apps、Power Automate、Power Virtual Agents、Power Query）のそれぞれのブログのRSSも取得しています。デフォルトでは左上で検索範囲を8日間と約1週間にしていますので、自由にここを変えて、見たい記事を探してみてください。画面の右上でTitleやDescriptionに対して、自由に検索することも可能です。見たい記事が見つかったら、［link］列で該当の記事に飛ぶことができます。

また毎週土曜日にこのレポートを使用して、1週間分のブログ記事を紹介する動画をYouTubeにて公開しています。チャンネル登録をしておくと、新たな動画がアップロードされたら、通知を受けることができます。もしよかったらこちらも参考にしてください。

- Yugo's Room
  https://www.youtube.com/c/YugosRoom/

Microsoftの年次イベント

最新情報の追い方としては、Microsoftが行う年次イベントも欠かすことはできません。

表8.3　Microsoftの年次イベント

No.	名称	時期	主な対象者
1	Microsoft Build	4月～5月頃	開発者、IT Pro
2	Microsoft Inspire	7月～8月頃	IT Pro、開発者
3	Microsoft Ignite	10月～12月頃	決裁者、営業、マーケター
4	Microsoft Business Applications Summit	4月～5月頃	開発者、IT Pro、Power User

だいたい年に4つほど、米国Microsoftが開催するイベントがあります。最近は新型コロナウイルスの影響で、開催時期や回数が変則的になっていますが、おおよその開催時期は上記の通りです。また、オンライン開催になっているのも見逃せないポイントです。おかげで、必ずライブで見なくても、好きなときに見られるオンデマンド方式のセッションもかなりの本数が公開されています。

No.1の**Microsoft Build**は、もともと開発者向けのイベントでした。最近は必ずしも開発者のみを対象にしているわけではなく、クラウドが当たり前になったことによって、開発者とインフラ系のIT Proの垣根が薄くなってきている（両方知っていないといけない）ことから、BuildでもMicrosoft 365やDynamics 365、Power Platformの最新情報が発表されていますので、見逃すことができなくなってきています。

No.2の**Microsoft Inspire**は少し毛色が異なります。もともとは、7月が期首であるMicrosoftが、新しい期首に世界中のパートナーを集めて、今期はこういうことをやっていきますよという意味合いのイベントでした。したがって、主な対象者は、パートナー企業の役員や決裁者、営業やマーケターなどでした。もちろん今でもその意味合いはありますが、新型コロナウイルスによって、オンラインになっているので、方針発表に力点が置かれているように感じます。オンライン上でネットワーキングができるような仕組みも用意されています。また、技術情報も発表されることがありますので、やはりこちらも見逃すことができません。

No.3.の**Microsoft Ignite**は、Buildとは対照的に、IT Pro向けのイベントでした。ですが、やはり近年は開発者向けの情報も普通に発表されます。もはやあまり区別がなくなってきているように感じます。当然Power Platformも最新情報が発表されるので、見逃すことができないものです。

公式のイベント情報は以下で確認ができます。こちらもまた公式の情報を確認するようにしてください。

- Microsoft Events
  https://www.microsoft.com/en-us/events

Release wave

もうひとつ、これらのイベントを見る際に知っておくべきことがあります。Power BIが属するPower Platformは、**Release wave**と呼ばれるロードマップが定期的に発表されています。1年を半分にして、4月～9月がRelease Wave 1、10月～3月がRelease Wave 2と呼ばれています。

執筆時点の最新のRelease waveは以下となっています。

- Microsoft Power Platform: 2021 年リリース サイクル 1 の計画
  https://docs.microsoft.com/ja-jp/power-platform-release-plan/2021wave1/

紹介した4つの年次イベントでいうと、ちょうどMicrosoft IgniteがこのRelease wave 1と2の区切りになるので、Igniteでは必ず次のRelease waveが発表されることになっています。これもまた見逃せないところです。

既に半年分のロードマップが発表されているので、基本はそれに従って、新たなアップデートが発表されます。つまり、いつからこの機能が使えるようになりますよといった発表です。時々、ロードマップに記されていない機能が発表されることもありますが、大まかな方針や方向性はロードマップの通りです。一読しておくと、開発の背景がわかり、とても参考になります。

docs

公式ブログとイベントの紹介が終わったので、次は公式ドキュメントです。**docs.microsoft.com、通称「ドックス」**と呼ばれていますが、なんといってもやはり公式の技術書が基本です。Power BIのみならず、Microsoftのすべての製品は現在このdocsに技術情報が集められています。トップページ（https://docs.microsoft.com/ja-jp/）を見ると、製品ごとにリンクが用意されているので、そのことがわかるかと思います。

Power BIのトップページは以下になります。

- Power BI ドキュメント
  https://docs.microsoft.com/ja-jp/power-bi/

Power BIはその製品の性質上、ひとことでユーザーといっても、エンジニア向け、レポート作成者向け、ビジネスユーザー向けと多岐に渡っていますので、それぞれの対象ごとに記事が分けられています。どこから見ればよいか迷ってしまうかもしれませんが、根気よく探してみてください。

docsの記事を読むときに1つ注意したいことがあります。それは1つの記事で内容が完結しておらず、シリーズになっている点です。

例えば、本章で紹介したPower BI Q&Aのページ（https://docs.microsoft.com/ja-jp/power-bi/visuals/power-bi-visualization-q-and-a）を見るとこんなふうになっています。

図8.54 Power BI Q&Aのページ

「Power BIでQ&Aビジュアルを作成する」というのがトップになっていますが、注目して欲しいのは左側のメニューです。**自然言語でのQ&A**というメニューの中に、

- Q&Aビジュアルを作成する
- 理解できるようにQ&Aを学習させる
- Q&Aベストプラクティス
- Q&Aを使用し、データを探索する
- Q&Aでビジュアルを作成する
- ExcelデータとQ&Aを効果的に連動させる
- Q&Aのおすすめの質問を作成する
- ライブ接続でQ&Aを使用する
- クイック分析情報

- クイック分析情報用のデータを最適化する

と並んでいることがわかると思います。つまり、Q&Aについては、とりあえずこれだけの記事があるということです。また、URLを見ると、~/power-bi/visuals/power-bi-visualization-q-and-aとなっています。これは現在見ているページがPower BIのビジュアルに関するページの中にあることを意味しているのですが、もしQ&Aがビジュアル以外の文脈を持っていたら、別のカテゴリーにも情報が存在する可能性があります。

このようにdocsを見る際はある程度どういったサイトマップになっているのかを予想して追いかけることをオススメします。多くの方がGoogleやBingで検索して、特定のページに辿り着くと思いますが、辿り着いたページがdocsだった場合、まずは左側のメニューを見て、上下の記事も併せて確認するようにしてください。

Microsoft Learn

docsを紹介しましたので、次は**Microsoft Learn**です。通称**MS Learn**と呼ばれています。

- Microsoft Learn
  https://docs.microsoft.com/ja-jp/learn/

MS Learnは文字通り各製品の学習用コンテンツが無償で公開されているサイトです。このサイト上で、ラーニングパスやモジュールと呼ばれるコースを選択することで、トピックに合った内容を学ぶことができます。ものによってはブラウザ内で仮想環境が立ち上がり、実際のマシンを操作することができます。これらが無償で提供されているのはとてもありがたいことです。

Power BIのコンテンツで絞り込んだURLは以下になります。

- https://docs.microsoft.com/ja-jp/learn/browse/?expanded=power-platform&products=power-bi

図8.55　Power BIのコンテンツ

この時点で76件の結果がありますが、これは日々増えていきますし、内容も更新されていきます。左側でロールごとに絞り込めたり、レベルが選択できるのはとてもよいですね。星で評価が付けられていますので、参考にしてみてください。皆さんがよく迷われるモデリングに関するコンテンツも用意されています。

- Power BIでデータをモデル化する
  https://docs.microsoft.com/ja-jp/learn/modules/model-data-power-bi/
- Power BI でデータ モデルを設計する
  https://docs.microsoft.com/ja-jp/learn/modules/design-model-power-bi/

これら2つはレベルが中級なので、まずは初級から始めてみてはいかがでしょうか？

SQLBI

話は変わって、皆さんがかなり苦労をしているDAXについての学習コンテンツをご紹介します。英語のコンテンツにはなりますが、**SQLBI（https://www.sqlbi.com/）**はとてもオススメです。SQLBIは1つの企業なのですが、創業者のMarco RussoさんとAlberto FerrariさんはともにMicrosoft MVPで、BIについては世界的に有名なエキスパートです。

- SQLBIのYouTube
  https://www.youtube.com/c/SQLBI/
- SQLBIのブログ
  https://www.sqlbi.com/articles/
- SQLBIのトレーニング
  https://www.sqlbi.com/training/

彼らのYouTubeやブログ、そしてトレーニングは本当にオススメです。DAXについては間違いなく世界でトップでしょう。トレーニングコースは基本的に有償ですが、一部無償で公開しているものもあります。すべて英語ですので、若干ハードルが高く感じるかもしれませんが、YouTubeであれば、何度も見て、自身で真似をすると理解できます。彼らが出版している書籍もとても良書ですので、ぜひ参考にしてみてください。

DAXについては、**DAX GUIDE（https://dax.guide/）**もとても参考になります。Microsoft公式のDAXリファレンス（https://docs.microsoft.com/ja-jp/dax/）もあるのですが、DAXについてはDAX GUIDEの方がわかりやすいかもしれません。Power BIのエキスパートの間でもとても評判がよいものです。英語なので、ブラウザで日本語に訳して読めばよいのですが、その際の注意点としては、DAX関数も日本語に訳されてしまうことがあるので、適宜読み替える必要があります。

YouTubeチャンネル

次はYouTubeの良質なチャンネルをご紹介します。

- Microsoft Power BI
  https://www.youtube.com/c/MSPowerBI
- Guy in a Cube
  https://www.youtube.com/c/GuyinaCube

Microsoft Power BIはMicrosoft公式のPower BIチャンネルです。これは理由なく登録しておきましょう。毎月のアップデートもこちらのチャンネルで公開されますし、それ以外でも最近はイベントの情報や公式のWebinarなどが公開されたりしています。

Guy in a Cubeは、Microsoftの中の人であるAdam SaxtonさんとPatrick LeBlancさんが運営しているチャンネルです。さすが中の人といった内容です。動画としてもコミカルな内容になっているので、楽しめると思います。各動画10分以内になっているのもとてもよいポイントです。

Twitter

その他にご紹介しておきたいのは、Twitterでしょう。ハッシュタグ**#PowerBI**で検索すると、世界中のエキスパートが最新情報をつぶやいてくれています。日本のエキスパート達もつぶやいています。

Power BI 勉強会

私も運営にかかわっている**Power BI 勉強会**の情報は**#PBIJP**でツイートされています。Power BI 勉強会は数カ月に一度connpassでイベントを開催しています。最近は分科会として、毎月小さな会も開催していますので、ぜひチェックしてみてください。

- Power BI 勉強会
  https://powerbi.connpass.com/

Japan Power User Group

私が立ち上げたFacebookのグループもあります。2018年7月26日に立ち上げて、2021年5月現在で1700名を超える人が登録しています。イベント情報や最新情報を投稿しているのと、メンバーの方から質問も投稿できるようになっています。他のメンバーが質問に回答してくれるので、不明なことや困ったことがあれば、ぜひ質問してみてください。

- Japan Power BI User Group
  https://www.facebook.com/groups/JapanPBUG

Power BIに関する最新情報の追い方と学習コンテンツのご紹介は以上となります。ぜひ様々な工夫をしながら、キャッチアップをし続けていきましょう。

索　引

記号・数字

アルファベット

あ

か

さ

た

な

は

ま

や

ら

わ

おわりに

ここまでお読みいただきありがとうございました。いかがでしたでしょうか？本書を手に取る際に期待したことは書かれていましたでしょうか。皆様からの忌憚のないご意見をお待ちしております。

本書は、前半で2020年～2021年にかけて市場を取り巻く日本の状況を踏まえて、今なぜBIが必要なのか、私が思うことを書かせていただきました。後半では、Power BIを使うにあたって、まず知っておいた方がよいことを、実際にレポートを作成しながら、解説をさせていただきました。後半を読まれた方の中には、「逆引き的にトピックごとに分けて欲しかった」と思われた人もいるかもしれません。実は悩みました。小さな単元ごとに「～をするには」というのをたくさん書いた方がいいのかもしれないと思いました。が、本書はタイトルに「入門」という言葉が付けられています。逆引き的な内容にしてしまうとそれは入門ではなく、中級者以上の備忘録になってしまいます。方法を覚えていただくのではなく、理解していただくには、わからなくてもまずは手を動かして、レポートを作成していただくことが何より大事だと思い、このような形にさせていただきました。

そう、本書は入門編です。この内容を理解して、初めてスタートラインに立ったということを意味します。BIそれ自体で、それくらい奥が深いものだと思っています。でも本書の内容を理解されたのであれば、大丈夫です。後はできるだけ多くのデータを料理してみてください。経験に勝るものはありません。スタートラインに立ったということは、自走できる状態だということです。

Power BIはSaaS（Software as a Service）ですから、どんどんアップデートされます。毎月どころか、毎週何かしらアップデートが入っています。それでも基本を押さえておけば、必ず付いていけます。現状の延長に新機能があるからです。

もし皆様の中に、「入門編はわかった。次のレベルが欲しい！」という方がいらっしゃいましたら、ぜひその声を編集部宛に届けていただければ幸いです。私は、そのために次の準備をしておきます。

最後にひとこと。皆様のPower BIライフがよりよいものになりますよう、心より願っております。

著者紹介

清水 優吾（しみず ゆうご）

1981年生まれ、神奈川県横浜市出身。
大学在学中に塾講師、居酒屋、コンビニでアルバイトをし、卒業後も1年間フリーターを続けた後、2005年ソフトハウスに入社。未経験から金融系システムのSEとしてITエンジニアのキャリアを開始。以降、ITコンサルティング会社、フリーランス、メーカー系SIerを経て、現在は株式会社セカンドファクトリーにてCTOとして活動中。
2017年2月にMicrosoft MVP for Data PlatformをPower BIで初受賞し、2021年7月現在5回更新中。通り名はPower BI王子。
Power BIだけでなくPower Platformの他のサービスも含め、データを中心に捉えて、エンドユーザーへのコンサルティングやレクチャー、DX支援を行っている。「Japan Power BI User Group」の発起人&管理人。「Power BI勉強会」の管理者のひとり。

装丁／小口 翔平＋三沢 稜＋後藤 司（tobufune）
DTP／株式会社明昌堂

Microsoft Power BI入門
BI使いになる！ Excel脳からの脱却

2021年9月15日 初版 第1刷発行
2023年5月10日 初版 第5刷発行

著者 清水 優吾（しみず ゆうご）
発行人 佐々木 幹夫
発行所 株式会社 翔泳社（https://www.shoeisha.co.jp）
印刷／製本 日経印刷株式会社

ISBN978-4-7981-7053-4
Printed in Japan